U0528149

THE STYLE THESAURUS:
A definitive, gender-neutral guide to
the meaning of style and
for all fashion lovers

风格词库：
时尚指南与穿搭手册

［英］汉娜·凯恩
（Hannah Kane）著
刘芳 译

重庆大学出版社

Published by arrangement with Laurence King Student & Professional
An imprint of Quercus Editions Ltd.
The style thesaurus ©2023 Hannah Kane
This edition first published in China in 2025 by Chongqing University Press Limited Corporation, Chongqing
Simlified Chinese edition ©2025Chongqing University Press Limited Corporation

版贸核渝字（2024）第 151 号

图书在版编目（CIP）数据

风格词库：时尚指南与穿搭手册 /（英）汉娜·凯恩（Hannah Kane）著；刘芳译 . -- 重庆：重庆大学出版社，2025.5. --（万花筒）. -- ISBN 978-7-5689-5197-5

Ⅰ . TS941.11-62

中国国家版本馆 CIP 数据核字第 2025Y6Z674 号

风格词库：时尚指南与穿搭手册
FENGGE CIKU: SHISHANG ZHINAN YU CHUANDA SHOUCE
[英] 汉娜·凯恩 (Hannah Kane) 著
刘芳 译

策划编辑：张　维　　　责任编辑：石　可
责任校对：刘志刚　　　书籍设计：鲁忠泽 @typo_d
责任印制：张　策

重庆大学出版社出版发行
出版人：陈晓阳
社　址：(401331) 重庆市沙坪坝区大学城西路 21 号
网　址：http://www.cqup.com.cn
印　刷：天津裕同印刷有限公司
开　本：720mm×1020mm　1/16
印　张：18.75
字　数：360 千
版　次：2025 年 5 月第 1 版
印　次：2025 年 5 月第 1 次印刷
书　号：ISBN 978-7-5689-5197-5
定　价：169.00 元

本书如有印刷、装订等质量问题，本社负责调换
版权所有，请勿擅自翻印和用本书制作各类出版物及配套用书，违者必究

THE STYLE
THESAURUS
风格词库

目录 Contents

	引言 Introduction	006
	如何使用这本词典 How to Use the Thesaurus	015
	用法说明 Key	016
	作者笔记 Author's Note	017

1		**时间 Time**	**018**
1.1		怀旧/复古风格 Retro	020
1.2		传承/传统风格 Heritage	023
1.3		新维多利亚风格 Neo-Victoriana	026
1.4		摩登女郎风格 Flapper	030
1.5		未来主义风格 Futurism	033
1.6		复古未来主义风格 Retrofuturism	036
1.6.1		赛博朋克风格 Cyberpunk	038
1.6.2		蒸汽朋克风格 Steampunk	042
1.6.3		柴油朋克风格 Dieselpunk	045
1.6.4		非洲未来主义风格 Afrofuturism	048
1.7		Z世代电子男孩和电子女孩风格 E-boy & E-girl	051
1.8		数字化时尚风格 Digital Fashion	054

2		**实用性 Utility**	**058**
2.1		运动休闲风格 Athleisure	060
2.2		飞行家风格 Aviator	063
2.3		摩托/机车骑手风格 Biker	067
2.4		马术服饰风格 Equestrian	070
2.4.1		田园风格 Rural	074
2.4.2		马球服饰风格 Polo	076
2.4.3		牛仔风格 Cowboy	079
2.4.3.1		南美牧人/高乔人风格 Gaucho	082
2.4.3.2		草原风格 Prairie	085
2.5		野外风格 Gorecore	088
2.6		军装风格 Military	091
2.6.1		作战服风格 Combat	095
2.7		航海风格 Nautical	098
2.7.1		海盗风格 Pirate	102
2.8		狩猎风格 Safari	105

3		**音乐与舞蹈 Music & Dance**	**108**
3.1		摇滚风格 Rock & Roll	110
3.1.1		乡村摇滚风格 Rockabilly	113
3.1.2		泰迪男孩和泰迪女孩风格 Teddy Boys & Teddy Girls	115
3.1.3		经典摇滚风格 Classic Rock	118
3.1.4		金属摇滚风格 Metal	120
3.1.5		华丽摇滚风格 Glam Rock	122
3.2		朋克风格 Punk	125
3.3		情绪硬核风格 Emo	129
3.4		独立音乐风格 Indie	131
3.5		垃圾摇滚风格 Grunge	134
3.6		放克风格 Funk	137
3.7		迪斯科风格 Disco	139
3.8		嘻哈风格 Hip Hop	142

3.9	锐舞文化风格 Rave	146
3.10	音乐节风格 Festival	149
3.11	狂欢节风格 Carnival	152

4	**装扮 Play**	**156**
4.1	角色扮演风格 Cosplay	158
4.2	乡村田园风格 Cottagecore	161
4.3	游轮度假风格 Cruise	164
4.4	甜蜜生活风格 Dolce Vita	168
4.5	卡哇伊风格 Kawaii	170
4.5.1	缤纷装扮可爱风格 Decora	173
4.5.1.1	童趣可爱风格 Kidcore	175
4.5.2	洛丽塔风格 Lolita	177
4.6	家居服饰风格 Lounge	179
4.7	舒适惬意风格 Hygge	183

5	**墨守成规者 Conformists**	**186**
5.1	学院派风格 Academia	188
5.1.1	名校校服风格 Prerry	191
5.1.2	大学校队风格 Varsity	193
5.2	定制西装风格 Tailoring	195
5.3	常规服饰穿搭风格 Normcore	199
5.4	资产阶级风格 Bourgeoisie	202
5.4.1	上流社会风格 Sloane	205
5.4.2	法国上流社会 / 老钱风格 BCBG	207
5.5	经典风格 Classic	209

6	**亚文化与反主流文化**	
	Subculture & Counterculture	**212**
6.1	披头族风格 Beatnik	214
6.2	波西米亚风格 Bohemian	217
6.3	哥特风格 Goth	220
6.4	嬉皮士风格 Hippy	223

6.5	嬉普士风格 Hipster	226
6.6	摩德风格 Mod	228
6.7	滑板文化风格 Skate	231
6.8	冲浪风格 Surf	234
6.9	光头族风格 Skinhead	237
6.10	萨普协会风格 La Sape	240

7	**声明 Statement**	**242**
7.1	前卫 / 先锋派风格 Avant-Garde	244
7.2	花花公子风格 Dandy	247
7.3	多层穿搭风格 Lagenlook	250
7.4	极简主义风格 Minimalist	252
7.5	极繁主义风格 Maximalist	254
7.5.1	洛可可风格 Rococo	257
7.6	政治风格 Political	260
7.7	浪漫主义风格 Romantic	263
7.7.1	新浪漫主义风格 New Romantic	266

8	**性征与性别 Sex & Gender**	**268**
8.1	兼有两性特征风格 Androgynous	270
8.1.1	男孩风格 Garçonne	273
8.2	坎普风格 Camp	275
8.3	变装风格 Drag	278
8.4	淑女风格 Ladylike	281
8.5	适度时尚风格 Modest	284
8.6	紧贴身形风格 Body-Conscious	287
8.6.1	海报女郎风格 Pin-Up	290
8.6.2	恋物癖风格 Fetish	293

专业词汇 Glossary	296
图片版权 Picture Credits	299

引言 Introduction

你今天要穿什么？面对镜中的自己向前一步；看看下面，再看看上面；思考为什么你会选择这样的搭配组合，是要通过这种穿搭方式来展现你的个性，还是为了适应你日常的工作环境及身份角色。

　　风格所具备的交流潜质是通过人们对服装的挑选和穿搭而表现出来的；我们身着的服饰在历史与文化的沉淀中积累了丰富的意义，甚至可以充当一种在某种程度上被解读的语言。它们还可以被视为一种符号标志，可以帮助穿着者寻找与他们有着相似兴趣及生活方式的社交群体。

时尚潮流与风格

尽管"时尚潮流"与"风格"这两个词通常可交替使用,但其含义却具有微妙的差别。时尚潮流是一种设计理念流行的时间性过程,在这一过程中,设计理念(这里指其与服装相关的最常见含义)在公众的喜好中时而出现,时而消失。风格则是将这些理念呈现出来的一种表现形式。

在本书的分类词汇中,"风格"与"美学观念"几乎被视为同义词。美学观念是对美和品味的哲学研究。18世纪,德国哲学家伊曼努尔·康德(Immanuel Kant)提出品味具有个人和主观的本质属性,20世纪的法国社会学家皮埃尔·布迪厄(Pierre Bourdieu)则反驳称这种个性化的品味是由受到名气突出的社会群体的影响而形成的。[1] 话虽如此,也不能说明一件做工复杂的高级定制礼服就一定会比一件出自快时尚品牌的廉价小礼服更具美感,且人们对服装的偏好也不需要被美学观念支配。

这种美学观念会带给人们愉悦感,就像你在看到海面上的落日余晖,欣赏人类实践的艺术与设计作品时的那种感受。时尚消费趋势往往会反映出人们的生活方式,以及对各个领域,如产品、建筑和室内设计的需求;正如当代时尚哲学家拉斯·史文德森(Lars Svendsen)所解释的那样:"我们必须选择一种生活方式,将其作为一种风格,这是基于一种美学观念的选择。然后,这种美学观念就成为身份建构的核心。"[2]

风格作为自我身份认同和亚文化

针对风格、风格与身份的关联的调查源于当代文化研究中心(Centre for Contemporary Cultural Studies,CCCS)的学者们所做的研究工作,该中心在1965年于英格兰中部的伯明翰大学成立。在这种研究传统中,最具影响力且突破了传统理论认知的当数迪克·赫伯迪格(Dick Hebdige)的《亚文化:风格的意义》(Subculture: The Meaning of Style,1979),他在论文中对朋克、摩德、摇滚、泰迪男孩以及光头族运动(skinhead movements)这些反主流文化进行了深入的研究和分析。

赫伯迪格将风格定义为四种用途。第一种,作为交际沟通的意图:风格被用来代表某种事物。第二种,作用于拼凑:将物质文化中易于获取的标志符号进行创新重组与融合。[3] 第三种,用于归纳同质性或类似性:人们在衣着方面的习惯与喜好(如穿着整洁或邋遢)、行为姿态与言谈举止、意识形态与价值观,以及对音乐与舞蹈种类的偏好。第四种,风格是一种表意实践(signifying practice,也被译为意指实践,是20世

---

[1] Immanuel Kant, *Critique of Judgement*, trans. James Creed Meredith, rev. Nicholas Walker (Oxford: Oxford University Press, 2008); Pierre Bourdieu, *Distinction: A Social Critique of the Judgement of Taste* (London: Routledge, 2015).

[2] Lars Svendsen, *Fashion: A Philosophy* (London: Reaktion Books, 2018), pp. 141-2.

[3] 根据找到的对象/物品进行组装——在服装方面被称为"造型"——类似于混合媒介艺术家使用的拼凑方法,例如,20世纪美国雕塑家、画家罗伯特·劳森伯格(Robert Rauschenberg)称自己的作品为"组合"(combines);但在时尚和风格造型领域,大多数组合服饰都是买来的,而不是找到的。

纪70年代流行一时的符号学中一种关于文化的定义——译者注）：将原始的风格元素融入一种造型中，可能会打乱现存的符号学（semiotic，指研究和理解事物符号的本质、符号的发展变化规律、符号的各种意义以及符号与人类多种活动之间的关系——译者注），并创造出新的符号学。

当代文化研究中心的学者们在从事风格研究的几年中，他们的工作一直遭受严厉的拆解与评判，主要是因为他们在研究中明确肯定了年轻人会受到一种风格驱使以对抗体制，年轻人的行为会服从于风格，而非出于自由的选择；他们的思想已经发生了转变，不再执着于自我身份认同应当与亚文化行为观念相一致的信念，而开始朝着不断自我监控和修正的方向发展。丹麦学者丹尼·杰尔德加德（Dannie Kjeldgaard）评论道："风格的使用开始变成了一种探寻和表达个人（想象中的）真实性的方法，而不是为了展现亚文化群体中的自己。"[4]

在21世纪，亚文化和反主流文化仍然存在，它们显著的风格特征已经面向整个社会开放，并被重新定义，纳入可供身份对号入座的选项菜单。然而，并不是每个群体都热衷于关注这些文化风格的流行动向，如哥特（goth）、冲浪（surfer）和滑板（skater）文化等。

风格作为新部落（neo-tribes）

前往世界上任何地方的购物中心或商业街购物，随处可见各种混杂的风格。世界上没有一种流行趋势可以驾驭所有的风格。根据学者们的说法，这要归功于后现代亚文化理论，该理论有助于将社会各群体构建成"新部落"体系。后现代主义大约始于1970年，在20世纪80年代互联网初现之后，于20世纪90年代成为一个定义明确的学术研究主题，随之而来的是新的自我风格意识。

无论是在主流群体还是在最另类的团体中，人类对于认可的需求是根深蒂固的。新部落是以共享休闲生活方式为中心的群体。社会学家米歇尔·马费索利（Michel Maffesoli）曾阐明，新部落不同于我们认知中的刻板印象，可以被更深入地视为"一种特定氛围、一种精神状态"。[5] 他观察到，令人惊讶的是——新部落中的各种关系是瞬息万变的——它们往往会在成员之间引发强烈的趋同性。一些作家，包括社会学家和哲学家齐格蒙特·鲍曼（Zygmunt Bauman），也认为这是对社会阶级、性别以及种族等传统社会类别的分解。根据鲍曼的解释，后现代主义的碎片化导致了"对于结构体系的迫切寻求"，我们可以从时尚的角度将其解读为对社会群体的寻求。[6]

---

[4] Dannie Kjeldgaard, 'The Meaning of Style? Style Reflexivity among Danish High School Youths', *Journal of Consumer Behaviour*, viii/2-3 (2009), pp. 71-83.

[5] Michel Maffesoli, trans. Don Smith, *The Time of the Tribes: The Decline of Individualism in Mass Society* (London: SAGE Publications, 1996), p. 98.

[6] Zygmunt Bauman, *Intimations of Postmodernity* (London: Routledge, 1992, 2003), p. xv.

部落的表现形式不仅在参与者中是易变的，而且在已组成的各团体间也是流动变化的。学者罗宾·坎尼福德（Robin Canniford）认为："这种变化与快速的拼凑过程有关，部落的出现、变化和再次消失会随着人和资源的组合而发生改变。"[7]

风格作为语言

风格满载着各种思想含义，具有将人类内心中最隐秘的部分传达给他人的作用。服装可以通过标识的组合来积累含义。语言学家费迪南·德·索绪尔（Ferdinand de Saussure）指出语言是基于符号及其意义的符号学，认为语言是一种符号系统，符号包含了"能指"（signifier），即符号本身的形式，以及"所指"（signified），即符号的意义。[8] 而其他思想家则完全从心理学的理论基础出发，指出"能指"是客观存在的，是一种物质形式，"所指"则是概念或含义。[9] 哲学家查尔斯·桑德斯·皮尔士（Charles Sanders Peirce）看到的是存在于符号的形式、符号编码的意义（它代表什么）以及对它们的解释之间的三重关系。[10]

符号的意义与解释的人相关，好比情人眼里出西施。皮尔士将符号分成三类。第一类是图标，它们具有被普遍接受的意义，如计算机程序中的"保存"（save）图标。第二类是心理暗示，它们会直接建立起与事物间的联系，如烟通常会让人联想到火，敲门声意味着有人在那里，乌云预示着要下雨。第三类是象征性符号，包括抽象形式的象征意义符号。这些符号是任意的，它们的意义依赖于对其的普遍理解。皮尔士在撰写关于语言的文章，以及在解释关于普通词语的含义时，列举了"鸟""给予"和"婚姻"这类词汇。

在《时尚体系》（The Fashion System，1967）一书中，符号学家罗兰·巴特（Roland Barthes）认识到服装同样具有符号功能，并在书中分析阐述了在时尚杂志中所使用的时尚类语言。[11] 在本书中，我们对时尚产业在文章、语言交流以及视觉形象表述中所积累的各类风格的含义进行了细化。[12] 在本书中，我们细致地分析了服装的细节，如"20世纪70年代"的宽翻领，或"新维多利亚"风格的褶饰立领（pie-crust collar）。如果我们要准确指出这些风格的含义，就必须联系上下文提到的一些细节。以蕾丝为例，根据其颜色可将其解释为"哥特式"或"浪漫"风格（分别为黑色或粉红色）。随着时间的推移和世界局势的演变，服装和风格的含义可能会发生变化，就像词汇的含义会随时发生变化一样。

---

[7] Robin Canniford, 'How to Manage Consumer Tribes', Journal of Strategic Marketing, 19 (2011), pp. 591–606.

[8] Ferdinand de Saussure, Course in General Linguistics, ed. Charles Bally and Albert Sechehaye, trans. Wade Baskin (New York, Toronto, London: McGraw-Hill, 1966).

[9] 尤其是丹麦语言学家兼符号学家路易斯·叶姆斯列夫（Louis Hjelmslev）。

[10] Charles Sanders Peirce, A Syllabus of Certain Topics of Logic (Boston, ma: Alfred Mudge, 1903).

[11] Roland Barthes, The Fashion System (London: Vintage Books, 2010).

[12] 写在杂志、品牌文案以及关于摄影创意指导的沟通内容中。

值得注意的是，品牌也扮演着索绪尔所提出的"能指"角色，人们常常通过品牌商标来识别它们，如香奈儿（Chanel）的双C或路易威登（Louis Vuitton）的LV。[13] 品牌的实质性作用有别于竞争性意义，品牌的属性已演变为传达产品理念的有效叙述方式。炫耀性消费有助于标记新部落群体之间的分界线，划分标志性品牌，以及展现出特定的生活方式或价值观。

风格作为一种美好的生活方式

追求美好生活意味着选择一种生活方式，而风格作为美学观念在感知生活质量方面起着重要作用；对美好事物的欣赏和对艺术的追求有助于升华人生的体验。

亚伯拉罕·马斯洛（Abraham Maslow）于1943年提出著名的"人类动机理论"（Theory of Human Motivation）的模型顶端是自我实现，即达到人类繁荣和个人成就的顶峰。[14] 马斯洛于1970年修正了该模型，在自我实现的下方增加了认知和审美需求的内容，同年晚些时候，他还在自我实现的基础上又加入了超越，即一种灵魂的超脱（涅槃）。他将金字塔的上层称为"成长性需求"，以区别于下层，下面的四层则被称为"匮乏性需求"。

大量的轶事证据表明，经过精心设计的服装具有变革的力量。还记得你曾穿着一套很棒的时装去参加聚会吗？你感觉心情愉悦，还玩得很开心。这种纯粹的时刻很少是偶然发生的，在某种程度上需要大脑的创造性输入。

如果大脑处于全神贯注的状态，如在为大型派对或婚礼做准备时，风格的选择将由大脑的中央神经进行处理；如果是出于本能，任意抓取床尾的干净衣服"迅速穿上"，这一行为是由大脑的外围神经进行处理的，并沿着为人们所熟知的神经系统向下延伸。即便是这类无意识的决定也能说明问题：它们是本我发出的一种信息，本我是最真实的自我，由本能和冲动驱动。[15] 据说，好的着装风格是由两种思考态度结合而成的：在深思熟虑进行组合穿搭过后，在这一天剩余的时间里不再过多考虑。

如何通过趋势形成风格

1962年，理论家、社会学家埃弗雷特·罗杰斯（Everett Rogers）提出了精妙的"创新扩散"（Diffusion of Innovations，DOI）理论。在书中，他重点关注了个性特点与趋势之间的关系，以及人们是否属于开拓性的创新者、走在时尚前沿的早期采用者、紧

---

[13] Arthur Asa Berger, 'The Branded Self: On the Semiotics of Identity', *American Sociologist*, xiii/2–3 (2011), pp. 232–7.

[14] Abraham H. Maslow, 'A Theory of Human Motivation', *Psychological Review*, I/4 (1943), pp. 370–96.

[15] Sigmund Freud, *The Ego and the Id*, in *The Standard Edition of the Complete Psychological Works of Sigmund Freud*, trans. James Strachey et al., vol. xix (London: Hogarth Press, 1923).

图 1

› 加勒斯·普
（Gareth Pugh）
2009 春夏，
巴黎时装周，
2008 年
9 月 27 日。

跟潮流的早期大众、较为保守的后期大众，或者是仅在新想法即将逐渐湮没无闻时紧随其后持怀疑论的落后者。根据罗杰斯的理论，趋势的扩散传播可能需要数月或数年的时间。

创新扩散理论与时尚趋势的周期相一致，分为五个阶段：1. 趋势的引入；2. 趋势的接受度和流行程度的上升；3. 达到鼎盛期，趋势的"热度"已经无处不在；4. 趋势急剧衰落，迅速被淘汰丢弃，并沦为降价处理品；5. 最后是过气阶段，即趋势被认为已经"过时"又难以舍弃。如果趋势在几乎要消亡之前被迅速接纳，那仅是一时兴起的风尚。

那些经久不衰的趋势会一直起起伏伏，永不消退，从而成为经典：如小黑裙、米色风衣、一条完美的直筒蓝色牛仔裤和黑色皮夹克。这些都是衣橱中永恒的基础款，时尚造型师认为这些服装值得购入。经典不仅仅是指特定的服装款式，还可以涵盖具有永恒之美、蕴含深意的整体风格和造型外观。

创意概念是很容易被回收利用的，设计师们一直在我们所熟知的过去的趋势中寻找灵感，以用于现代时尚产业。伟大的巴黎设计师保罗·波烈（Paul Poiret）在他的1908年的设计系列中重新审视了法国大革命的执政内阁（Directoire）时期（1875—1879年）风格，将礼服想象成流动的、由面料制成的圆柱，摒弃了波烈同时代流行的束身衣。最初的执政内阁风格参考了新古典主义（neoclassicism）风格，结合了古希腊和古罗马的简约、高贵和对称的原则，与法国大革命前期洛可可风格的奢华形成了鲜明的对比。

在时尚回顾展中，有许多参考了其他年代款式的例子，比如摇摆的60年代（Swinging Sixties，指20世纪60年代中后期在英国发生的一场以伦敦为中心，由青年驱动的、强调现代性和享乐主义的文化革命）痴迷于咆哮的20年代（Roaring Twenties，其被称为历史上最多彩的年代）的裙摆和氛围，以及20世纪80年代对40年代挺括的肩部廓形、腰带装饰和宽檐帽的诠释。21世纪头十年的中期，研究者注意到，数字时代的到来以及20世纪90年代垃圾摇滚和嘻哈风格等潮流的复兴，加速了趋势周期的发展。在21世纪20年代，在千禧风格（Y2K）和21世纪头十年中期的潮流趋势中蕴含的文化意义已经被发掘出来。只要有足够的时间，几乎所有的事物都会再度流行起来——詹姆斯一世时期的轮状绉领（ruff，又称拉夫领）除外，它的再度回归已然逾期。

趋势如何在社会中传播

在工业革命后，大规模服装生产首次在西方出现，成为新资本主义的产物，其目的在于为消费者提供应季所需的服装：推出春夏季和秋冬季的产品。历史上著名的时尚之都位于北半球，这意味着服装的设计要适合特定的气候环境。如今家喻户晓的各大时装屋（或时装公司，fashion house）已然经富有创造力的创始人之手发展壮大，构建了各自的王朝，成为时尚界的超级大牌。时尚产业链的顶端是高级定制品牌，这些品牌为客户定制的高级时装代表着最高的技艺水平。品牌只有在收到法国高级时装工会——法国时尚产业的管理机构——邀请的情况下,才能在巴黎高级定制时装周上亮相。

高级定制品牌的下游是成衣(ready-to-wear)品牌,也被称为"prêt-à-porter",消费者可以从奢侈设计师品牌的设计中选择现成的款式。这些品牌也可能会针对更注重价格的消费者开辟特定的产品线。再往下是位于时尚产业链底部的中端市场品牌,它们是紧紧跟随时尚潮流的街头品牌和大众市场品牌。

经典的涓滴(trickle-down)理论认为,自西方工业化发展以来,时尚趋势是由上层阶级或通过高级时装表演创造的,然后再流向大众市场品牌和价值零售商(value retailer)。新的亚文化涓滴理论和反主流文化表明,一些潮流趋势诞生于街头,后被设计师注意到,并在备受媒体关注的时装秀上展示出受其影响的具象化创作。事实上,随着客户与品牌之间的多方位互动与接触的增加,趋势传播的路径不再是线性的。

当下的数字时代不再以地理距离来划定消费用户,潮流趋势可以通过光纤电缆以光速传播至整个社会,通过手中的智能手机,人们就可以了解世界,甚至能在社交媒体上看到换季前期各种趋势的出现与消失。预计到 21 世纪 20 年代中期,全球每年照片拍摄量可达到约 1.81 万亿张。到 2030 年,这一数字预计将增长至 2.3 万亿。[16] Instagram 和抖音等平台共享的视频内容时长可达数十亿小时,大众通过点赞、分享和关注这些视频内容来缓解后现代的孤独感,通过静止或运动的图像进行分享与交流。

人工智能的兴起将对各个领域产生深远的影响。在时尚行业,一些公司每天都会分析社交媒体上分享的数百万张图片,以获取消费者偏好变化的定量数据。例如,Heuritech(法国的一家时尚趋势预测服务商)由两位机械工程学博士于 2013 年创建,该公司每天通过分析 300 万张时装图像,能够识别出 2000 多个设计细节。[17] 零售品牌会回购这些分析数据,之后再由其设计团队及买家将这些趋势预测转化成现实。这些变现的时装会被消费用户和社交媒体购买,并被拍摄上传。这些图像就像潮流幽灵一样,会再次回流到数据分析处理器中。

风格与持久性

世界各地具有道德意识的时尚爱好者们一直在争论这个问题:过度消费的始作俑者是资本家、创建烧钱时尚品牌的人,还是购买其产品的消费者?显然,在产品生命周期的所有阶段,从设计和构思,到制造和分销,再到零售、购买、磨损和报废回收,都应该从合乎道德标准的角度去考虑问题。

---

[16] Matic Broz, 'Number of Photos (2023): Statistics, Facts and Predictions', Photutorial, 21 February 2023, www.photutorial.com/photos-statistics.).

[17] 来自 Heuritech 网站 2023 年的数据。

问题在于，人们不仅想要改变自己的外表，而且每次都会购买新的衣服。时尚品牌是大众消费的"武器"：世界各地每年会生产大量服装，其中有 9200 万吨的服装被淘汰作为垃圾填埋。如果这一趋势继续保持下去，那么到 2030 年，每年的废物产生量将会达到 1.34 亿吨。[18]

风格可以被视为一种答案。如果风格的含义是由产品的组合搭配所构成的，那么毋庸置疑，该套产品组合一定是全新的。时尚业内认知心理学家卡罗琳·梅尔（Carolyn Mair）博士通过英国乐施会（Oxfam）博客发表的研究表明，消费者确实有可能通过重新购置并组合二手商品来寻找新鲜感。[19] 此外，购买新衣时的兴奋感在穿着大约四次后就会消退，但在梅尔的研究中有 25% 的参与者表示，购买二手衣服时的新奇感会持续更长时间。这项发现对许多人来说并不是突破性的，出售和寄售二手服装的龙头零售电商 Thredup 称，全球的二手市场和转卖市场将从 2021 年的 960 亿美元增长至 2026 年的 2180 亿美元。[20] 据艾伦·麦克阿瑟基金会（Ellen MacArthur Foundation）预测，到 2030 年，该市场的规模可能会达到 7000 亿美元。[21]

好消息是，一旦造型师或穿着者了解到风格所具备的交流功能，他们就可以在合适的服装与配饰中进行选择，创造出无数的风格。《风格词库：时尚指南与穿搭手册》是一本风格指南，将引导读者了解各种风格的含义。

---

[18] Martina Igini, '10 Concerning Fast Fashion Waste Statistics', Earth.org, 2 August 2022.

[19] Carolyn Mair, 'Does the Thrill of Buying a New Item of Clothing Last Longer When You Buy Second Hand?', Oxfam blog, 16 August 2022.

[20] Thredup, *Resale Report*, 2022.

[21] 'Rethinking Business Models for a Thriving Fashion Industry', Ellen MacArthur Foundation.

如何使用这本词典　How to Use the Thesaurus

本书通过分析各类穿搭造型，以引出对各种风格的描述。它们既可以为个人的装扮穿搭以及身份特征的传达提供灵感，又能作为造型师的重要参考，有助于引导时装造型片的叙述、为他人打造风格造型、编辑期刊评论，以及设计电影和电视的服装造型。本书适用于具有影响力的网络媒体和博主，他们作为自我形象的引导传播者，可以寻找自己的风格以及用于描述其风格的词语。同样，本书也适用于时尚记者和市场营销人员。

　　本书第 1 章"时间"描述了一段时期内受政治、经济、社会、环境、技术和法律因素影响的服装廓形，无论是真实存在的或想象的，还是出自过去、现在或未来的。在某种程度上，所有的服装款式都可以对应一个确切的时期。第 2 章"实用性"则着重讨论当我们步行、骑马、驾车以及航行于地球的各个角落，然后升空并冒险进入更遥远的太空时，衣服是如何基于保护身体、抵抗极端温度及降雨的基本生存需求，进而得以改善和提升的。第 3 章"音乐与舞蹈"讨论的是音乐流派与舞蹈风格之间的共生关系所演化出的风格。第 4 章"装扮"讨论的是打开化妆盒，装扮出真实的自己，展现真正的、发自内心的、轻松愉悦的自我风格。第 5 章"墨守成规者"探讨了就业保障的必要性和被社会群体所接纳的程度。第 6 章"亚文化与反主流文化"探讨了叛逆者和那些敢于对抗现状的人。第 7 章"声明"列举了一些或多或少以传达思想与哲学为目的的风格。第 8 章"性征与性别"探讨了风格在爱情与归属感、性亲密与伴侣间相互吸引等方面的作用。

用法 Key
说明

每种风格都以标题开头。第一行符号为 ≈ ，引出与该风格相近的详尽的同义词。下一行符号为 → ，表示词条中所显示的这些风格词汇在本书的其他页面有关于它们的解析内容。在某些情况下，风格词汇是依据它们的近义词、反义词来讨论的，所以在该词条中会包含具有相反风格的词汇。这些风格词汇也会被引入文中作为风格形成或传播的论述参考。

下一行符号为 + ，可以与书中其他风格组合成常用的搭配词组。为了清晰起见，这些风格搭配词会出现在此处或前一行中，但不会同时在这两行中出现。久而久之，这些风格词汇都会与紧随其后或依照时间顺序排列的风格词汇组成完美的配对词组。这些风格词汇同样适用于任何组合，搭配使用仅是一种建议性尝试，并不是硬性的规定。事实上，一组好的艺术造型往往融合了许多风格参考元素。

每种风格的主要文字内容都深入探讨了其历史、涉及的秀场展示或在流行文化中的表现等问题。当文中出现书中其他页面的风格词汇时，会在该词汇下加下划线，再给出参照页。我们还在文中探索了象征着这种风格的关键性服装或细节，并讨论它所涉及的广泛背景及相关的世界事件。

在每种风格的文字内容末尾都标注有一个图框，其中包含了这种风格的关键性概述。"色彩与图案"显示了与风格相关的主色调以及常见印花。"面料"是应用于这种风格服饰中的常规面料。本书中有两种风格属于例外，如数字化时尚风格（这是一种比较反常的风格，这类风格没有特定的面料或设计细节）和传承/传统风格（这种风格的图案和纺织面料因产地而异），所以在这两种风格的内容末尾没有进行此类加注，这是有意为之。

"服装与配饰"列出了与这种风格相关的主要款式与配件。"细节"描述了这种风格的服饰上的装饰细节：服装下摆长度、版型及装饰类型。这样的列表难以做到尽善尽美，但其目的在于让读者了解风格的关键组成部分。在部分风格的图框内容后还会出现"妆发"，用以描述与这种风格相搭配的妆造。

作者 Author's Note
笔记

风格即文化。

  无论我走到哪里，都会被人们的穿着以及他们所展示出的自我形象深深吸引。人们会通过着装暗示自己的个性特征，有时候，就像读书一样，可以从他们的装扮上读取线索。风格是自我表达最有效的工具，它可以帮助我们与志同道合的人建立联系，并帮助我们适应不同的环境，要么适应其中，要么脱颖而出。

  在我从事时尚行业的多年间，我曾当过记者、讲师及顾问，参与过成百上千次的时装片拍摄，无论是作为艺术总监、制片人，还是负责挑选照片的编辑。这本《风格词库：时尚指南与穿搭手册》涵盖了一些具有超长持久性的风格美学词汇，这些风格一次又一次地出现在秀场、街头以及报刊的镜头下。我曾归纳过秀场上相似的趋势风格，也分析过时装周期间的街拍风格。以我的经验来看，这些风格在时尚行业内已被广泛理解为由特定的服装、面料、质地和颜色组合构成。

  在此，我应该补充告诫一点：尽管我无意成为简化主义者，但不可避免的是，这些被提炼出来并成为普遍共识的风格有可能会形成人们对它们的刻板印象。还有一种可能是，本书中列出的风格会让人感觉受到了"西方"的严重影响——正如我在引言中所解释的那样——数字时代的社交媒体意味着全球趋势在某种程度上已经趋于一致。我的目的贯穿始终：通过本书赞美人类表达的多样性。

  没有一种风格是孤立存在的。在编写本书的时候，我一直为风格之间所存在的相互关联所触动，这些风格相互交织，扭结成时间线，编织回到现在。我们都可以成为造型师，应用本书所收集的穿搭含义去寻找自己所属的群体。我希望你能通过《风格词库：时尚指南与穿搭手册》了解世界。

1

时间

Time

1.1 怀旧／复古风格 Retro / 1.2 传承／传统风格 Heritage / 1.3 新维多利亚风格 Neo-Victoriana/ 1.4 摩登女郎风格 Flapper / 1.5 未来主义风格 Futurism / 1.6 复古未来主义风格 Retrofuturism/ 1.6.1 赛博朋克风格 Cyberpunk / 1.6.2 蒸汽朋克风格 Steampunk / 1.6.3 柴油朋克风格 Dieselpunk / 1.6.4 非洲未来主义风格 Afrofuturism / 1.7 Z世代电子男孩和电子女孩风格 E-boy & E-girl / 1.8 数字化时尚风格 Digital fashion

时尚是时代思潮，也是时代精神。正如任何一位毕业于市场营销专业的人所解释的那样，它是由"STEEPLE"因素塑造而成的：社会文化（Sociocultural）、技术（Technological）、环境（Environmental）、经济（Economic）、政治（Political）、法律（Legal）和道德（Ethical）。这就是裙摆高度会随着女性的解放而上升，以及在日常穿着会变得更加休闲的原因所在。

有些风格，比如摩登女郎风格，与某个特定时刻有着内在关联；还有一些风格，比如赛博朋克风格，是一个尚未实现的时代愿景。在本章中，我们重点介绍了具有过去感或未来感的风格（或两者兼有，类似于后未来主义风格）。

时尚的本质是循环往复的，一代又一代的设计师们都一直在回溯过去以寻找灵感。著名的巴黎时装设计师保罗·波烈被公认为是第一位将时装作为一种艺术表达形式的现代时装设计师。在1908年发表的《保罗·波烈的长袍》（*Les Robes de Paul Poiret*）作品集中，他的作品受到了18世纪末执政内阁时期风格的影响，将连衣裙呈现为无结构式的、面料向下悬垂的圆柱形，摒弃了法国美好年代（belle époque）或英国维多利亚时代时髦女性必备的束身衣。执政内阁时期风格本身参考了新古典主义风格，以及拿破仑·波拿巴（Napoleon Bonaparte）统治期间对古希腊和古罗马简朴、唯美与对称原则的怀旧式探索，从而与法国大革命前的巴洛克和洛可可式的奢华风格形成鲜明的对比。虽然女性欣然接受了古希腊凯同衫（chiton）的披挂悬垂样式，但男性并没有效仿这类款式，而选择了古希腊、古罗马时期的短袍（tunics）和托加袍（togas）样式。他们剪短了头发，以对抗路易十六时期奢华飘垂的长发造型，以至于直到今天，短发依然是男性的普遍发型。

服装和美学风格具有时间的潜伏性，必然会以一种确定无疑的态势再次出现。即使是早已被波烈摒弃的束身衣，也在薇薇安·韦斯特伍德（Vivienne Westwood）的1990年秋冬"肖像（Portrait）"时装系列中重新回归，作为女性主义对性征的重新诠释。21世纪20年代初的时代思潮全然围绕着对20世纪90年代的回溯，包括韦斯特伍德以及当时流行的摄政风格网飞剧《布里奇顿》（*Bridgerton*），引领了束身衣再次回归的风潮。

美学观念是对未来的参照，可能会实现，也可能不会实现，代表了另一种对时间的感知方式。它们为造型师与设计师构建了享受时尚乐趣的竞技舞台，并在电影和流行文化之间产生了强烈的相互影响。关于受特定流行音乐风格影响的几个年代的美学观念解析，请参阅第3章。

怀旧/复古 RETRO
风格

1.1

| ≈ | 复古（Vintage） 复兴者（Revivalist） |

| → | 新维多利亚风格（Neo-Victoriana） 摩登女郎风格（Flapper） 运动休闲风格（Athleisure）
朋克风格（Punk） 名校校服风格（Preppy） 资产阶级风格（Bourgeoisie） 上流社会风格（Sloane）
BCBG 风格（BCBG） 光头族风格（Skinhead） 花花公子风格（Dandy） |

| + | 乡村摇滚风格（Rockabilly） 泰迪男孩和泰迪女孩风格（Teddy Boys & Teddy Girls） 放克风格（Funk）
迪斯科风格（Disco） 嬉皮士风格（Hippy） 摩德风格（Mod） |

复古风格是指那些有意从过去传承下来的风格。这类风格与"古着"服装有所不同，古着指的是过去时代的真品，而"复古"描述的是一件老式服装的美感，无论是被用于制作新的服装，还是被用来描述原有的款式。奇怪的是，在十年的进程中，复古风格对服装变化的影响很难被定义，只有通过时间的镜头才能分辨出许多细微的趋势特征。

20 世纪的服装廓形发生了巨大的变化，特别是女装的廓形。20 世纪 20 年代以新时代俏皮男孩服饰廓形而闻名的摩登女郎风格（30 页）盛行，到了 20 世纪 30 年代，随着美国好莱坞电影黄金时代的到来，女装裙摆又降至地面长度。20 世纪 40 年代的定量配给制度又使服装款式变得简单实用，裙摆刚好在膝盖下方，腰部被收紧。在战争结束的两年后，克里斯汀·迪奥（Christian Dior）首次推出了他的新风貌造型，其华丽的廓形包括宽大的裙摆和饰有褶边的袖子（尽管面料配给制一直持续到了 20 世纪 40 年代末）。直到 20 世纪 50 年代，迪奥（Dior）的沙漏廓形始终处于流行状态，同期同样时髦的还有流线型修身连衣裙搭配箱型夹克（boxy jacket）的廓形。20 世纪 50 年代，热爱音乐的青少年受摇滚风格（110 页）影响，钟情于皮革配牛仔的造型，同期英国的泰迪男孩和泰迪女孩风格（115 页）则重塑了爱德华时期花花公子风格（247 页）的定制西装。20 世纪 60 年代的太空竞赛和未来主义风格（33 页）的时代精神引领了现代主义的简洁线条（见摩德风格，228 页），修身剪裁西装和标志着新时代性解放的超短裙，随后演变为 20 世纪 70 年代的波西米亚风格（217 页），并持续影响着崇尚自由奔放的嬉皮士风格（223 页），引发了一系列运动。

就男装而言，到目前为止，翻领和裤腿的宽度一直处于起伏变化的状态（另

图 2 › 古驰（Gucci）2016 春夏，米兰时装周，2015 年 9 月 23 日。

见定制西装风格，195页）。男装的色调总体上是暗淡的，直到20世纪60年代的披头士乐队（Beatles）、詹姆斯·布朗（James Brown；见放克风格，137页）、米克·贾格尔（Mick Jagger；见经典摇滚风格，118页）、约翰·特拉沃尔塔（John Travolta）和大卫·鲍伊（David Bowie；见华丽摇滚风格，122页）等偶像引领了孔雀革命（peacock revolution）的潮流。

光头族风格（237页）和朋克风格（125页）及其引发的运动都以不同方式拒绝了嬉皮士反主流文化中关于爱和释放自然天性的主张（蓄长发）。前者是头戴无檐针织帽、配有男士背带和工装靴（monkey boots，又称猴子靴）的激进工人阶级，后者则完全拒绝所有的社会规则，要先将服装摧毁，再用铆钉和安全别针对它们进行固定和修补。

俱乐部文化见证了在舞池中盛行的悠闲自在的迪斯科风格（139页），但到了20世纪80年代，迪斯科的风潮被漫不经心的嘻哈风格（142页，现在被称为"老派嘻哈"）、运动休闲风格（60页）及名校校服风格（191页）所取代。与此同时，在越来越富有的中产阶级中，资产阶级风格（202页）开始流行起来，特别是可望而不可及的、优雅奢华的伦敦上流社会风格（205页）和巴黎BCBG风格（207页）——在世界上最令人向往的城市中漫步，穿着羊绒针织衫，搭配丝巾。

并不是每一种昔日的潮流趋势都能让人联想到复古风格。20世纪90年代的垃圾摇滚风格（134页）和21世纪20年代的千禧风格的再度兴起被时尚专业领域的作家们称为"怀旧"，而不是复古，因为当一种趋势第一次在人们的记忆中循环时，往往就会出现这类情况。这也并不是说任何旧的风格都会被自动划定为复古风格，因为超过100年的风格往往会引出与之相关的历史研究，例如，维多利亚时代的束身衣、裙撑和巴斯尔裙撑（bustle，见新维多利亚风格，26页）很少被称为复古，而20世纪50年代至70年代流行的中世纪风格会被称为复古。按照常规，10到30年间的任何事物都会被认定为仅属于怀旧的范畴，超出30年的则被视为复古，100年以上的就会具有一定的历史意义。以下表格内容描述了20世纪的整体趋势。

时期	下摆长度	领型	腰部	裤型	颜色 / 图案 / 细节
1910—1919 年	长至脚踝、直筒式廓形	标准领	束腰（女装）高腰（男装）	锥形、压褶翻边裤脚	宝石色、黑色、灰色、略带紫或灰的玫瑰色 / 格纹、窄摆裙、三件套式套装、露出脚踝
1920—1929 年	长至膝盖以上、长至小腿肚、不对称长度	尖领	腰线下降（女装）自然腰线（男装）	阔腿 / 宽松	海军蓝、棕色、金色、森林绿、深红色、紫罗兰色、黑色 / 花形、波尔卡圆点、几何形、条纹、缎带装饰、一字形领口、钉珠、刺绣、大胸针、珍珠串、钟形帽
1930—1939 年	长至小腿肚以下	宽领	高腰、腰带式束腰	阔腿、压褶翻边裤脚	覆盆子色、棕色、淡紫色、粉色 / 碎花、印染、小圆点、细条纹、花形 / 蝴蝶结、荷叶边、褶饰、丝缎晚礼服、露背式、首次应用尼龙和拉链
1940—1949 年	中等长度、长至膝盖下方	宽领	腰线适中、贴合腰部剪裁	阔腿、饰有褶饰	原色 / 条纹、抽象、印染、花形、格纹 / 挺括的肩部、方形口袋
1950—1959 年	膝盖长度、A 形	窄领	高腰线 / 沙漏形（女装）腰部宽松（男装）	直裁、偏短至脚踝长度、宽松肥大	黑白相间、黄色、红色、粉色、蓝绿色 / 波尔卡圆点、较大花形 / 马球衫（polo shirt）、粗花呢（tweed）西装和夹克
1960—1969 年	超短	窄领，后期流行宽领	直腰式	修长	白色、淡蓝色、黄色、橙色、棕色 / 佩斯利图案、热带花形印花、Pucci 印花、彩色格纹 / 娃娃裙、围裙式
1970—1979 年	超超短、超短、长至脚踝	宽领	高腰	喇叭形、阔腿	大地色 / 蜡染、扎染、磨损牛仔布、厚底鞋、卡夫坦长袍、钟形袖、宽檐帽
1980—1989 年	长至膝盖下方	平头领；尖领	高腰	上宽下窄；紧身裤、运动裤（慢跑裤）和较厚的棉质运动裤	黑色、红色、白色、荧光黄 / 几何形图案、图形印花 / 装饰物、褶饰、裙装套装、双排扣夹克、吊裤带（吊袜带）、紧身连体服（leotard，女舞者或女运动员穿的紧身连体式训练服）、超大码、运动衫、宽松上衣配宽腰带
1990—1999 年	超短	尖领	低腰	宽松下垂	宝石色 / 动物印花、漂洗（面料）/ 深色牛仔、吊带裙、飞行员款太阳镜、运动衫（卫衣）、渔夫帽
2000—2009 年	不对称式	窄领或宽领	低腰，非常低的腰线	靴型裤（bootcut，微喇叭形）	白色、淡粉色、紫色、彩虹色、动物印花、商标标识、蓝色牛仔、UGG 鞋子、露腹短上衣（露脐装）

THE STYLE THESAURUS: A definitive, gender-neutral guide to the meaning of style and for all fashion lovers

1.2

传承/ HERITAGE
传统风格

≈	文化（Cultural）
→	朋克风格（Punk）　花花公子风格（Dandy）
+	经典风格（classic）

随着潮流趋势在传统媒体和社交媒体上的传播越发同质化，世界联系日益紧密，人们开始面临全球多元文化向单一文化转变的风险。为了防止这种情况发生，联合国教育、科学及文化组织（联合国教科文组织）2003年通过了《保护非物质文化遗产公约》，以保护各地的传统工艺、文化和技术。

时尚是个人与所处文化体系之间的一个重要的象征性隐喻，也是表达和强化个人价值观、处理情感关联和赋予特殊意义的一种微妙而有力的方式。人类为纺织品和服装的制作赋予了各种复杂的意义，如：阿塞拜疆共和国出品的色彩鲜艳且印花图案丰富的女式真丝头巾，以"kelaghayi"闻名；源自法国诺曼底大区阿朗松市的精细繁杂的阿朗松针绣蕾丝技术（point d'Alençon needle-lacemaking，每平方厘米蕾丝的针绣需要七个小时才能完成）；乌干达南部布干达王国的人民沿袭古老工艺手工织造的树皮布（barkcloth）；日本的手工编织和扎染苎麻植物纤维织物的工艺方法，为人熟知的有小千谷缩布（Ojiya-chijimi）和越后上布（Echigo-jofu），均产自新潟县。

在商业化的时尚产业中，一些使用传统工艺织造的面料也会受到保护，比如来自苏格兰西北部的奢华的哈里斯粗花呢，该面料受议会法令保护，规定必须"由生活在外赫布里底群岛的岛民在本岛的家中织造，且必须使用出产自外赫布里底群岛的染色初剪羊毛纺线进行手工编织"。薇薇安·韦斯特伍德曾将该面料描述为"布料界中的皇族"，事实上，她的标志性商标就融入了哈里斯粗花呢管理局的认证商标上的球体图形，并在球体周围设计了环绕的土星环。西装定制工艺技术也受到了萨维尔街定制协会的保护，该协会成立于2004年，旨在推动这条著名伦敦定制一条街的传统定制工艺的传承与发展（见花花公子风格，247页）。

时尚就像拥抱新事物的旋转木马，永不停歇，而消费者对传统的渴望以及

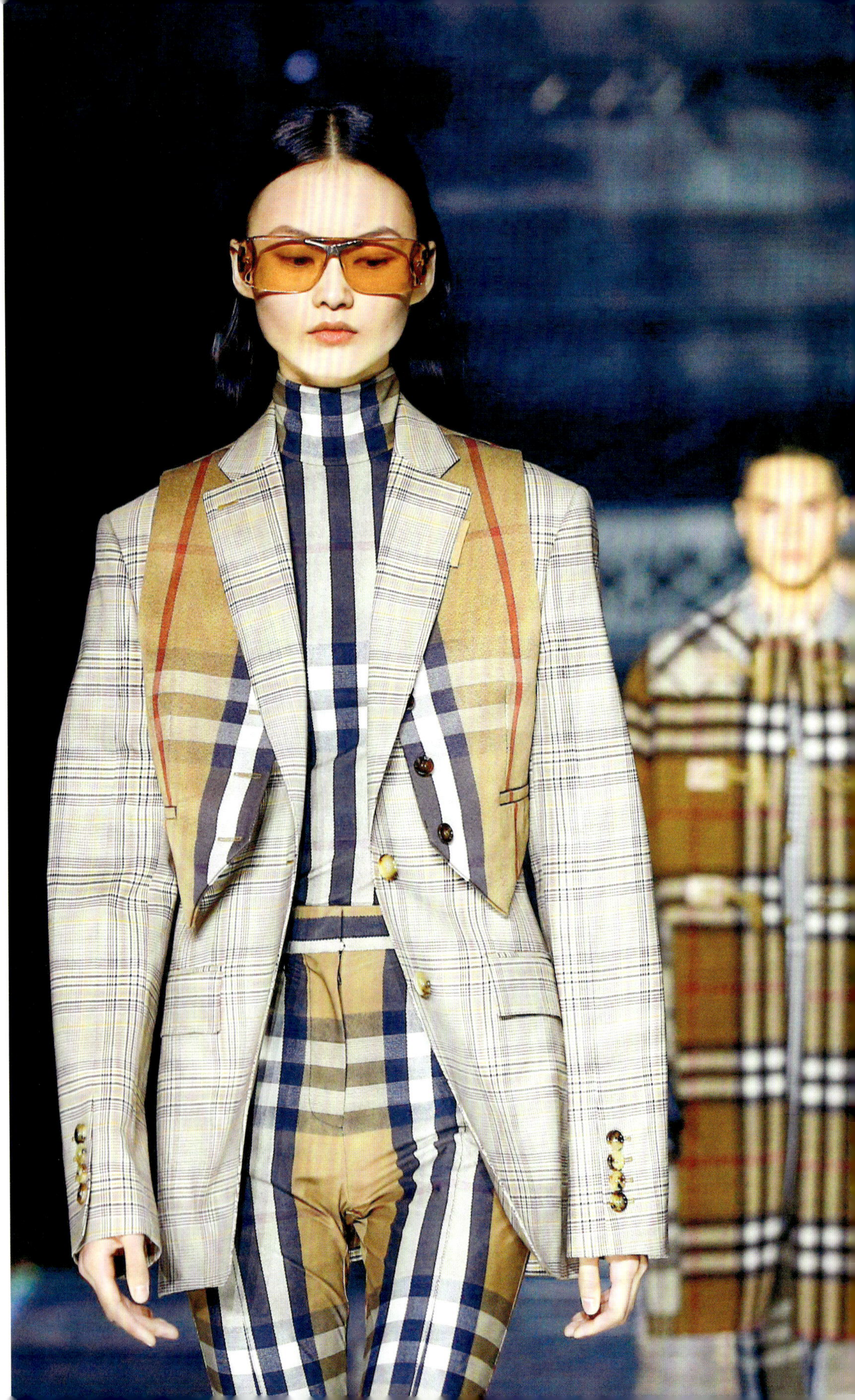

图3

《博柏利,伦敦时装周,2020年2月17日。

对永恒风格的追求可被称为"反时尚"（anti-fashion，见经典风格，209页）。品牌专家们已明确表示，传统的传承和真实性是时尚消费的驱动力，围绕品牌讲述传统故事能不断提升其所属公司的商业价值。然而，仅凭古老的工艺技术不足以赋予品牌历史传承的地位，还必须强调品牌在历史语境中的所属身份。

穿着"传承/传统风格"的服装需要在文化颂扬和文化挪用之间划定清晰的界限。没有人会对一位穿着典型的英国博柏利（Burberry）格纹风衣的中国顾客有意见，这种格纹是在20世纪20年代推出的。同样，西方顾客穿着现代的上海唐装旗袍或唐装夹克也被视为可接受的，尽管上海和香港都采用联合国教科文组织公约来策划各自的文化实践清单，其中包括上海/海派旗袍（qipao）和香港旗袍（cheongsam）正确的制作工艺细节。

那么，如何厘清文化欣赏和文化挪用之间的界限？由谁来选择呢？时尚学者们仍然在讨论为什么大多数苏格兰人认为苏格兰短裙是被容许的，但科切拉音乐节（Coachella Valley Music and Arts Festival）上的美洲原住民头饰总是被视为具有冒犯性。赞美自己的文化遗产总是可以被接受的。欣赏他人的服装取决于个人的信仰和准则，穿着者应当足够尊重文化，让自己了解特定的服装及其面料的含义。有些物品是永远被禁止的，比如那些带有宗教色彩、影响身心或具有敏感历史背景以及部落象征意味的物品。

NEO-VICTORIANA

新维多利亚风格

1.3

=	旧世界（Old-World） 拘谨且得体（Prim and Proper）
→	马术服饰风格（Equestrian） 田园风格（Rural） 波西米亚风格（Bohemian） 萨普协会风格（La Sape） 浪漫主义风格（Romantic） 恋物癖风格（Fetish）
+	蒸汽朋克风格（Steampunk） 草原风格（Prairie） 乡村田园风格（Cottagecore） 洛丽塔风格（Lolita） 哥特风格（Goth）

如果我们不了解维多利亚风格的美学含义，也就无法理解新维多利亚主义风格。此风格以英国女王维多利亚的名字命名，从1837年她开始执政，直到1901年她离世，这段时期被视作维多利亚时代。这一时期的风格大约始于1820年，一直持续到1914年。与此同时，查尔斯·达尔文解开了生物进化的奥秘，查尔斯·狄更斯也在出版界引起了前所未有的轰动，英国的工业革命也推动着大规模的生产进程，意味着更多可负担的、多样性的服装得以产出。许多服装制造商看到了日渐富裕的中产阶级的消费潜力，纷纷转向开设百货公司的商业模式。乐蓬马歇（Le Bon Marché）大概是第一家巴黎的百货公司，于1838年成立。伦敦的哈罗德（Harrods）百货公司于1849年开业，芝加哥的马歇尔·菲尔德（Marshall Field's）百货公司于1852年开业，后面这家百货公司的一位名叫哈里·戈登·塞尔福里奇（Harry Gordon Selfridge）的杰出合伙人后来在零售业崭露头角，将这家风光无限的美国百货公司的运营模式带到了伦敦，于1909年创立了以自己名字命名的塞尔福里奇（Selfridges）百货公司。

在维多利亚时期，随着消费主义引擎的启动，工人阶级成群结队地涌向城市。由于城市没有足够的自来水供应和适当的污水处理设施来满足不断增长的人口数量，伤寒、肺结核和霍乱等疾病开始大肆流行。燃煤发电站产生的烟雾熏黑了房屋，因此，在维多利亚时代，居住在城市里的英国人更喜欢穿不会显脏的黑色衣服。

人们对那段工业进步时期的反应是对过去的怀念和浪漫主义情怀（见浪漫主义风格，263页），同时伴随着中世纪主义、完美的骑士精神与美德理想的复兴。纺织设计师威廉·莫里斯（William Morris）的创作灵感受到了中世纪自然主义和哥特式挂毯设计风格（Gothic tapestry）的影响。他是拉斐尔前派（Pre-

图 4
›
艾堡德（Joseph Abboud）2016秋冬男装系列，纽约时装周，2016年2月2日。

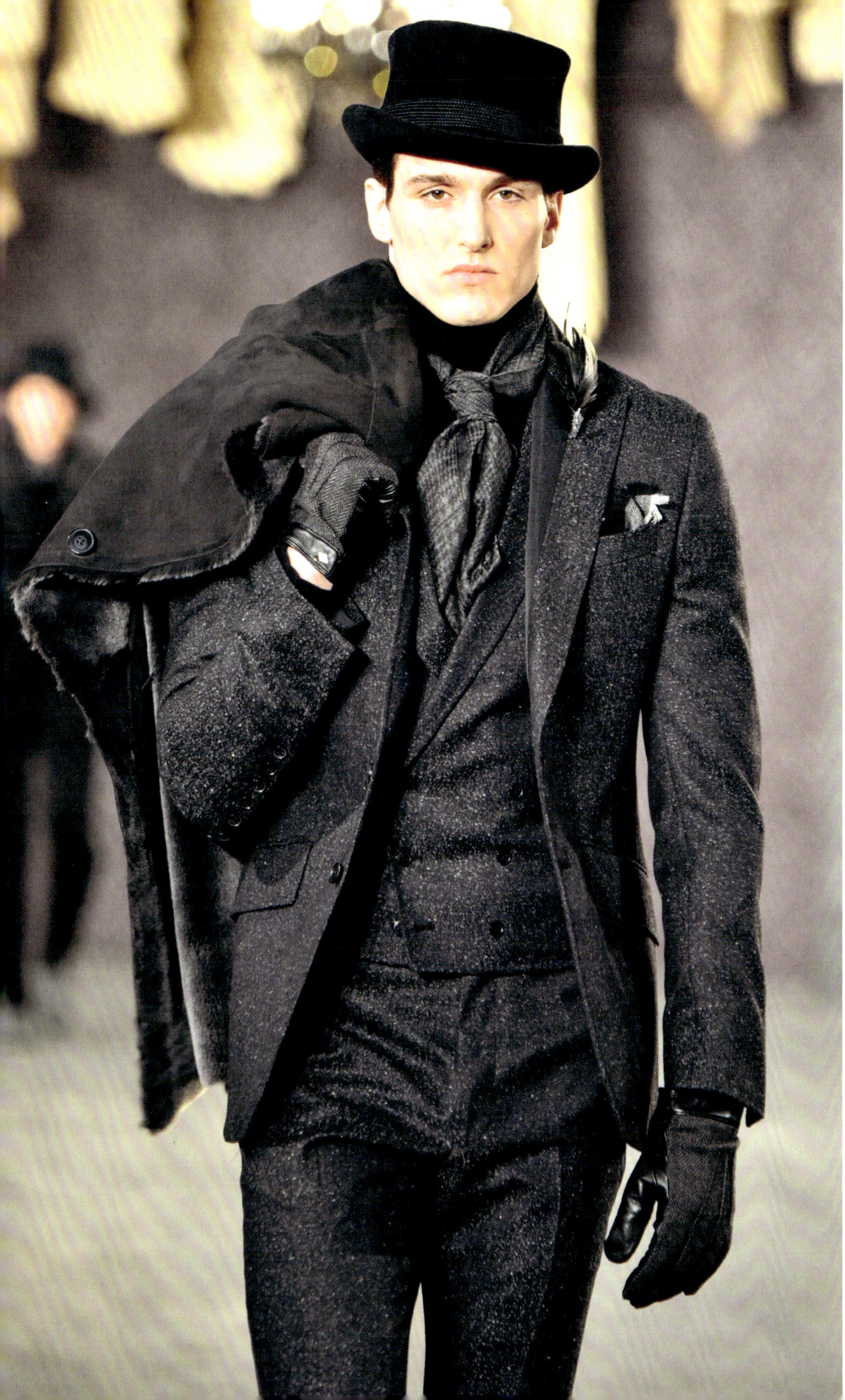

Raphaelites）的追随者，该团体是由年轻的英国艺术家和艺术评论家组成的"兄弟会"，他们反对受人敬重的皇家艺术学院对文艺复兴时期绘画大师拉斐尔风格的顽固推崇。该组织的创始人有艺术家但丁·加百利·罗塞蒂（Dante Gabriel Rossetti）、威廉·霍尔曼·亨特（William Holman Hunt）和约翰·埃弗雷特·米莱斯（John Everett Millais），他们受亚瑟王传奇、莎士比亚和乔叟的作品以及中世纪浪漫主义故事和骑士精神的影响，将新现实主义风格带入绘画中。拉斐尔前派的画作常会描绘维多利亚时代的服饰，如褶饰袖子、方形领口及中世纪的垂顺褶饰裙摆。

"为了艺术而艺术"（art for art's sake）这一自觉观念的形成应归功于19世纪的法国诗人泰奥菲尔·戈蒂耶（Théophile Gautier），同时也成了自由奔放的波西米亚风格（217页）群体的座右铭。唯美主义运动的追随者们反抗保守的维多利亚时代的价值观，其着装也令人震撼，其中就包括爱尔兰诗人奥斯卡·王尔德（Oscar Wilde）。据说他在伦敦格罗夫纳美术馆的开幕晚会上所穿的青铜黑的大提琴廓形的定制大衣，在某种程度上能让人回想起意大利未来主义风格（33页）的作品。

显然，并非所有维多利亚风格的服饰都具有相同的含义。那个时代的殖民扩张导致了许多国家的流血冲突。德国传教士对纳米比亚的赫雷罗人发动了20世纪的第一场大规模种族灭绝行动，其中大部分暴力行为都指向妇女。最初这些女性是被迫穿上维多利亚风格的服饰的，但到了今天，这些服装已被视为是对其传统的颂扬，是她们身份象征的组成部分，用以唤起人们对过去的怀念。一件色彩鲜艳、优雅且具颠覆性的赫雷罗长袍可能会用掉长达10米（33英尺）的面料，而女孩们穿上第一件手工制作的长袍则代表着她们步入成年女性阶段，是一项重要仪式。赫雷罗长袍又被称为"欧拉科瓦"（ohorokova），搭配角状的帽子"otjikaiva"，这顶帽子象征着牛在族群中的重要地位（有关欧洲殖民历史及其对全球风格影响的更多信息，见萨普协会风格，240页）。

然而，正是维多利亚时代的乐观主义精神和独创性，以及在科学和医学方面的巨大进步，为新维多利亚风格和蒸汽朋克风格（42页）的复古未来主义注入了活力。新维多利亚风格在原有的洛丽塔风格（177页）的服饰上又增添了更为女性化的褶饰细节。新维多利亚风格是哥特文学的根源，也是哥特风格（220页）的重要参照。

新维多利亚风格在21世纪以嬉普士亚文化（见嬉普士风格，226页）的形式出现在流行文化中，如盖·里奇（Guy Ritchie）导演的《福尔摩斯》（Sherlock Holmes，2009）电影。从那时起，这种风格成为秀场上的一种持久趋势，影响

了向往田园生活的乡村田园风格（161 页）及其他风格。骑马运动为新维多利亚风格添加了皮革制护具和马靴等装饰细节（见马术服饰风格，70 页），恋物癖风格（293 页）则为其增添了一些 BDSM 类的元素。

维多利亚女王本人就曾开创过一些经久不衰的潮流趋势。她在与阿尔伯特亲王的婚礼上选择了一件白色礼服作为她的大婚礼服（这在当时是一个大胆的选择，在今天已经成为新娘时尚习俗）。在她深爱的丈夫去世后，她每天都穿着黑色衣服，直到她在 40 年后过世，这也为后世哀悼者树立了道德标准。

色彩与图案	黑色、白色、金色、淡紫色、花卉印花
面料	棉、羊毛、真丝、蕾丝、斜纹布（twill）、粗花呢、天鹅绒、真丝缎、哔叽
服装与配饰	马裤、长裤、西装马甲、衬衫、男士长款礼服（frock coat）、荷叶边 / 褶饰、束身衣、方形领口、高领、褶饰立领、巴斯尔裙撑、长裙、衬裙、泡泡袖（puff sleeve）
细节	腰带、高顶礼帽、纽扣、青果领 / 披肩翻领（shawl collar）、扇子、手套、遮阳伞、路易十五风格高跟鞋、浅口鞋（无包后跟的鞋）、轻便舞鞋；珠宝的种类包括双手交叉 / 环抱（interlocked hand）款、心形款、绳子与绳结款、盒式吊坠款、珍珠款、蓝宝石款、红宝石款、格状镂空款、怀表款等

摩登女郎 FLAPPER 风格

1.4

≈	爵士宝贝（Jazz Baby） 旋转涡流（Eddy）
→	怀旧复古风格（Retro） 坎普风格（Camp）
+	兼有两性特征风格（Androgynous） 男孩风格（Garçonne） 适度时尚风格（Modest）

摩登女郎风格在流行文化中是不朽的，其标志性形象是一个留着时髦波波头的女孩，穿着带有流苏装饰的连衣裙在跳查尔斯顿舞，一手端着鸡尾酒，另一只手指间还夹着香烟。然而，仅关注摩登女郎风格在视觉上的美感所产生的刻板印象，会弱化这种风格对社会性别态度以及我们的现代性意识所产生的重大影响。

20世纪20年代的年轻人想找点乐子是情有可原的。第一次世界大战在全世界造成近2000万士兵和平民死亡，另有约2100万人受伤，在战争即将结束的1918至1919年间，"西班牙流感"暴发并席卷全球，造成约5000万人死亡。那是一段可怕的时期，由于流感疫情的非同寻常，情况变得更糟，年轻且身体健康的人死亡率较高。

女性在战争期间从事男性的工作，证明了她们具备超出家庭主妇和母亲角色的更多能力。1920年8月，美国宪法第十九条修正案获得批准，赋予女性投票权。与此同时，由埃米林·潘克赫斯特（Emmeline Pankhurst）等倡导者带领的女性投票权运动在英国也开展得如火如荼，直到1928年《平等选举法案》通过，英国才首次赋予男女平等的投票权。

第一次世界大战后，在蓬勃发展的装饰艺术运动的背景下，人们开始推崇装饰艺术，如家具、华丽的纺织品、时尚和珠宝，以及技术产品（包括收音机、吸尘器、汽车和极具冒险刺激魅力的远洋客轮等令人兴奋的新发明）。一个奢侈且极具魅力的消费主义新时代拉开了帷幕。这一时期的美学观念源于立体派抽象的几何线条和野兽派明亮的印象派调色理论，这两种艺术流派运动都于20世纪初在法国兴起。在那个时代，出国旅行能让人们大开眼界，令他们见识到东方的奇迹，因此，摩登女郎风格被引向了具有英属殖民特色的"东方主义"色彩。

图 5

›

露易丝·布鲁克斯（Louise Brooks），1926年。

1922年埃及图坦卡蒙墓的发现也激发了人们对沙漠探险的狂热。

1908年,保罗·波烈设计的束身衣已经失宠,它被战争彻底扼杀,因为女性开始穿胸罩和无骨架结构的内衣,以允许她们的身体可以在工厂里更方便地工作。女性想拥有男性的自由,无论是在形象上还是在字面上。她们反抗性地将头发剪短,她们中的一些人甚至会将胸部缠绑起来以显得身材平坦,这些夸张的举动让女性摆脱了爱德华时代不自然的"S"形曲线。加布里埃尔·可可·香奈儿(Gabrielle Coco Chanel)借鉴了男装中的设计细节,首次推出了箱型西装外套(blazer)搭配长裤的套装,自此,中性的<u>男孩风格</u>(273页)造型得以诞生。

到1925年,女性的裙摆高度上升至膝盖位置,可以说是相关历史记载中的最短长度(在埃及王朝早期,约公元前3150年至前2613年,上层阶级的女性穿着及地长裙,而下层阶级的男性和女性则穿着基础款式的及膝短褶裙;有趣的是,对古埃及任何地位的女性来说,裸露乳房都不成问题。见<u>适度时尚风格</u>,284页)。

随着女性的解放,性别规范的转变也让年轻男性可以表现出他们更为女性化的一面。如果说摩登女郎是"Sheba"(指具有性感魅力的女人),那么她的男性参照则是"Sheik"(指具有性感魅力的男人),这一形象出自无声电影《酋长》(The Sheik, 1921)中的偶像鲁道夫·瓦伦蒂诺(Rudolph Valentino)所饰演的风度翩翩的角色,该片根据E.M.赫尔(E.M. Hull)的同名热门沙漠爱情小说改编。这位从意大利移民美国的演员原名为鲁道夫·阿方索·拉斐洛·皮埃尔·菲利伯特·古列尔米·迪·瓦伦蒂纳·安东盖拉（Rodolfo Alfonso Raffaello Pierre Filibert Guglielmi di Valentina d'Antonguolla），他的"拉丁情人"形象深入人心：潇洒的歪帽造型，梳得光滑的背头，略带粉饰，好似还画着眼线。他是一位潮流引领者，是真正的万人迷，尽管在那个时代并非所有人都准备好接受男性略带女性气质的装扮（见坎普风格，275页）。

1.4

色彩与图案	黑色、银色、金色、几何形、粉红色、白鸽图案、灰色、苔藓绿色、红褐色
面料	真丝、塔夫绸、真丝缎、羊毛、棉针织、编织、亮片
服装与配饰	低腰款连衣裙、头饰/英式帽子（fascinator，女性在正式场合佩戴的一种像帽子一样的装饰头饰）、头巾帽、手套
细节	V形领口、较短的下摆长度、流苏、珍珠、水钻、羽毛、包头巾/发带（head wrap与turban意思相近，二者皆指包头巾或头巾帽一类的头饰，它们是由于文化起源的不同而产生的不同词汇）

THE STYLE THESAURUS: A definitive, gender-neutral guide to the meaning of style and for all fashion lovers

032

未来主义 FUTURISM
风格

≈	未来主义（Futuristic）
→	摩德风格（Mod）
+	前卫/先锋派风格（Avant-Garde）

未来主义是什么？从艺术文化的角度来看，未来主义发端于1908至1909年兴起的现代主义艺术运动。当时意大利的诗人兼编辑菲利波·托马索·马里内蒂（Filippo Tommaso Marinetti）发表了他的《未来主义宣言》（*Manifesto of Futurism*），将未来主义正式定义为一种新的艺术文化运动。未来主义推崇速度、工业、城市化以及科学技术。轰鸣的汽车被认为比卢浮宫的艺术品更美丽，而领导这场运动的意大利艺术家包括翁贝托·波丘尼（Umberto Boccioni）、卡洛·卡拉（Carlo Carrà）和路易吉·鲁索洛（Luigi Russolo），他们希望摆脱他们国家的过去，认为国家的历史深陷于古典主义的泥沼之中。

《未来主义宣言》将战争美化为变革的象征，宣称要摒弃博物馆、图书馆和学术界，其言论常被认为具有反女性主义倾向（尽管马里内蒂后来澄清说，他所"蔑视的女性"指的是那些被物化的"女性"，即为制度所困的家庭主妇、蛇蝎美人和缪斯女神的理想化版本）。事实上，这场运动一直在欢迎女性艺术家加入以打破传统，马里内蒂的妻子贝内黛塔·卡帕（Benedetta Cappa）等未来主义画家为第一波女性主义运动铺平了道路。未来主义艺术家的作品中所呈现的活力与色彩的运用是统一的，都采用一种源于后印象派和立体派的描绘速度的绘画风格，以捕捉快速运动的效果。

未来主义艺术家们还是政治的煽动者，他们计划发起美食、表演、建筑和时尚领域的变革运动。贾科莫·巴拉（Giacomo Balla）在他的《未来主义男装宣言》（*Futurist Manifesto of Men's Clothing*，1914）中描述了他们的新风格，其中包括对快时尚的描述："我们必须发明未来主义风格的服装，即色彩明亮且线条生动的、快乐的、大胆的服装。这些未来主义服装的设计必须简洁，重要的是，它们仅能持续很短的时间，以此促进服装产业的活力，从而持续不断地为我们的身体提供更多款式新颖的服装。使用具有色彩冲击力的材料，如最鲜艳的红色、最精准的紫色、最浓郁的绿色、最刺眼的黄色、橙色、朱红色，以及人体骨架色调的白色、灰色和黑色。我们必须为身体开发动态的设计，并以动态的形状来展现服装的廓形，如三角形、圆锥形、螺旋形、椭圆形、圆形等。服装必须融入动态线条和不对称式剪裁，如夹克的左侧及左侧的袖子呈圆形，右侧及右侧的袖子呈方形。"

服装款式的一个重大进展是连衣裤（jumpsuit）的发明，这应归功于未来主义设计师埃内斯托·米切尔斯（Ernesto Michahelles），他的原名为塔亚特（Thayaht）。他于1920年设计的连衣裤是不分性别的服装款式，实用且制作成本低廉。这种一体式设计被称为"Tuta"，源自意大利语"Tutta"，意为"全部"。

从时间顺序来看，当科幻小说被拍成电影时，未来主义风格的视觉表象开始进入下一阶段。首先是在德国表现主义导演弗里茨·朗（Fritz Lang）执导的无声电影《大都会》（*Metropolis*，1927）中，高楼林立的城市场景和名为"玛丽亚"的金属人形机器人令人印象深刻。还有1936年的《笃定发生》（*Things to Come*），这部电影改编自H.G. 威尔斯（H.G. Wells）的小说，其中的服装引入了简约的廓形、短下摆、雕塑般的肩部细节、圆领、长披肩及白色面料，成为未来主义风格的象征。电影《飞侠哥顿》（*Flash Gordon*，1936）的服饰造型则增加了金属元素，露出了更多的肌肤，呈现了更多的圆形领口和衣领的设计，还搭配了多款披肩。

"未来学"（futurology）是指通过研究当前趋势以预测未来的情景，由德国教授奥西普·K. 弗莱西泰姆（Ossip K. Flechthaim）在20世纪40年代提出。伴随着20世纪中期的现代主义与20世纪50年代原子时代的乐观主义，这种前瞻性的感受能力激发了设计师安德烈·库雷热（André Courrèges）、皮尔·卡丹（Pierre Cardin）和帕高·拉巴纳（Paco Rabanne）（另见摩德风格，

图 6

《活希源（Courrèges），2022春夏巴黎时装周，2021年9月29日。

228页）于20世纪60年代打造出他们标志性的"太空时代"（space-age）时装。

帕高·拉巴纳时装屋以设计师的首个名为"用当代材料制成的12件不可穿着的连衣裙"的高级定制系列（1966年）而闻名。2023年，该品牌又将"不可穿着"的概念进一步发扬光大，推出了12件概念性的NFT连衣裙（见数字化时尚风格，54页）。

从莱特兄弟的首次飞行到人类登陆月球，人类用了66年的时间。太空竞赛为未来主义和未来主义服装提供了新的接触点，设计师们将服装诠释为自由的梯形廓形（类似于A字形，肩部较窄，但下摆较宽）、平底中筒靴、宇航员风格的头盔和护目镜、超大眼镜、反光银色面料、连体紧身内搭、镂空剪裁，以及偏离原色的冷白色系。库雷热和卡丹的设计则呼应了原始未来主义艺术家们的理念，他们知道女性不愿再平凡地度过自己的一生：她们奔跑，她们跳舞，她们开车，她们的服装也要允许身体自由地活动。大众流行文化会从这些时装秀的趋势中提取潮流动向，但这些潮流却仅会出现在20世纪60年代的《星际迷航》（*Star Trek*）和《迷失太空》（*Lost in Space*）等电视剧集的服装造型中。

色彩与图案	白色、银色、原色、几何形
面料	有机玻璃、镜像织物、橡胶涂层织物、金属质感织物、锁子甲/链甲（chainmail）
服装与配饰	护目镜、中筒靴、无檐小圆帽、连衣裤、超短连衣裙
细节	不对称、镂空、梯形廓形、连体式（all-in-one）、紧身、圆形领口、较短的下摆长度

风格词库：时尚指南与穿搭手册　　　　　　　　　　　　　　　　　　035

复古未来主义风格　　RETROFUTURISM

1.6

≈	复古未来主义（Retrofuturistic）　旋转涡流（Eddy）
→	复古风格（Retro）　新维多利亚风格（Neo-Victoriana）
+	赛博朋克风格（Cyberpunk）　蒸汽朋克风格（Steampunk）　柴油朋克风格（Dieselpunk） 非洲未来主义风格（Afrofuturism）

20世纪70年代，我们领略到了辉煌耀眼的华丽摇滚风格（122页），以及大卫·鲍伊的"齐格星辰"（Ziggy Stardust）传奇造型形象。他的造型涵盖了所有未来主义风格的元素：亮眼的条纹连体式服装配塑料靴，超宽大的肩膀，化着具有行星象征意义的妆容。虽然齐格的造型始终具有前瞻性，但当时的其他创意人士开始重新评估早期艺术家对未来的构想，进而衍生出复古未来主义风格。

　　从时尚的角度来看，复古未来主义有两层含义。首先，它是20世纪60年代的太空时代主题设计中永生化的"青年文化运动"的意识形态，体现了早期艺术家们对未来前景的乐观态度。其次，它将怀旧/复古风格（20页），如新维多利亚风格（26页）和早期牛仔风格（79页）转移到一个介于过去、现在和未来之间的时代，并衍生出其他的子流派风格，如蒸汽朋克风格（42页）或柴油朋克风格（45页）。柴油朋克风格融合了"一战"和"二战"军装制服的设计细节（见军装风格，91页）和战时轰鸣的柴油机的技术背景。

图7＞简·方达（Jane Fonda）出演电影《太空英雄芭芭丽娜》（Barbarella）的剧照，1968年。

THE STYLE THESAURUS: A definitive, gender-neutral guide to the meaning of style and for all fashion lovers

1.6

色彩与图案	银色、黑色、白色
面料	塑料、有机玻璃、锁子甲 / 链甲、金属丝纤维织物
服装与配饰	超短裙、及膝长靴、连衣裤
细节	中式领、雕塑元素

风格词库：时尚指南与穿搭手册

037

赛博朋克 CYBERPUNK 风格

1.6.1

≈	黑客帝国（Matrix）
→	蒸汽朋克风格（Steampunk） 柴油朋克风格（Dieselpunk） 数字化时尚风格（Digital Fashion） 朋克风格（Punk）
+	作战服风格（Combat） 锐舞文化风格（Rave） 哥特风格（Goth） 恋物癖风格（Fetish）

在不久的将来，在一个反乌托邦的地方，那里有着霓虹闪烁的城市景观，我们邂逅了赛博朋克风格。它原本是作为一种文学流派思潮出现在罗杰·泽拉兹尼（Roger Zelazny）、J.G. 巴拉德（J.G. Ballard）、菲利普·何塞·法默（Philip José Farmer）和哈兰·埃里森（Harlan Ellison）等新浪潮科幻作家的作品中的，直到 20 世纪 80 年代，这些科幻文学作品的描绘演变成了现在为我们所熟知的赛博朋克风格。"赛博空间"（cyberspace）一词意为"广泛、互联的数字网络技术"，是威廉·吉布森（William Gibson）在他的短篇小说《全息玫瑰碎片》（Burning Chrome，1982）中首次提出的，两年后，他又出版了备受赞誉的首部长篇小说《神经漫游者》（Neuromancer，另见数字化时尚风格，54 页）。

赛博朋克作为文学作品中一个反复出现的主题，描绘出了一个发达资本主义社会内部腐朽的虚无主义景象，在犯罪、毒品和性的冲击性背景下，同时还展现了有关科技、机器人和人工智能的超人类主义（transhumanism）的社会结构。这是一种"高等科技对比低端生活"的美学表现形式。

第一个被描述为带有复古未来主义属性的风格是赛博朋克风格（36 页），其也是其他"朋克"派生词的根源，如蒸汽朋克风格（42 页）和柴油朋克风格（45 页）。但它是否真的属于怀旧/复古风格（20 页）范畴还有待论证。然而，它确实与 20 世纪 40 年代黑色电影（film-noir）的风格化描述高度一致：孤独地打击犯罪的主角、昏暗的城市景象，以及勇气与魅力的融合。

赛博朋克风格从 20 世纪的 40 年代、80 年代和 90 年代的银幕电影服饰造型中汲取了复古元素。这种风格深受科幻电影的影响，包括电影《银翼杀手》

图 8
›
凯瑞-安·莫斯（Carrie-Anne Moss）在电影《黑客帝国2：重装上阵》（The Matrix Reloaded）中饰演崔妮蒂（Trinity），纽约时装周，2003 年。

1.6.1

（Blade Runner，1982），该电影根据菲利普·K. 迪克（Philip K. Dick）的小说《仿生人会梦见电子羊吗？》（Do Androids Dream of Electric Sheep?，1968）改编。故事发生在虚构的 2019 年，洛杉矶一家强大的公司设计出的复制人从事着太空殖民地工作。20 世纪 80 年代，迪奥的"新风貌"（New Look）又将女装回归到腰部收紧并附有垫肩的廓形，戏服设计师查尔斯·诺德（Charles Knode）为肖恩·杨（Sean Young）在电影《银翼杀手》中饰演美丽的复制人瑞秋（Rachael）设计的服装造型就直接参考了此廓形。电影的主人公里克·德卡德 [Rick Deckard，由哈里森·福特（Harrison Ford）饰演] 曾是一名侦探，退休后成为一名赏金猎人，专门负责猎杀复制人。他穿着一件超大的风衣——这是黑色电影中的经典服装款式——大衣内是几何图案印花衬衫，还配有带<u>未来主义风格</u>（33 页）元素的领带 [据说刚拍完《夺宝奇兵》（Raiders Of the Lost Ark）的福特拒绝在《银翼杀手》中佩戴费多拉帽（fedora）以塑造这部黑色电影中完整的主人公形象，因为他头戴帽子的印第安纳·琼斯（Indiana Jones）的形象早已深入人心]。复制人的首领穿着一件拖地款的黑色皮风衣，这是在电影中常出现的服装。

日本漫画家大友克洋（Katsuhiro Otomo）创作的标志性动漫《阿基拉》（Akira，1988）也是以虚构的 2019 年为背景，但他描绘的是具有东方风格的场景，呈现了一个衰败的大都市景象，与东京或香港的早已被拆除的九龙寨城极为相似，那里曾是一个臭名昭著的由黑社会帮派盘踞的无法无天之地。赛博朋克对日本动漫的影响所衍生出的风格有时会被解读为可爱的<u>卡哇伊风格</u>（170 页）。另一部动漫杰作是邪典电影《攻壳机动队》（Ghost in the Shell，1995），其延续了黑色和铬色的色调，并着重刻画了黑客文化与控制论的主题，同年出品的另一部根据威廉·吉布森的同名小说改编的电影《捍卫机密》（Johnny Mnemonic）也探讨了相似的主题。

人们对于赛博朋克风格是否属于真正的"<u>朋克风格</u>"（125 页）的讨论始终存在分歧，"朋克"最初是莎士比亚时代人们对妓女的称呼，后来被用来指局外人或恶棍，这与黑色电影中所描述的同社会格格不入的犯罪暴力形象大致相符。到 20 世纪 70 年代，"朋克"已经获得了反主流文化叛乱的含义，这种风格在《黑客帝国》（1999）电影中的长款皮风衣、科技类服饰元素以及互联网上较流行的被称为"战争核心"（warcore）的硬核<u>军装风格</u>（91 页）服饰细节（如军靴、战斗长裤、带扣及绑带）中得到了具象化体现。还有一些自制的时尚元素，如刻意做旧边缘、蓄意制造一些反常的纺织材料以做出令人震撼的设计，如采用<u>恋物癖风格</u>（293 页）元素，使用光滑的黑色乳胶和聚氯乙烯设计的服装。瑞

1.6.1

克·欧文斯（Rick Owens）、加勒斯·普（Gareth Pugh）和山本耀司（Yohji Yamamoto）等当代设计师就将这类风格融入自己的作品之中。

赛博朋克所虚构的内容中还包括赛博哥特（cybergoth），即一种亚文化风格，融合了锐舞文化风格（146页）和哥特风格（220页）元素。那些对现状心怀不满、接受新启示的年轻人舞动着他们的身体，穿着工业技术风格的透明轻薄服装、紧贴身形的俱乐部（夜店）服装和千禧风格的人造毛皮短夹克。

梳着人造假发发辫、身上有类似电路板图案的文身、使用外星人头像、饰有均衡器主题图案，以及改造身体，如身体装有角状物和皮下穿孔，都是这类风格造型的典型象征。需要注意的是，借鉴该风格的人造合成发辫（artificial cyberlocks）造型可能会被视为一种冒犯和文化挪用行为，正如美国设计师马克·雅可布（Marc Jacobs）在2017年春夏时装秀上为模特（以白人模特为主）选用的彩虹色合成发辫造型一样，备受争议。

当我们开始向元宇宙冲刺时，赛博朋克更像是在描述现在而非未来。

色彩与图案	黑色、铬色、荧光粉色、荧光蓝色、荧光紫色、酸性黄色
面料	皮革、PVC、网眼织物、氨纶（spandex）
服装与配饰	风衣、军靴、破洞针织、无框太阳镜
细节	20世纪40年代风格、紧身、锁扣和系带、自己动手或刻意制造的破损、机器人科学

风格词库：时尚指南与穿搭手册　　041

蒸汽朋克 STEAMPUNK
风格

1.6.2

≈	维多利亚时代未来主义（Victorian Futurism） 发条朋克（Clockpunk） 复古科技（Retro Tech）
→	牛仔风格（Cowboy）
+	新维多利亚风格（Neo-Victoriana） 角色扮演风格（Cosplay）

蒸汽朋克风格受到 H.G. 威尔斯和儒勒·凡尔纳（Jules Verne）的 19 世纪科学浪漫主义小说的影响，小说中借鉴了维多利亚时代的技术和设计概念（蒸汽机、飞艇、机械齿轮、炼金术），被描述为第二种带有复古未来主义属性的风格。"蒸汽朋克"一词于 1987 年被创造出来，据称首次出现是在科幻小说《莫洛克之夜》（*Morlock Night*，1979）的作者 K.W. 杰特（K.W. Jeter）给科幻杂志《轨迹》（*Locus*）的一封信中："就我个人而言，我认为维多利亚时代的幻想将成为下一件大事，只要我们能为蒂姆·鲍尔斯（Tim Powers）、詹姆斯·布来洛克（James Blaylock）和我自己想出一个合适的共用术语，是基于那个时代技术的较为恰当的术语，也许，像是'蒸汽朋克'之类的……"在 20 世纪 50 年代，蒸汽朋克风格元素就出现在了日本的主流漫画和动漫作品中，如手冢治虫创作并绘制的《未来世界》（*Nextworld*，1951）。直到 20 世纪的 70 年代，蒸汽朋克风格才开始进入主流动漫制作，如聚焦于女性题材的《凡尔赛玫瑰》（*Rose of Versailles*，1970）。

衣冠楚楚的蒸汽朋克科学家们，他们身着英国爱德华时期、法国拿破仑时期的花花公子风格（247 页）或新维多利亚风格（26 页）的服饰，这似乎与我们对朋克风格（125 页）的理解不一致，但在描述蒸汽朋克风格的独创性作品中可以看到朋克的原创（DIY）美学元素。有些自称蒸汽朋克的人确实也会带入朋克的政治观点，在其作品中探索 19 世纪的殖民主义、帝国主义和阶级划分的社会问题，以及这些社会问题所带来的后果。

作为推理小说的一种风格形式，蒸汽朋克也可以被带入一个美国狂野的西部世界（见牛仔风格，79 页）或融入一些奇幻元素。在许多影视作品中就融入

图 9

› 北京梅赛德斯-奔驰中国时装周，由毛戈平形象设计艺术学院举办的 MGPIN 设计系列时装秀，北京，2013 年 3 月 27 日。

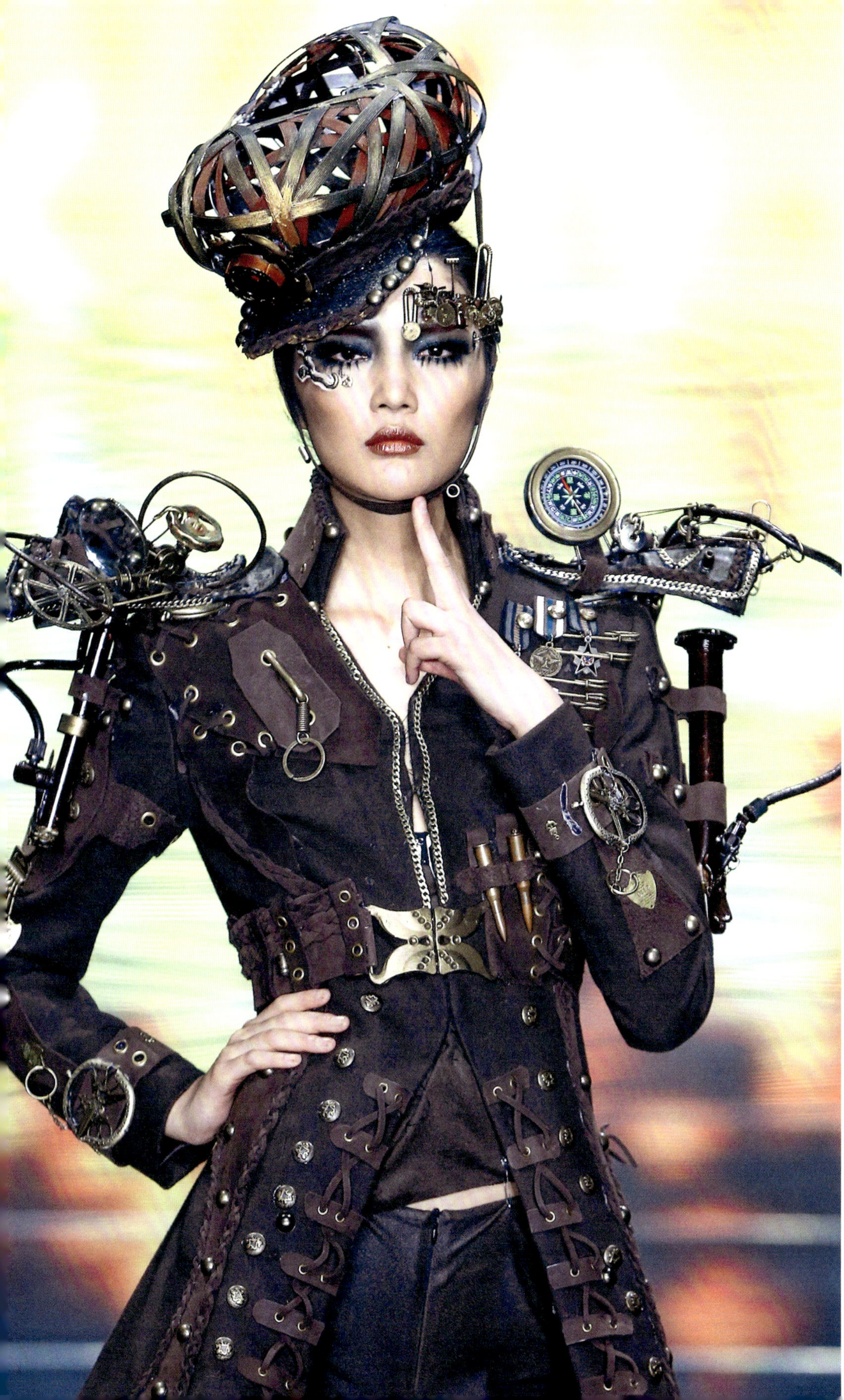

了大量的蒸汽朋克美学元素，如改编自 H.G. 威尔斯同名小说的 2002 年版电影《时间机器》[*The Time Machine*，小说发表于 1895 年，1960 年由大卫·邓肯（David Duncan）改编为第一版电影]、电影《飙风战警》（*Wild Wild West*，1999）、电影《天空上尉与明日世界》（*Sky Captain and the World of Tomorrow*，2004）、盖·里奇（Guy Ritchie）执导的电影《大侦探福尔摩斯》（*Sherlock Holmes*，2009），以及电影《神奇动物在哪里》（*Fantastic Beasts and Where to Find Them*，2016）。

时尚界对蒸汽朋克风格情有独钟，其风格造型涵盖了戏剧化与剪裁犀利并存的西装、束身衣、附有巴斯尔裙撑的大体积裙摆和雕塑般的金属装饰配件，对穿戴过多配饰也偏爱有加。作为一种潮流趋势，蒸汽朋克风格仍处在一条漫长的发展轨道上，除了在角色扮演风格（158 页）和其他化妆舞会造型中流行之外，它仍处于长期潜伏阶段。蒸汽朋克风格曾出现在安·迪穆拉米斯特（Ann Demeulemeester）2009 秋冬、迪奥 2010 秋冬和普拉达（Prada）2012 秋冬的男装秀场造型中，在亚历山大·麦昆（Alexander McQueen）朋克风格的结构皮革和金属连衣裙、外套及长裤的设计中也不断被参考借鉴。

色彩与图案	棕色、铜色、灰色、黑色、米黄色、棕褐色、白色、深绿色、深红色
面料	皮革、汉麻、黄麻、棉、亚麻、天鹅绒、蕾丝
服装与配饰	燕尾服、马裤、束身衣、巴斯尔裙撑、西装和定制款、西装马甲、高顶礼帽、博勒帽（bowler hat，圆顶硬毡帽）、怀表、护目镜、遮阳伞
细节	衬衫料、纺锤形纽扣、轮齿、螺丝、管子、自己动手或刻意制造的破损

柴油朋克 DIESELPUNK 风格

1.6.3

≈	生化奇兵（Bio Shock）
→	怀旧、复古风格（Retro）
+	摩托 / 机车骑手风格（Biker）　角色扮演风格（Cosplay）

第二次世界大战引发了推理小说作家们关于可怕的另类未来的设想。例如，连·戴顿（Len Deighton）和菲利普·K. 迪克在他们各自的反事实（虚拟历史）小说《SS-GB》（1978）和《高堡奇人》（The Man in the High Castle, 1962）中就思考了纳粹获胜的后果。这些早期的柴油朋克风格作品影响了许多后来的作家和电影制作人。

柴油朋克风格的文学作品设想了一个依赖高油耗柴油动力的未来世界，正如在系列电影《疯狂的麦克斯》（Mad Max）中所看到的那样。该系列电影描述了世界末日后的景象，探讨了想象世界中人类多种活动之间的关系（即符号的意义），并设想了人类回归原始部落群体：穿着破旧的衣服，脏兮兮的皮肤上刺有神秘符号。

由赛博朋克所衍生出的各种以"朋克"为后缀的子流派风格进一步传播着复古未来主义。这些朋克类型包括生物 / 生化朋克（biopunk，源于赛博朋克，侧重于生物技术）、太阳朋克（solarpunk，以乐观的态度设想未来基于可再生能源和低技术的理念）、月亮朋克（lunarpuck，设想的生态未来以太空、行星、暗黑花朵和巫术为主题）、中世纪朋克（medievalpunk，设想以中世纪为背景的未来世界）、青铜朋克（bronzepunk，设想以青铜时代为背景的未来世界）、丝绸朋克（silkpunk，与蒸汽朋克相似，但基于东方美学与哲学的观念）以及原子朋克（atompunk，以 20 世纪 50 年代的原子时代为背景，关注核能的未来世界），这些复古未来主义流派仍在继续发展进化。

图 10

›

从左至右为电影《疯狂的麦克斯：狂暴之路》（Mad Max: Fury Road, 2015）中的查理兹·塞隆（Charlize Theron）、佐伊·克拉维茨（Zoë Kravitz）、考特尼·伊顿（Courtney Eaton）、莱利·科奥（Riley Keough）、汤姆·哈迪（Tom Hardy）和尼古拉斯·霍尔特（Nicholas Hoult）。

色彩与图案	黑色、青灰色、铁灰色、沙色、血红色
面料	皮革、棉、汉麻
服装与配饰	飞行服、飞行员夹克、机车夹克、工装背带裤、护目镜、防毒面具、无檐平顶女帽（pillbox hat，又称药盒帽）、费多拉帽
细节	20 世纪 50 年代风格、军装风格元素

风格词库：时尚指南与穿搭手册

非洲未来主义风格　AFROFUTURISM

1.6.4

=	非裔文化运动（Afrodiasporic Culutral Movement）
→	未来主义风格（Futurism）　朋克风格（Punk）
+	赛博朋克风格（Cyberpunk）　华丽摇滚风格（Glam Rock）　放克风格（Funk）

早期对星空抱有期待和美好愿景的未来主义风格（33页）的文学作品未能充分、客观地描述出散居在海外的黑人侨民的文化历史。在这些作品中，外星人入侵地球绑架人类这一叙述当中存在着更为深刻的隐喻：白人武装入侵未知世界的历史。

非洲未来主义文化运动将黑色历史从主流历史事件的叙述中解放出来，呈现出一个另类的黑人乌托邦的乐观未来，并将其与失落的部落遗产重新联系在一起。"非洲未来主义"一词是文化评论家、作家马克·德里（Mark Dery）在他题为《黑人走向未来》（Black to the Future）的文章中提出的，这篇文章被收录在他的《火焰战争》（Flame Wars, 1994）一书中。他在书中解释道："非洲未来主义的概念会引发令人不安的矛盾：一个群体的过去被刻意抹去，而该群体的能量正被消耗于对其可辨历史痕迹的搜寻中，那么他们还能想象出各种可能的未来吗？"

在非洲未来主义被定义之前，早期文化运动就已出现在20世纪20年代W.E.B. 杜波依斯（W.E.B. Du Bois）创作的短篇科幻小说《彗星》（The Comet）中，之后在20世纪50年代至60年代奥克塔维娅·E. 巴特勒（Octavia E. Butler）的科幻小说和前卫自由爵士乐中得到发展。例如，黑人艺术家桑·拉（Sun Ra，他自称来自土星）和他的乐队 Arkestra 推出了他们的专辑《太空即地点》（Space Is the Place, 1972），定义了黑人未来主义流派；同时，萨克斯管演奏家约翰·柯川（John Coltrane）和蓝调艺术家吉米·亨德里克斯（Jimi Hendrix）也是狂热的科幻小说迷。

20世纪60年代人们对未来主义主题的痴迷在《星际迷航》等电视剧中可

图 11，

左右分别为电影《黑豹》中的露比塔·尼永奥（Lupita Nyong'o）和利蒂希娅·赖特（Letitia Wright），2018年。

1.6.4

见一斑，因尼切尔·尼科尔斯（Nichelle Nichols）在该剧中出演通信主管乌胡拉·妮欧塔（Nyota Uhura）中尉一角，这对于非裔女演员来说具有开创性意义。并且，在1968年，她与剧中饰演柯克舰长（Captain Kirk）的威廉·夏特纳（William Shatner）呈现了美国电视史上的第一个跨种族荧屏之吻。尽管此举引发了公众争议，但小马丁·路德·金（Martin Luther King Jr）仍说服了尼科尔斯继续留在剧中，因为他意识到在电视上出现的黑人宇航员、医生和教授的形象会对公众产生重要影响。

在20世纪70年代和80年代，乔治·克林顿（George Clinton）和布西·柯林斯（Bootsy Collins）（均为放克乐队团体Parliament-Funkadelic的成员）以及普林斯（Prince）在其放克乐中加入了不可磨灭的未来主义风格，格蕾丝·琼斯（Grace Jones）在新浪潮音乐中注入了"华丽朋克"元素，涵盖了<u>华丽摇滚风格（122页）和朋克风格（125页）</u>。艺术家让-米歇尔·巴斯奎特（Jean-Michel Basquiat）在他短暂但多产的职业生涯中，表现了许多非洲未来主义的主题元素，如类似机器人的抽象头部或非洲面具。20世纪90年代，美国嘻哈二人组Outkast（见<u>嘻哈风格，142页</u>）和节奏蓝调（R&B）明星艾利卡·巴杜（Erykah Badu）在其音乐中延续了非洲未来主义风格。随后，加奈尔·梦奈（Janelle Monáe）、肯德里克·拉马尔（Kendrick Lamar）、斯蒂芬·李·布鲁斯（Stephen Lee Bruner，艺名为Thundercat）、唐纳德·格洛沃（Donald Glover，艺名为Childish Gambino）以及索兰奇·诺尔斯（Solange Knowles）等艺术家正接过非洲未来主义的接力棒继续前行。

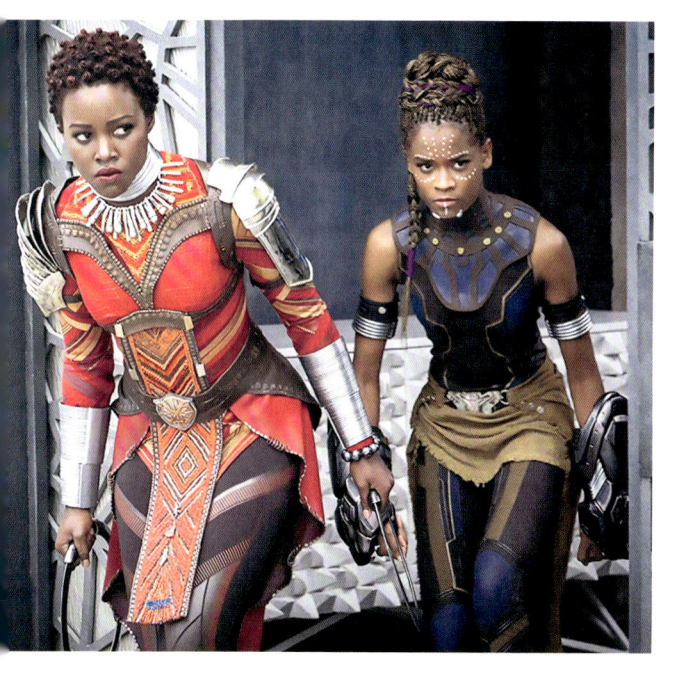

非洲未来主义风格的外观融合了未来主义的主题，如科技和可持续性材料，以及非洲手工艺和神秘主义。在当代流行文化中，它呈现出由韦斯利·斯奈普斯（Wesley Snipes）主演的电影千禧年吸血鬼狩猎三部曲《刀锋战士》（*Blade*）中的<u>赛博朋克风格（38页）</u>的盔甲造型。特别是，《黑豹》（*Black Panther*，2018）电影的服装造型是由露丝·E.卡特（Ruth E. Carter）设计的，她也因此获得了奥斯卡最佳服装设计奖。卡特在该电影的服装造型中融入了一些非洲民族元素，包括南非恩德贝勒人的颈环、苏丹努巴妇女和丁卡人改造身体所留下的疤痕图案，以及肯尼亚马赛人的红布。

在时尚秀台上，拥有印度和尼日利亚血统的英国设计师普里亚·阿鲁瓦利亚（Priya Ahluwalia），从街头服饰博客转型为时尚品牌的 Daily Paper，以及许多其他的黑人设计师和音乐艺术家们仍在继续传播和演绎着这种复古未来主义风格。

色彩与图案	金色、银色、红色、蓝色、橙色、亮绿色、黄色、黑色豹纹印花、长颈鹿纹印花、斑马纹印花、蛇纹印花、非洲 Ankara 印花、非洲 Isi agu 狮头印花（象征着权力、权威和骄傲的传统印花图案，对伊博人具有重要的文化和象征价值，伊博人通常会在婚礼和加冕仪式等特殊场合穿着狮头印花服装）
面料	皮革、棉、天鹅绒、肯特布（kente cloth）、aso-oke 布、ukara 靛蓝布、adire 扎染布、泥染布（bogolan）、木纤维织物
服装与配饰	斗篷、喇叭裤、紧身衣、专业技术服、盔甲、dashiki 或 kitenge 上衣、祖鲁帽（isicholo）
细节	星星和月亮装饰、钉珠、亮片、盔甲元素、面罩、木质饰品、项链、脚链（anklet，脚踝装饰）、埃及文化元素
发型	班图结（Bantu knots，祖鲁人的一种传统发式）、富拉尼发辫（Fulani braids）、平顶发型（flat top）

1.6.4

THE STYLE THESAURUS: A definitive, gender-neutral guide to the meaning of style and for all fashion lovers　　050

Z 世代 电子男孩和电子女孩风格

E-BOY & E-GIRL

≈	电子男孩（Electronic Boy） 电子女孩（Electronic Girl） 电音情绪（Electronic Emo）
→	角色扮演风格（Cosplay） 缤纷装扮可爱风格（Decora） 学院派风格（Academia） 名校校服风格（Preppy）
+	情绪硬核风格（Emo） 垃圾摇滚风格（Grunge） 卡哇伊风格（Kawaii） 哥特风格（Goth） 滑板文化风格（Skate） 兼有两性特征风格（Androgynous）

电子男孩和电子女孩是 Z 世代的数字原住民，他们生活在网络世界，通常是在流媒体平台 Twitch 或 Discord 上活跃的游戏玩家。这种风格于 2018 年左右在社交媒体平台抖音国际版（TikTok）上出现，从先前的其他风格中借用了许多符号元素。在互联网驱动的风格大熔炉中，融合了情绪硬核风格（129 页）的悲伤、哥特风格（220 页）的色调、垃圾摇滚风格（134 页）的焦虑、滑板文化风格（231 页）的反文化哲学信条、性虐式的挑逗行为（见恋物癖风格，293 页）、学院派风格（188 页）的校服与知性、卡哇伊风格（170 页）的天真、缤纷装扮可爱风格（173 页）的折衷主义与自我表达，还加入了角色扮演风格（158 页）的卡通元素以及韩国流行音乐（K-pop）中雌雄莫辨的风格。

正如定义亚文化时常会出现问题那样，"电子女孩"最初是一个贬义词，用于指代进入游戏领域的女性，现在已经演变成一个专有名词，形容网络上出现的具有吸引力且另类的女孩。人们对电子女孩的理解是，她们利用自己的外表在网络上博取关注以赚取钱财，这要源于她们在抖音平台上对摆出超性感的阿黑颜（ahegao）姿态的狂热，这种面部表情常见于日本的色情动画：眼睛因兴奋向上翻起，脸涨得通红，眼睛里有心形符号，嘴巴张开，吐出舌头。

一些电子女孩会选择娃娃款式的连衣裙，装扮成像洛丽塔风格（177 页）的造型。然而，就像大多数 Z 世代（网络模因培养起来的人群）的发展趋势那样，这类造型风格内涵具有讽刺意味，它源于 21 世纪头十年中期在社交网络平台 Tumblr 上初期出现的女孩风格造型，这些女孩会有计划地拍摄自己"醒来"时的照片以示"坦诚"，但脸上却化着精致的妆容，头发被巧妙地设计成蓬乱的效果。

电子男孩和电子女孩是具有性别流动性的表述，他们的面部妆容在造型中起着重要的作用，这种妆容通常会参照日本动漫的卡通色调。电子男孩的造型特点是飘逸的头发，涂着腮红和黑色指甲油——这是由演员提莫西·查拉梅（Timothée Chalamet）和音乐人扬布拉德[Yungblud，本名为多米尼克·哈里森（Dominic Richard Harrison）]引领的"软男孩"（soft-boy）风格趋势。软女孩或软男孩常常沉浸于自我陶醉状态，擅长智力活动胜于体力活动（另见学院派风格，188页，以及名校校服风格，191页），偏爱粉彩色系。这类造型的一些支持者们会关注心理健康和嗜好类的主题，普遍给人一种难以捉摸的感觉，自称"伤感男孩"（sad boys）和"伤感女孩"（sad girls）。

在思琳（Celine）2021春夏男装秀上，设计师艾迪·斯理曼（Hedi Sliman）启用了电子男孩造型，发布了一系列电子男孩风格的时装：定制款长裤、百褶裙、法兰绒衬衫、银链、无檐针织帽及滑板鞋。高奢时尚市场的雷达已经牢牢地锁定了电音情绪风格。

与电子女孩不同的是，VSCO女孩是根据照片编辑应用程序VSCO命名的。该软件允许用户在编辑图片时拥有更多的控制权，而不太重视图片的"点赞"数量。VSCO女孩被定义为一个狭隘的群体：钟情于美国加州的冲浪风格（234页），偏爱自然无妆容、裁短的牛仔短裤搭配超大号T恤和棒球帽，提倡环保、饮食与身体健康的白人和居住在市郊的中产家庭女孩。

社交媒体持续不断地催生着新的美学风格，并在世界各地迅速传播。Instagram上无处不在的"Baddie"造型是指坚强、性感且自信的女性穿搭风格，以强调身形曲线的紧贴身形风格（287页）为主要特点。这些女性通常穿着超短款T恤配运动长裤，出门必须要带着精致完美的妆容，涂上睫毛膏和指甲油，即便是短途去趟药店也不能素颜。金·卡戴珊（Kim Kardashian）可以解答很多相关问题（因为Baddie风格深受卡戴珊家族的影响）。

图 12

› 扬布拉德在佐治亚州的亚特兰大市中心音乐厅内演出，2022 年 1 月 28 日。

色彩与图案	黑色、白色、淡粉色、淡蓝色、淡紫色、淡绿色、黑白相间条纹、黑白相间格纹、星星和月亮图案、心形、格纹和格子花呢、豹纹印花
面料	棉、牛仔、运动衫面料、针织、网眼
服装与配饰	白色和黑色礼服衬衫、短款 T 恤、大码 T 恤、长袖 T 恤、滑板和乐队标识印花 T 恤、超短百褶裙、苏格兰裙（kilt，格纹褶裥短裙）、马球领套头衫（polo neck，紧贴于颈部的高圆领）
细节	层层叠加、连帽式、链条腰带、滑板鞋、厚底靴、绒面革厚底鞋（brothel creeper shoes，流行于 20 世纪 50 年代）、链条、文身和穿孔 [尤其是鼻中穿孔（septum）]、针织帽、安全别针、长筒袜、发夹、圆形眼镜、动物耳朵样式束发带、头戴式耳机
发型	长发、双发色（双色染发）、发辫、双丸子头（space buns）、窗帘式发型（curtains）

风格词库：时尚指南与穿搭手册

数字化时尚 DIGITAL FASHION 风格

1.8

≈	虚拟形象（Avatars） WEB 3.0 元宇宙风格（Metaverse Style）
→	非洲未来主义风格（Afrofuturism）
+	未来主义风格（Futurism） 赛博朋克风格（Cyberpunk） 蒸汽朋克风格（Steampunk）

在未来的生活中，人类将会花费越来越多的时间去扩展一个包括增强现实、虚拟现实及融合现实的居住体验空间。1992年，作家尼尔·斯蒂芬森（Neal Stephenson）在其颇具影响力的赛博朋克风格（38页）小说《雪崩》（Snow Crash）中创造了"元宇宙"（metaverse）一词，用以描述"一个超越我们所身处的物质领域的世界"。这本书将威廉·吉布森的《神经漫游者》与恩斯特·克莱恩（Ernest Cline）的小说《头号玩家》（Ready Player One, 2011）联系了起来，后者于2018年由史蒂文·斯皮尔伯格（Steven Spielberg）执导并拍成电影。

　　简而言之，元宇宙是三维互联网空间：一个可以购物、社交、学习和工作的，令我们日渐沉迷的数字虚拟世界，其依靠头戴式耳机、入耳式耳机和运动探测手套等技术支持来确保我们能够在空间中做出正确的示意动作。21世纪20年代的虚拟技术还相对处于起步阶段（与20世纪90年代的互联网初期发展类似），元宇宙表现为一个由各自独立的虚拟世界拼凑而成的碎片集合，实现它们的互操作性是我们的愿景，其中包括Decentraland（3D虚拟世界平台）、Roblox（世界最大的多人在线创作游戏）、Sandbox（一个基于区块链的虚拟世界）和Bloktopia（所有加密货币和非同质化代币的一站式商店）。在大多数的虚拟世界中，买卖虚拟土地、交易NFT（非同质化代币）以及用户在虚拟社区的互动都由特定的区块链提供技术支持，如分布式去中心化的区块链以太坊（Ethereum）。最初的数字加密货币，如比特币或多吉币（dogecoin，又称狗币），其区块链上的元数据还记录了持有者和交易数字资产，提供了无可辩驳的出处证明，可以附属于有形资产和无形资产。这些"智能合约"是自动化的，自动生效

图13
↘
莱米·安德森（Leomie Anderson）在伦敦皇家阿尔伯特音乐厅举行的英国时尚大奖活动上走红毯时，佩戴着英国伦敦数字时尚研究所（Institute of Digital Fashion）出品的配饰。

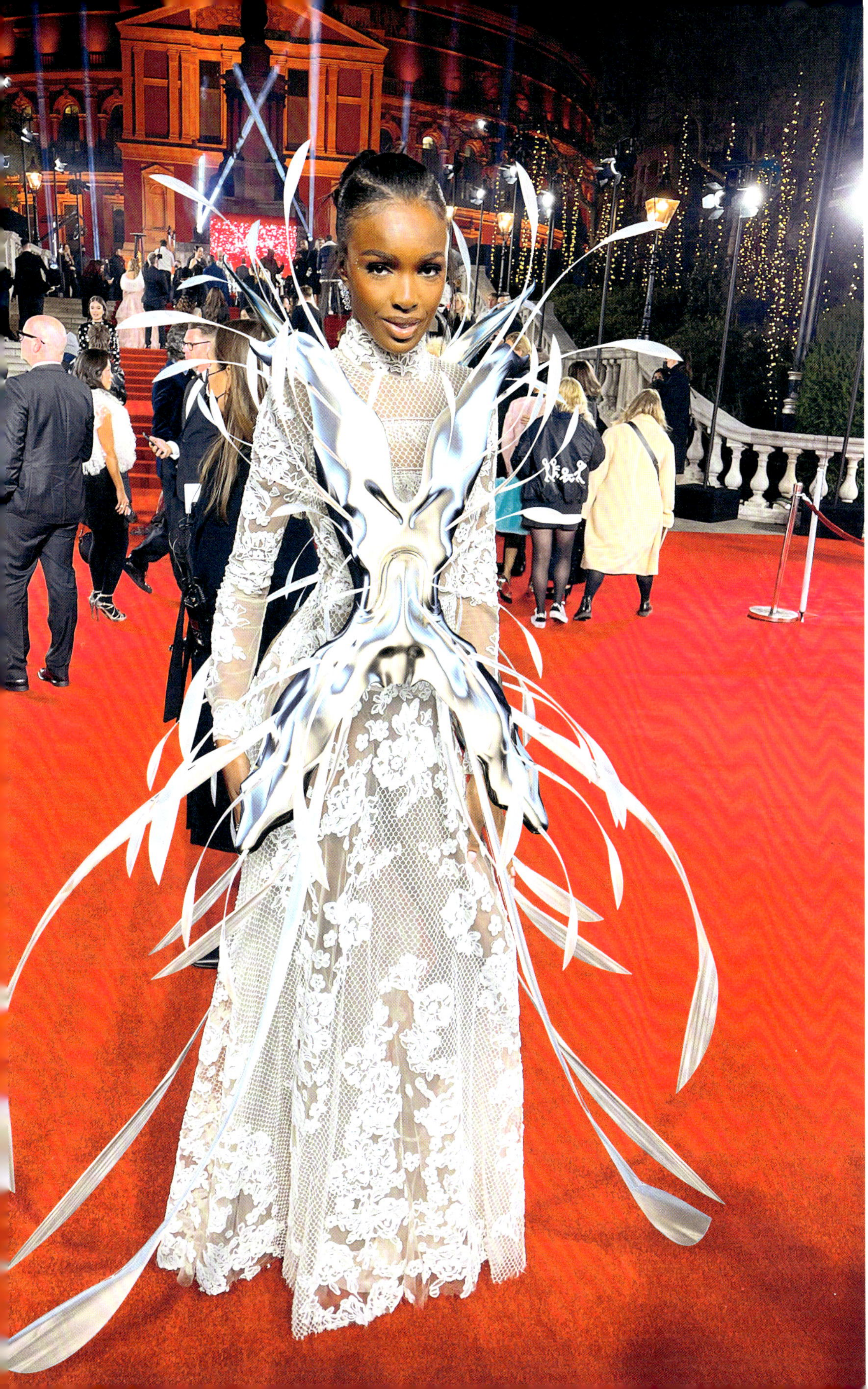

且不可逆转。

在这种由计算机生成的平行虚拟世界中，我们仍然穿着衣服，这为品牌的产品营销提供了无限的商机。2021年，耐克（Nike）抢先收购了数字运动鞋和收藏品先驱RTFKT（发音同"Artefact"，其是一个由收藏家、投资者、艺术家、游戏玩家和粉丝组成的虚拟社区），据传其收购数额接近10亿美元。

同年，脸书（Facebook）更名为Meta，阐明了其构建三维网络的意图，美国跨国投资公司摩根士丹利（Morgan Stanley）预测，到2030年，元宇宙和NFT将占有奢侈品市场10%的份额，这将会带来价值500亿美元的商机。可穿戴的数字时尚服饰通常被作为非同质化代币进行出售，而同质化代币是可分割且非唯一的代币，是可以互换的（华盛顿的1美元与伦敦的1美元面值是相同的，1比特币在任何地方的价值都相同），但非同质化代币的每一枚代币都是唯一的，不可互换。你可以用一个爱马仕（Hermès）柏金包换另一个爱马仕柏金包，但它不会是完全一样的包。数字物品可以在特定的元宇宙平台中被"穿戴"，也可以通过使用智能手机或平板电脑来利用增强现实技术将其栩栩如生的影像投射到你的空间里。一些非同质化代币虚拟空间同时提供真实版和数字版服装，以及独家的客户体验——培养客户忠诚度计划将是各虚拟平台的终极目标。

2022年，另类音乐艺术家格莱姆斯（Grimes）在Decentraland平台上举办的首届元宇宙时装周（Metaverse Fashion Week）的闭幕式上，穿着由"高端奢华"的数字原生品牌时装公司Auroboros出品的CGI（计算机生成影像）连体式紧身衣。根据设计师的说法，这件连体式紧身衣的设计灵感源自电影《X战警》（X-Men）中可变换形体的魔形女（Mystique）的服装造型，以及露丝·E.卡特为电影《黑豹》设计并获得奥斯卡金像奖的非洲未来主义服装造型（2018年；见非洲未来主义风格，48页）。

数字化时尚也适用于Snapchat、Instagram和抖音等社交媒体平台。通过使用增强现实技术实现数字服饰的穿搭，一方面可以缓解社交媒体对新内容的"贪得无厌"现状，另一方面也可以解决一次性快时尚带来的问题。在2021年伦敦举办的英国时尚大奖上，数字时尚研究所的特邀嘉宾走上红毯，借助增强现实技术尝试穿上一件超凡脱俗的数字配饰，这件配饰犹如由金属羽毛制成的身体安全带，旨在展现其适合于所有身形、能力及性别的特点。之后，这件配饰在数字时尚平台The Dematerialized上被打造成非同质化代币艺术作品，并于24分钟内售罄。

品牌在营销传播中使用虚拟网红偶像的趋势正在迅速发展。19岁的巴西西班牙混血CGI"机器人"米克拉·苏萨（Miquela Sousa）"住在"洛杉矶，曾为普拉达和卡尔文·克雷恩（Calvin Klein）等品牌担任产品代言模特。事实上，苏萨并不是机器人，也不依靠人工智能技术支持，她是由一家初创科技公司（Brud）通过数字图像生成的仿真形象，并由其精明的营销团队负责操作运营。普拉达曾在宣传活动中公布了其品牌的数字形象代言人 Candy，作为该品牌香水的虚拟缪斯。由人工智能技术支持的虚拟形象最终将变得司空见惯，取代聊天机器人形式的客户服务，实现与人类无缝衔接的交流互动。Shudu 被称为"世界上第一位数字超模"，她是由时尚摄影师卡梅隆·詹姆斯·威尔逊（Cameron James Wilson）创造的。这一虚拟形象能穿上计算机生成的原始 3D 时装，或者必须通过人体模特合成图像来穿上现实中的时装，先由人体模特拍摄"缪斯女神"式的时装造型片，然后再覆盖到威尔逊创造的 Shudu 虚拟形象上。

铁杆玩家们已经在虚拟空间居住多年，他们熟悉游戏中的"皮肤"购买操作，这是自定义角色外观的附加组件。时尚品牌与电子游戏创作者之间的合作始于 2012 年的《最终幻想》（Final Fantasy）与普拉达的春夏系列；2015 年，《超级马力欧》（Super Mario）与莫斯奇诺（Moschino）的合作掀起了流行文化浪潮；2020 年，《动物森友会》（Animal Crossing，由任天堂发售的社交游戏）又与颇特（Net-a-Porter）、华伦天奴（Valentino）等多个时尚品牌合作；2021 年，《堡垒之夜》（Fortnite）与巴黎世家（Balenciaga）合作推出了秋冬系列。热衷于向 Z 世代进行体验式营销的时尚品牌相继开发了"广告游戏"（advergames）模式，即为宣传品牌的产品或设计系列而开发的独立游戏。例如，巴黎世家推出的《后世：明日世界》（Afterworld: The Age of Tomorrow）被用于宣传该品牌的 2021 秋冬系列。

人们通常会将自己在虚拟空间中的化身设计成与现实世界相似的形象 [这一现象被称为普罗透斯效应（Proteus effect）]。有些人会设计一个基础相似的"改进"版本，而另一些人则喜欢设计完全脱离现实世界的形象，将自我设定为外星人或神秘生物；这为时装设计师开辟了一个令人兴奋的创意领域。可能在不久后的几季时装系列中，巴黎世家就会为你的龙化身推出特定的设计。

2

实用性

Utility

2.1 运动休闲风格 Athleisure/ 2.2 飞行家风格 Aviator/ 2.3 摩托／机车骑手风格 Biker/ 2.4 马术服饰风格 Equestrian/ 2.4.1 田园风格 Rural/ 2.4.2 马球服饰风格 Polo/ 2.4.3 牛仔风格 Cowboy/ 2.4.3.1 南美牧人／高乔人风格 Gaucho/ 2.4.3.2 草原风格 Prairie/ 2.5 野外风格 Gorecore/ 2.6 军装风格 Military/ 2.6.1 作战服风格 Combat/ 2.7 航海风格 Nautical/ 2.7 海盗风格 Pirate/ 2.8 狩猎风格 Safari

衣服是人类抵御恶劣天气对身体的影响、满足人类生理需求的基础。因为我们的肉体很脆弱，无法像其他哺乳动物一样暴露身体来应对极端的气温。这一章探讨了从保护自己、尽力移动到投入战斗的需求过程中演化出来的风格。

陆军、海军和空军的军装将从事高强度体力劳动所需的功能性与军衔的华丽感融为一体。随着对战的方式从近身肉搏战转向使用远程武器，对隐形和伪装战术的需求也促使军装不断改进。海陆空三军装备风格仍然对时尚有着持久的影响力，且年复一年地不断重现。

在人类历史发展的五千年中，马作为人类同甘共苦的伙伴，曾被视为最快的交通运输工具，是战争与和平的盟友，直到一百多年前，它们才被内燃机的强大马力所取代。此后，人类历史的过往都被隐藏在今日西服夹克的细节中，早先生产马鞍皮带和马具的超级制造商们，如爱马仕和古驰，开始扩展产品生产范围，转型成为奢侈配饰供应商，并从此进军成衣领域。

牛仔们骑马围捕牲畜，这如同公牛一样典型的美国式狂野西部形象深深烙印在了人们心中。伴随着草原生活中独有的西部边境精神，边境以南的高乔人用他们独特的编织技艺反映他们的放牧生活方式，其编织图案受到了西班牙设计图样的影响。

无论是在公路上、海上还是空中，人类都喜欢快速行进。虽然在 20 世纪 20 年代至 30 年代，摩托车最初是绅士的骑行工具，但到了 20 世纪 50 年代，无论出于何种原因，摩托车都成了"二战"老兵及叛逆者的一种出行选择。自此，硬朗的黑色皮衣美学与摇滚乐的碰撞，就从未脱离过机车（摩托车）文化。

近年来，运动、人工技术类面料的发展和服装的日益休闲化，促使人们的着装转向运动休闲服，这已成为从街头到秀场的常态化趋势。城市中的许多专业人士推崇探险装的优势，即使他们只是去当地的酒窖探险。实用主义风格通常将功能置于形式之上，对此我们应该心存感激，为环境着想，这样你就永远不会过度装扮。

运动休闲 ATHLEISURE
风格

≈	运动服饰（Activewear） 休闲服饰（Casual） 家居服饰（Loungewear）
→	马球服饰风格（Polo）
+	嘻哈风格（Hip Hop） 常规服饰穿搭风格（Normcore）

加拿大零售巨头丹尼斯·J."奇普"·威尔逊（Dennis J. 'Chip' Wilson）于1998年创立了露露乐蒙（Lululemon），他将瑜伽裤推广为适用于日常生活的休闲穿搭，如去吃早午餐、参加董事会及出入酒吧，进而使其成为一种全球潮流趋势。他因瑜伽裤的流行而被大众普遍认为是运动休闲风格的鼻祖。尽管威尔逊作出了重大贡献，但"运动休闲"（athleisure）["运动"（athletic）和"休闲"（leisure）构成的合成词，即适用于日常生活穿着的运动服装]的理念至少从20世纪20年代的网球和马球运动服饰（见马球服饰风格，76页）开始就已经存在了；也就是说，在20世纪50年代，氨纶[也因其生产品牌的名称莱卡（Lycra）而闻名]等人造技术织物的发明，以及随后Dri-Fit聚酯纤维（可吸收皮肤排出的汗水）和3D针织面料创新技术的应用，使运动休闲风格得到了长足发展。

　　运动休闲风格诞生于运动赛场，成长于街头。20世纪30年代，运动员在训练前的热身和训练后的放松活动中首次穿上了运动套装（tracksuit），20世纪70年代，运动套装成了一种远离赛道的潮流，当嘻哈风格（142页）在20世纪80年代大放异彩时，美国嘻哈组合Run-DMC穿着饰有阿迪达斯（Adidas）标志性三条条纹的运动套装成为一种极具代表性的造型外观。到了20世纪的80年代和90年代，运动套装已经成为世界各地对社会心怀不满、推崇反主流文化的年轻人的标志性服装，这个群体获得了各种贬义的称谓：在英国因其与足球流氓习气相关联而被称为"低俗一族"（chav）；在法国郊区被称为"痞子"（racaille）；在俄罗斯、乌克兰和白俄罗斯，因其偏好阿迪达斯在1980年出品的莫斯科奥运会苏联队队服和1980—1981年莫斯科斯巴达克足球俱乐部球衣，被称为"流氓混

图14
，
美国嘻哈组合
Run-DMC，
1985年。

混"（gopnik）。21世纪一些最炙手可热的时装设计师——包括俄罗斯的戈莎·鲁布钦斯基（Gosha Rubchinskiy）和格鲁吉亚的德姆纳·格瓦萨里亚 [Demna Gvasalia，2014年与他的兄弟古拉姆（Guram）一起首次担任唯特萌（Vetements）的联合创始人，从 2015 年起担任巴黎世家的创意总监]——坚定地借鉴了后冷战时期这类由年轻人群主导的美学风格。

不出所料，美国的时装品牌引领了休闲风潮的革命，其中包括 Original Penguin（创立于 1955 年）、耐克（创立于 1964 年）、卡尔文·克雷恩（创立于 1968 年）、派瑞·艾力斯（Perry Ellis，创立于 1976 年）和汤米·希尔费格（Tommy Hilfiger，创立于 1985 年）。2010 年左右，运动休闲风格第一次出现在时装秀场上，当时亚历山大·王（Alexander Wang，中文名为王大仁）将美式足球的运动美学融入设计系列中，并在秀场上进行了这类风格的诠释，他在 2014 年与 H&M 合作的运动休闲风格系列从旧金山到上海都大受欢迎。这位设计师虽然承认自己不是运动员，但他喜欢在日常生活中穿运动装。已故时装设计师维吉尔·阿布洛（Virgil Abloh，于2012年创立Off-White），从2018年到他去世的2021年担任路易威登首位非裔美国男装艺术总监，他以街头服饰为设计重点，实现了奢侈品市场的民主化。该品牌此前曾在尼古拉斯·盖斯奇埃尔（Nicolas Ghesquière）的领导下进军运动休闲领域，他在2016年就曾表示，人们在日常的生活中都会选择穿运动装。

一些国际著名的音乐人通过与知名运动服饰品牌及大众市场零售商的合作，建立起了运动休闲时尚帝国。其中，坎耶·维斯特（Kanye West）以其Yeezy品牌的特许经销权而闻名，他首先与耐克合作（2009—2014年），然后与阿迪达斯合作（2015年），后来又与德姆纳·格瓦萨里亚和一贯秉持常规服饰穿搭风格（199页）的美国Gap品牌进行了三方合作（2022年）。碧昂斯（Beyoncé）于2015年与高街品牌Topshop合作成立合资企业，推出了Ivy Park（运动休闲时装系列），并于2020年初开始与阿迪达斯合作。从2016年持续到2018年的Fenty × Puma是蕾哈娜（Rihanna）与彪马（Puma）合作推出的运动休闲服饰系列，广受好评，之后这位亿万富翁女商人又通过与时尚品牌合资推出了她的Savage x Fenty品牌，销售运动紧身裤（legging）和家居服。

2019—2022年，舒缓情绪的饮食和舒适的穿搭需求意外地推动了运动休闲的理念，使其成为一种经久不衰的风格。尽管卡尔·拉格菲（Karl Lagerfeld）对运动套装的反感是出了名的（他认为运动装是失败的象征），但在这位设计师去世前为香奈儿举办的倒数第二场2019春夏成衣系列时装秀上，运动紧身裤和骑行短裤亮相，腰部的松紧带从未如此好看过（上面饰有香奈儿标识）。

色彩与图案	原色、黑色、白色、条纹
面料	氨纶、尼龙、涤纶（聚酯纤维）、针织运动衫面料、平绒、立绒（velour）
服装与配饰	紧身裤、运动鞋、露腹短上衣（crop top，也称露脐装）、运动套装、运动型胸罩、骑行紧身运动短裤、棒球帽
细节	拉链、按扣、兜帽、口袋

飞行家 AVIATOR 风格

≈	空军（Air Force） 空军（Pilot）
→	未来主义风格（Futurism） 摩托/机车骑手风格（Biker） 名校校服风格（Preppy） 大学校队风格（Varsity）
+	作战服风格（Combat） 嘻哈风格（Hip Hop）

在飞行技术发展的早期阶段，即奥维尔·莱特（Orville Wright）和威尔伯·莱特（Wilbur Wright）于 1903 年首次试飞成功之后，飞机的飞行速度远低于当时汽车的平均速度，空速高达 65 公里/小时（40 英里/小时），飞行高度在千米之下。那时，一件粗花呢绅士外套，再搭配围巾和帽子，就可以为飞行员提供足够的保护。1909 年 7 月，当法国工程师兼发明家路易·布莱里奥（Louis Blériot）用 37 分钟飞行穿越英吉利海峡时，他身着粗花呢西服套装，外面套着蓝色棉质连体式工装，最外层再套上一件卡其色羊毛衬里夹克，脚上穿着羊皮衬里的靴子，头戴护目镜和带有护耳的无檐便帽。随着飞行员数量的增加，博柏利和登喜路（Dunhill）等品牌开始设计并出品专业的飞行服装，包括抓绒衬里皮大衣、防护手套和抓绒衬里连体式斜纹布工装。一条白色真丝围巾除了遮挡住脖颈周围的缝隙，在遇到灰尘或烟雾的情况时充当口罩之外，还可以用来清洁护目镜和仪器设备。此外，选择浅色的围巾是出于实用性的考量，即飞行员在使用时容易分清并避开已用过且变脏的地方。

当飞机上升至 6000 米（约 2 万英尺）以上且空速增加时，飞行员只能在开放式的驾驶舱内忍受寒风的侵袭。1916 年冬天，第一次世界大战期间，连体式工装被作为飞行服的首选，这要归功于英国皇家海军航空队（Royal Naval Air Service，于 1918 年 4 月 1 日与英国陆军皇家飞行队合并组成英国皇家空军）的飞行员西德尼·科顿（Sidney Cotton）。当他爬上飞机进行维修时，他穿着的连体式工装沾满了油污，在飞行结束着陆时，他发现飞行员同伴们会冷得瑟瑟发抖，而他却没有受到寒冷的影响，这归因于浸入工装的机油和油脂。之后他在伦敦的一家服装专营店 Robinson & Cleaver 专门定做了一件双排扣、分为三层的连体式飞行服，外层是博柏利的华达呢面料 [Gabardine，由品牌创始人托马

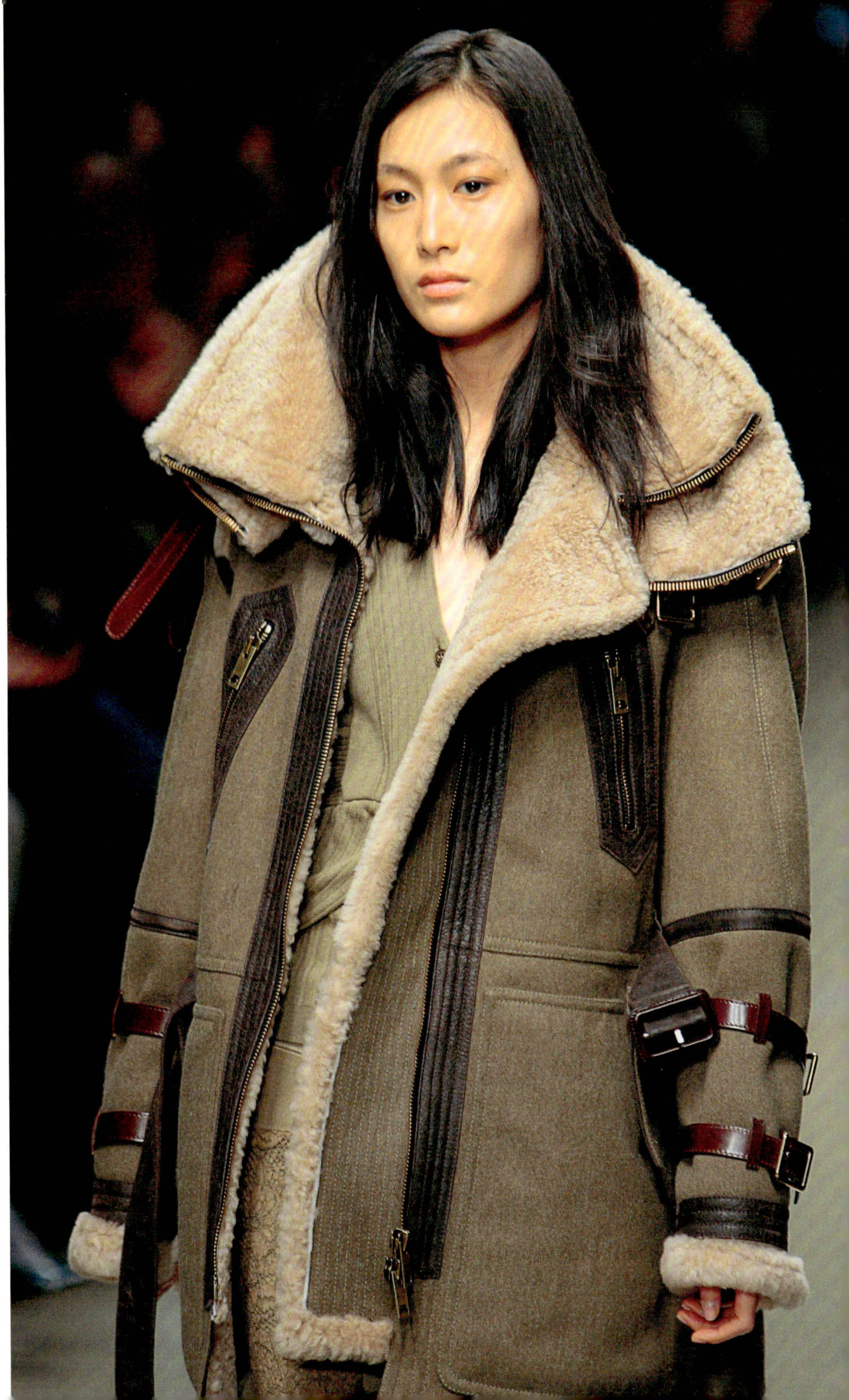

图 15

《伦敦时装周期间博柏利·珀松（Burberry Prorsum）发布的 2010 秋冬女装系列，伦敦切尔西艺术学院阅兵广场，2010 年 2 月 23 日。

斯·博柏利（Thomas Burberry）于 1987 年发明的织物，于 1888 年获得专利，具有密封防水的特性]，中间层是防风真丝内衬，最里层是毛皮衬里，还饰有毛领。之后，这件连体式飞行服被注册命名为"Sidcot Suit"以纪念其发明者。这款连体式飞行服于 1917 年投入生产，在经过一些改动后被用作盟军飞行员的制服，直到第二次世界大战，驾驶舱变为封闭式，机舱也引入供暖系统。之后，连体飞行服前胸的裹叠式斜门襟（wrap-over chest）仍然被采纳，成为飞行员夹克的主要设计亮点，并影响了 20 世纪 20 年代摩托车骑行夹克的早期设计风格（见摩托/机车骑手风格，67 页）。

早期的飞行服以部队空降兵的连衣裤为原型，到了 20 世纪 30 年代，这种极富现代感的设计廓形和未来主义风格（33 页）激发了时尚设计师们的创作灵感，如艾尔莎·夏帕瑞丽（Elsa Schiaparelli）。

经典款绵羊毛皮（皮毛一体）飞行员夹克[欧文夹克（Irvin jacket）]是由美国人莱斯利·勒罗伊·欧文（Leslie Leroy Irvin）于 1926 年发明的。他是飞行员、特技演员以及降落伞开伞绳（ripcord）的发明者，在英国开设工厂，并在第二次世界大战的大部分时间里为英国皇家空军供货。这款飞行员夹克采用叠襟式设计，并缝有一条垂直的拉链加以固定，袖子上也设计了拉链，便于穿戴防护手套。人们经常将此款夹克与紧腰短款飞行员夹克（bomber jacket）混淆，因为后者起源于美国陆军航空兵团的 A-1 型飞行夹克。它与欧文夹克是在同一年推出的，是一款适用于夏季飞行的夹克，由马皮制成，棉布衬里，设计有较大的贴袋，袖口和腰部缝有起到收紧效果的羊毛罗纹针织。A-1 型飞行夹克采用纽扣固定前门襟，A-2 型（1931 年推出）则改用拉链来固定开合。还有一种款式类似的飞行夹克 M-422 是由美国海军在 20 世纪 30 年代设计研发的，且设计有毛领，之后演变为第二次世界大战时期美国海军飞行员的 G-1 夹克，因汤姆·克鲁斯（Tom Cruise）在电影《壮志凌云》（*Top Gun*，1986）中穿着此款夹克而广为人知，至今仍是现役美国海军飞行员的标准装备。飞行员会使用刺绣和补丁来装饰他们的夹克，以描述列举他们所执行过的任务。

1943 年，美国陆军航空军决定将奢侈的皮革替换掉，推出棉制灰绿色 B-10 飞行夹克（仍使用毛领）。20 世纪 50 年代喷气式飞机时代的到来意味着驾驶舱内温度变得更易于控制，对飞行夹克的要求比以往有所降低，采用尼龙制成的 MA-1 飞行夹克得以推出，其设计有简约的针织衣领和橙色衬里，在紧急情况下里外两面都可穿着。这种紧腰款式风格的夹克是最早从军用转向民用的款式之一，其实用性的设计在持续不断地启发着时装和影视服装的设计师们。

棒球夹克（letterman jacket）也是源于此款飞行夹克的紧腰式设计（见

大学校队风格，193页），其可能还会令人联想到哈灵顿夹克（Harrington jacket，见名校校服风格，191页）。

　　在第二次世界大战之前，降落伞是由真丝（主要从日本进口）制成的，但在1942年，由女飞行员、女特技演员兼女跳伞运动员的艾德琳·格雷（Adeline Gray）测试尼龙降落伞首次跳伞成功后，尼龙被迅速推广应用，并取代了真丝。在许多时装秀场上可以看到使用开伞绳缠绕固定堆叠聚拢的真丝或尼龙的设计，包括：约翰·加利亚诺（John Galliano）为迪奥设计的1999秋冬高级定制系列；布里奥尼（Brioni）、吉尔·桑达（Jil Sander）及杰尼亚（Z Zegna）的2016春夏系列；蒂埃里·穆格勒（Thierry Mugler）的2019春夏成衣系列；以及Holzweiler的2023春夏系列。受降落伞设计元素启发的造型细节还包括宽松长裤、抽绳式腰部和系带式袖口，以及融合了作战服风格（95页）和嘻哈风格（142页）的街头服饰。

色彩与图案	英国皇家空军和英联邦空军蓝 #00308F、美国空军蓝 #00308F、灰绿色、栗棕色、驼色、白色
面料	皮革、羊皮、真丝、尼龙
服装与配饰	连衣裤、连体式工装（boiler suit）、飞行员夹克、军靴、腕表、护目镜、头盔、飞行员眼镜、白色围巾
细节	降落伞绳索、大口袋、徽章

2.3

摩托/机车 BIKER
骑手
风格

| ≈ | 油脂（Greaser） |

| → | 飞行家风格（Aviator）　马术服饰风格（Equestrian）　乡村摇滚风格（Rockabilly）
迪斯科风格（Disco） |

| + | 摇滚风格（Rock & Roll）　朋克风格（Punk）　独立音乐风格（Indie）　垃圾摇滚风格（Grunge） |

　　机车夹克（biker jacket）是摩托机车美学风格的关键元素，它是永不过时的经典款式。这一标志性廓形最初是由居住在纽约曼哈顿下东区的俄罗斯移民之子欧文·肖特（Irving Schott）和杰克·肖特（Jack Schott）两兄弟于1928年设计研发的。他们的设计灵感源自第一次世界大战时期的飞行员夹克（见飞行员风格，63页），版型设计保留了相同的裹叠式斜门襟和拉链固定的细节。这是第一款在民用夹克上应用现代扣件的设计。欧文以他最喜欢的雪茄品牌名"Perfecto"为这件夹克命名，在长岛一家哈雷·戴维森（Harley-Davidson，简称哈雷）的经销商店铺中以5.50美元的高价出售。哈雷摩托车品牌成立于1903年，发展到20世纪20年代已成为世界上最大的摩托车制造商。1921年，哈雷摩托车创下了首个平均速度超过160公里/小时（100英里/小时）的比赛纪录。

　　当马龙·白兰度（Marlon Brando）在1953年的银幕热门电影《飞车党》（*The Wild one*）中穿上肖特夹克（Schott jacket）后，此款夹克迅速进入了公众视野。速度爱好者和新晋赛车手詹姆斯·迪恩（James Dean）于1955年的一场车祸中不幸身亡，年仅24岁，在此之前他还曾穿着此款夹克拍摄了宣传剧照。20世纪中期美国的油脂亚文化（greaser subculture）将其永恒的叛逆青少年精神融入了一部分机车润滑油、一部分摇滚风格（110页）和一部分乡村摇滚风格（113页），塑造出光滑飞机头的造型，并在1978年的电影《油脂》（*Grease*）中成为永垂不朽的经典造型。奥利维娅·纽顿-约翰（Olivia Newton-John）在电影中穿着光亮的黑色机车夹克搭配迪斯科风格（139页）紧身长裤，手中捏着香烟，塑造出她转变为"坏桑迪"（bad Sandy）的形象。

图 16

马龙·白兰度在电影《飞车党》中的剧照，1953 年。

　　肖特夹克采用耐磨的皮质结构，能在骑手摔倒时为身体提供绝佳的保护。然而，在英国多雨水的气候中，它就没那么实用了，之后主要的两大竞争品牌填补了这个市场空白。巴伯（Barbour）是一个传统的设计生产狩猎、射击及钓鱼服饰的服装品牌，由约翰·巴伯（John Barbour）于 1894 年创立，深受贵族阶层青睐。在 20 世纪 30 年代，巴伯开启了多元化发展并设计推出了摩托车夹克；1924 年，在斯塔福德郡的特伦特河畔斯托克（Stoke-on-Trent），伊莱·贝洛维奇（Eli Belovitch）和他的女婿哈里·格罗斯伯格（Harry Grosberg）创立了贝达弗（Belstaff，由她的姓氏与家族名组合而成）服装品牌，开始使用具有防水特性、透气性好的蜡涂层棉布制作夹克。该品牌于 1948 年推出了经典款 Trialmaster 夹克，其特点是夹克上设计有四个实用的大口袋和腰带，至今仍在销售。这款夹克一经推出便成为经典，阿根廷革命家切·格瓦拉（Che Guevara）和战时电影《大逃亡》（*The Great Escape*，1963）中的"酷之王"

史蒂夫·麦奎因（Steve McQueen）等传奇人物都曾穿过这款夹克。麦奎因是一位真正的摩托车爱好者，参加过许多越野摩托车赛，并收集了210辆摩托车、55辆汽车和5架飞机。他还拥有并穿过巴伯出品的摩托车夹克，这两个品牌都声称它们的夹克是这位明星最爱的经典款。

20世纪70年代的朋克运动（见朋克风格，125页），首先以纽约的雷蒙斯（Ramones）摇滚乐队为代表，然后是伦敦的性手枪（Sex Pistols）摇滚乐队，其将肖特机车夹克作为反主流文化对抗精神的象征，并在原有的设计基础之上自己动手添加铆钉、尖刺及手绘标语等装饰。20世纪70年代的金发女郎（Blondie）朋克摇滚乐团和帕蒂·史密斯（Patti Smith），以及80年代的琼·杰特（Joan Jett）和麦当娜（Madonna），都证明了机车夹克不只是男性专属。到了20世纪80年代中期，川崎忍者（Kawasaki Ninja）等日本品牌摩托车越来越受欢迎，这些品牌为机车夹克的设计带来了更具运动感和更现代的美学特征，采用了醒目的基础色调、酸橙色和霓虹色系、白色强调色、条纹和几何形印花图案、赞助商标拼贴以及适用于世界摩托车锦标赛（MotoGP）和超级摩托车比赛（Superbike racing）的专属流线型轮廓。

摩托／机车骑手风格中的关键配饰包括机车靴，其设计可以追溯到20世纪30年代的"工程师靴"（engineer boot），工程师靴最初是作为消防员的防护装备（给发动机添加燃料），以免被蒸汽火车燃烧室中翻滚出的热煤烫伤，这款靴子采用呈筒状提拉式的简约设计，常用黑色牛皮制成，效仿了早期的英式的马靴款式（见马术服饰风格，70页），以保护穿着者免受发动机缸体散热的影响，并增强了踩踏踏板的稳定性。摩托／机车骑手风格中的关键配饰还有机车族喜欢的口袋链——这是一种较为实用的功能性设计，可以减少在开阔的道路上骑行时丢失钥匙的风险（后来被朋克族所采用）——以及皮手套和防护手套。当下摩托／机车骑手风格仍然被视为一种实用主义流行服饰风格，既性感又伴有一丝危险性的魅力。

色彩与图案	黑色、铬色
面料	皮革、牛仔、蜡布（waxed）、棉布
服装与配饰	机车夹克、皮马甲、头盔、机车靴、皮裤
细节	肩部和袖部衬垫、拉链、链条、头骨装饰、带扣／锁扣

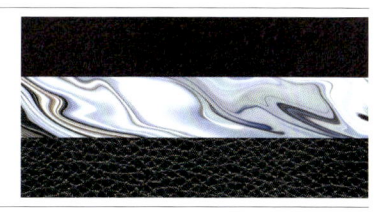

马术服饰 EQUESTRIAN 风格

2.4

≈	骑士（Chevalier）

→	新维多利亚风格（Neo-Victoriana）　　定制西装风格（Tailoring）　　洛可可风格（Rococo） 兼有两性特征风格（Androgynous）

+	军装风格（Military）　　名校校服风格（Preppy）　　经典风格（Classic）　　恋物癖风格（Fetish）

在高尚的马儿与人类共存的 5500 年发展历程中，它们在人类的交通运输和军事战备中发挥了重要的作用，同时也在运动和休闲活动方面与我们相伴。野马的驯化始于欧亚的广阔草原，大约在同一时间，在中国西部的游牧骑手之中出现了最早的裤子设计，这绝非巧合（试想骑在没有马鞍的光滑马背上，你就会明白为什么要设计裤子）。马被视为值得珍惜的伙伴和地位的象征，因为在一些统治者和战士的坟墓中常会发现陪葬的马骨，其中最令人惊叹的是齐景公（公元前 547 年至公元前 490 年统治齐国）的陵墓中发现的大约 600 匹马的骸骨。

　　现在的许多服装款式都保留了马术历史服饰的痕迹。任何商务款西装背面的开衩式设计（见定制西装风格，195 页）都起源于 19 世纪的晨礼服（morning coat）的后开衩，其设计目的在于让穿着者更容易落坐在马鞍上，同时还便于让落在后开衩上的雨水顺势流下。现在的"晨礼服"主要作为一款礼仪正装出现在西方的婚礼上，其名称出自贵族绅士们早期的骑马运动服饰。晨礼服的正面被裁成一个锥形的缺口（前身短、后身长的款式），而更正式的"晚（夜）礼服"（dress coat，或舞会礼服）正面缺口更宽一些，略呈方形。摄政时代的男士礼服一直被作为一种流行的节日礼服着装，直到 1830 年左右，被 19 世纪 40 年代的男士长款礼服取代。此后，这些男装礼服又被维多利亚时代更适于休闲活动的晨礼服所取代（见新维多利亚风格，26 页）。现在的男士晚（夜）礼服多用于出席非常正式的要求配戴白色领带的活动，以及被作为管弦乐队指挥的规定着装。男士晨礼服和晚礼服都属于燕尾款礼服，都由早期英国的骑手服（riding coat）发展而来。在 18 世纪初，因骑手在马背上的长途旅行会受到天气影响，英国人研发了具有保暖功能的双排扣式"骑手服"，这种服装设计了宽大的下摆，以保护骑手的腿免受寒冷侵袭。后来骑手服被引入法国，作为一个外来词，法语为

图 17
，
约翰·加利亚诺
为迪奥设计的
2010—2011 秋冬
成衣系列，
巴黎杜乐丽花园，
2010 年
3 月 5 日。

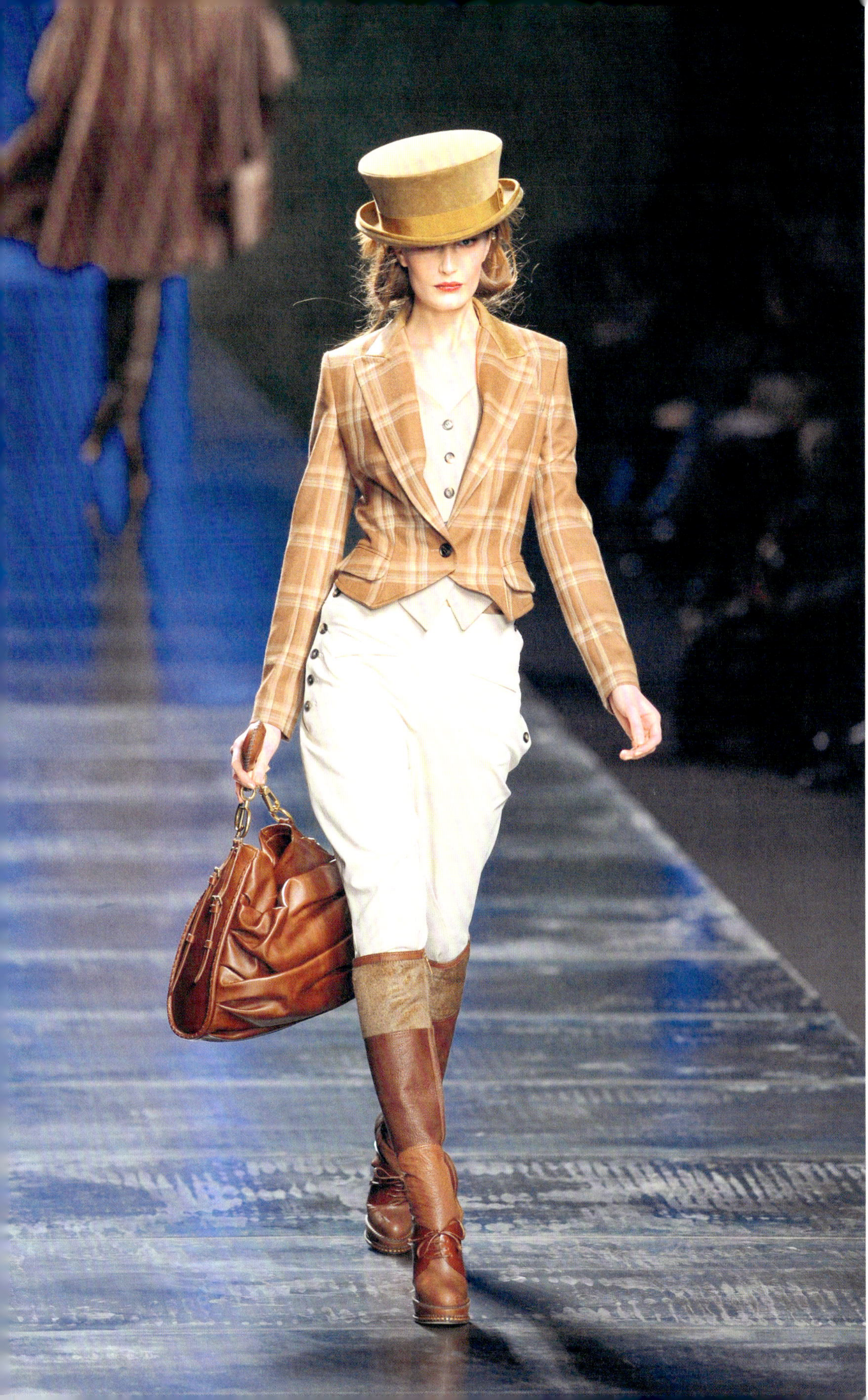

redingote。随后，这种实用的男士骑手服又被改造成适用于女士的侧鞍骑马服，其上身是男装款式的设计，下身则是女性化的宽下摆长裙，内搭中性款棉质衬衫，成了受男装时尚影响的早期设计案例（见兼有两性特征风格，270页）。历史上的"frock"一词常指宽下摆长外套，因此骑手服又被称为"男士长款礼服"（frock coat）。法国人仍然称及膝长度的男士长款礼服为 redingote，称燕尾服为 frac。

18世纪80年代的法国社会深陷对英国习俗的狂热之中，玛丽·安托瓦内特（Marie Antoinette；另见洛可可风格，257页）是骑手服潮流的追随者，同时她还因穿着马裤跨骑而闻名，此举令当时所有的王宫贵族们深感震惊。直到20世纪初，女性穿着长裤跨骑的行为才被社会所接受，部分原因可归结于可可·香奈儿的设计。她是一位热衷于骑马的女性，她身边的一众马球爱好者们包括骑兵军官、贵族和赛马主人艾蒂安·巴尔桑（Étienne Balsan），以及时髦的男孩卡佩尔（Boy Capel）。

秀场上出现的鲜红色骑手服搭配马裤和光亮的皮靴造型，让人回想起军装风格（91页）和猎狐时穿着的服装。然而，如今大多数骑马的人已经不再从事狩猎活动。参加场地障碍赛（showjumping）和盛装舞步（dressage）马术比赛的骑手们仍遵循的着装规则，对其身着的定制夹克、衬衫、靴子、马裤、领带和领巾都有着严格的要求，并且严格禁止使用在其他奥运项目比赛服中大量应用的氨纶织物；盛装舞步大奖赛的骑手们仍然被要求身着燕尾服，头戴高顶礼帽参赛，以保持维也纳西班牙骑术学校的传统风格。1572年，哈布斯堡王朝将西班牙骑术学校推选为王室学习马术的最佳场所。

由于马术传统历史悠久且拥有雄厚的客户群体，世界著名的几家奢侈品牌公司拥有出品马术装备的传统历史也就不足为奇了，它们重视皮革制作的优质工艺，并推出了永不过时的经典设计。蒂埃里·爱马仕（Thierry Hermès）于1837年在巴黎创立了他的同名马具店，为贵族提供马具装备，如今该品牌

依然秉持着受人尊敬的马具匠人精神。1953 年，古驰品牌将其标志性的马衔金属件引入配饰系列 [专业人士称之为单节卵形衔铁（single-jointed eggbutt snaffle）]，此款设计受到了该品牌的欧洲贵族及富有的好莱坞客户的喜爱。

将马儿视为人类重要伙伴的想法仍然被许多品牌作为重要的参考元素，如香奈儿 2021 秋冬系列时装秀是一场令人难忘的秀，秀上摩纳哥王室成员夏洛特·卡西拉奇（Charlotte Casiraghi）身着一件经典风格（209 页）的粗花呢夹克，骑着她心爱的名叫库斯的马儿慢跑下 T 台。赛马运动偶尔也会影响马术服饰风格的潮流趋势，骑手们会穿着图案鲜艳、轻盈如羽毛的真丝衬衫（被称为"silks"，指彩色真丝赛马服／骑师服），就像当季古驰时装秀场上见到的那种款式。

由于皮带、马挽具及马鞭是马术运动项目中的主要配件，时装设计师们在此类风格创作中会颠覆其原本的设计，增添一丝恋物癖风格（293 页）的感官风格。

色彩与图案	黑色、棕褐色、深棕色、浅底深色格纹、纽马克特条纹（Newmarket stripe）、红色、森林绿色、白色
面料	皮革、绒面革（麂皮）、粗花呢、斜纹布、羊毛、天鹅绒、真丝
服装与配饰	燕尾服、马裤、焦特布尔马裤（jodhpurs，长度至脚踝的紧身裤）、衬衫、后开叉式夹克、马术帽、博勒帽、及膝马靴、切尔西短靴（Chelsea boots）、马术领巾、riding stocks，系于领部的宽度装饰领结或领巾）、领带、男士领巾、手套
细节	皮带、马衔扣／马嚼子（horse bits）、短马鞭、马靴上的马刺、褶饰袖口、马镫

风格词库：时尚指南与穿搭手册　　　　073

田园 RURAL 风格

2.4.1

≈	乡村（Country） 贵族（Aristo）
→	摩托/机车骑手风格（Biker） 军装风格（Military） 学院派风格（Academia） 资产阶级风格（Bourgeoisie） 上流社会风格（Sloane）
+	传承/传统风格（Heritage） 名校校服风格（Preppy） 经典风格（Classic）

田园生活需要自备专业的衣橱，就奢华精致的田园生活而言，你可以带着一对猎犬在你的乡村庄园里漫步，而不是在黎明时分挤牛奶。因人气热播剧《唐顿庄园》（Downton Abbey，2010—2015）深受各阶层观众喜爱，以及时尚界对英国贵族及其王室的持久迷恋，一些具有传统功能性的服饰变得越来越受欢迎，如蜡涂层棉制夹克（另见摩托/机车骑手风格，67页）和威灵顿长筒靴（见牛仔风格，79页，以及军装风格，91页）。一件颜色保守，如猎人绿色或海军蓝色的绗缝夹克，是田园生活的必备单品。无意成为时尚偶像的英国女王伊丽莎白二世穿着绗缝夹克搭配真丝头巾的造型成了此类风格的经典穿搭，英国设计师理查德·奎因（Richard Quinn）在2018年伦敦时装周的发布秀上就曾展示过这种穿搭造型，并获得了首届英国伊丽莎白二世设计奖（QEⅡ Award for British Design）。

传承/传统风格（23页）的面料非常适用于此类风格的服装，比如各类传统样式的格纹粗花呢，包括大的正方形窗格纹（windowpane）、经典且精密的人字纹（herringbone）以及织纹朴素的猎场看守人式粗花呢（gamekeeper tweed，这款粗花呢深受严肃稳重的教授喜爱；见学院派风格，188页）。格伦格纹（Glen plaid check）的特点是呈十字形交错编织的黑白相间的犬齿纹（呈大格套小格的编织图案），此款格纹是西菲尔德伯爵夫人（Countess of Seafield）用于庄园管理员制服的格纹，因受到爱德华七世国王的喜爱而得到了推广，这座庄园位于苏格兰高地的格伦厄克特谷（Glen Urquhart），格伦格纹的名称便取自山谷名称的"格伦"一词。这种格纹又被称为威尔士亲王格（Prince of Wales check），是因爱德华七世的孙子爱德华八世而得名。爱德华八世在登基一年后退位，与离过两次婚的沃利斯·辛普森（Wallis Simpson）结婚。爱德华辞去了"豪门"的最高职位，得以沉迷于他最喜欢的消遣——社交活动。他

图18
›
英国女王
伊丽莎白二世
在皇家温莎马展上，
1989年
5月13日。

2.4.1

将这种经典的格纹与大胆的配色组合改造成新式的更复杂的格纹，引领了上流社会的时尚潮流。

　　精致的贵族造型源于上层阶级的时尚风格，并渗透到中上层阶级的美学观念中，如资产阶级风格（202页），尤其是备受诟病的20世纪80年代的上流社会风格（205页）。它也影响了拉尔夫·劳伦（Ralph Lauren）等一些崇尚英式文化的设计师，并渗透到常春藤联盟高校的名校校服风格（191页）中。

　　一般来说，在（乡村）庄园里穿街头服饰是被禁止的，千万不要穿着时髦的都市服装和不合时宜的高跟鞋出现在那里。

色彩与图案	深绿色、深棕色、中间色度的棕色、海军蓝、粗花呢、菱形编织图案、人字纹粗花呢、猎场看守人式粗花呢、威尔士亲王格纹、浅底深色格纹
面料	粗花呢、羊毛、蜡帆布、橡胶、灯芯绒/条绒
服装与配饰	衍缝夹克、粗花呢西装、猎装夹克、马裤、威灵顿长筒靴/橡胶靴/雨靴（wellingtons）、保暖背心（gilet）、靴子、鸭舌帽（flat cap）、真丝围巾、羊毛围巾、毛织套头衫、布洛克皮鞋（brogues，传统镂空雕花皮鞋）、猎鹿帽（deerstalker）、外套大衣
细节	衬垫、护肩（专为托举猎枪而设计）

风格词库：时尚指南与穿搭手册　　　　075

马球服饰 POLO 风格

2.4.2

≈	网球（Tennis）
→	南美牧人 / 高乔人风格（Gaucho）　军装风格（Military）
+	运动休闲风格（Athleisure）　嘻哈风格（Hip Hop）　名校校服风格（Preppy） 常规服饰穿搭风格（Normcore）

马球是世界上最古老的团队运动，起源于公元前 600 年左右的欧亚游牧民族，在萨珊王朝时期（公元 224 年—公元 651 年）成为波斯贵族的一项重要消遣活动，同时也是骑兵训练的内容之一。女性也会参加马球比赛，早期有关记载称，亚美尼亚公主希林（Shirin）在参加这项运动时遇到了她未来的丈夫波斯国王霍斯劳二世（Khosrow II，公元 590 年—公元 628 年）。这项运动在 13 世纪传播到印度，后来被英国军人所采纳，他们于 1859 年在印度阿萨姆邦的锡尔杰尔（Silchar）组建了第一家马球俱乐部。印度次大陆的马球运动员穿着短袖衬衫以抵御高温天气，衬衫衣领通过纽扣固定在衣身上，以防止追球时衣领在风中翻动。

　　作为时尚休闲正装的关键单品，如今的马球衫有两种款式。最初的款式由美国传统品牌布鲁克斯兄弟（Brooks Brothers）创始人的孙子约翰·E. 布鲁克斯（John E. Brooks）设计。他于 1896 年在英国参加了一场马球比赛，并注意到球员们的衣领是扣合固定在衣身上的。布鲁克斯将这一特点应用在品牌推出的牛津布衬衫上，这便是现代牛津衬衫（oxford shirt）的雏形。

　　现在我们常见的马球衫款式是通过网球运动实现转变的，在 20 世纪 20 年代初，打网球的人都穿着长袖浆白色的衬衫。曾七次赢得大满贯冠军的法国选手勒内·拉科斯特（René Lacoste）发现这种设计对身体的限制过多，当他和他的朋友乔蒙德利侯爵（Marquis of Cholmondeley）比赛时，拉科斯特被侯爵身上的马球衫的实用性所打动。他将这款马球衫设计为半正式的剪裁样式，保留了正装衣领的优雅感，衣领可以被立起以保护脖颈皮肤免受阳光照射，同时，马球衫采用适合运动穿着的珠地棉针织布（piqué cotton，又称珠地网眼布，布表面呈疏孔状，如同蜂巢，比普通针织布更透气、更干爽，也更耐洗，多用于制

图 19，法国鳄鱼 2018 春夏女装系列，巴黎时装周，2017 年 9 月 27 日。

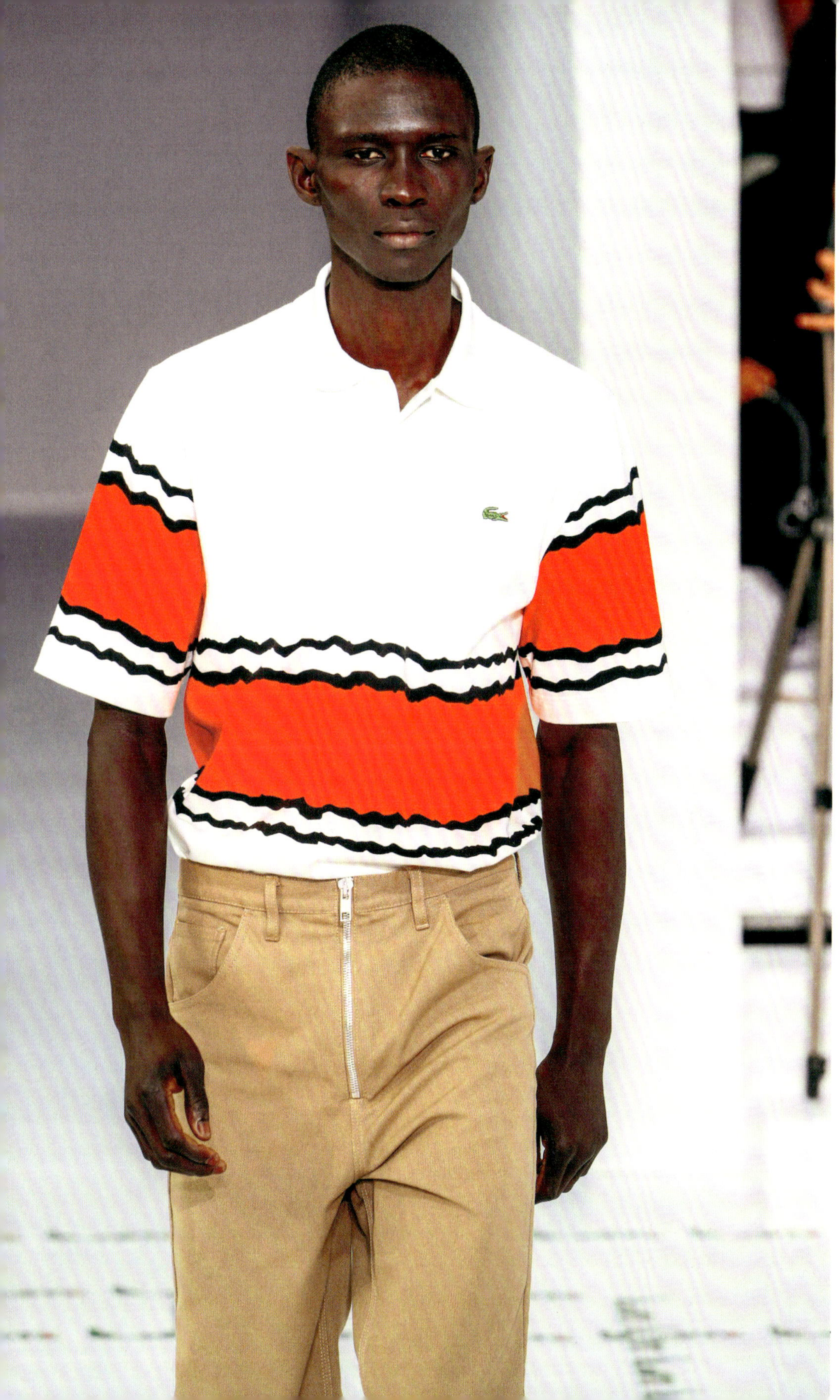

作夏装 T 恤）制成并配有短袖。他让裁缝用棉布和羊毛裁制了一些同样的款式，并将衬衫的后摆延长，这样即使在他伸手拿球时，后摆也会更稳妥地被塞进裤子里。拉科斯特在他设计的新款网球衫的胸前还添加了一个有趣的鳄鱼标志，以影射他的绰号"鳄鱼"（Le Crocodile）。顺带一提，在 19 世纪的同一时期，马球运动被英国移民传播到了阿根廷，这项运动开始在技术精湛的高乔人（见南美牧人/高乔人风格，82 页）中迅速传播。

　　1933 年，拉科斯特与法国最大针织品制造公司的所有者、企业家安德烈·吉利尔（André Gillier）联手开展商业合作，成立了 La Chemise Lacoste 公司，开始生产销售拉科斯特设计的网球衫。在宣传中，其被定位为适合网球、马球、高尔夫及海滩运动的专业衬衫，随后该公司迅速获得成功。法国鳄鱼（Lacoste）被誉为第一家"名人"所有的时尚公司，也可以说是第一个在服装上展示其标志的服装品牌。1951 年，制造商 Izod 获得了在美国生产和分销法国鳄鱼网球衫的许可，借助约翰·F. 肯尼迪（John F. Kennedy）、德怀特·D. 艾森豪威尔（Dwight D. Eisenhower）和宾·克罗斯比（Bing Crosby）等知名人士早期的穿着影响力，这款网球衫成为大学生和体育爱好者的财富象征。

　　1972 年，一位来自布朗克斯的富有进取心的年轻移民，原名为拉尔夫·利夫希茨（Ralph Lifshitz），后改名为拉尔夫·劳伦，因其创立的同名品牌而闻名至今。他复刻了拉科斯特的设计，并推出了多种颜色的网球衫，每种颜色的网球衫的胸前都装饰有鼓舞人心的骑手在马上挥动球杆的标志。马球衫仍然是名校校服风格（191 页）的标志性必备单品，并在 20 世纪 90 年代作为嘻哈风格（142 页）中的造型元素而重新流行起来。需要明确的规则是，穿着马球/网球衫时永远不要立起它的衣领。

2.4.2

色彩与图案	皇室蓝（宝蓝色）、海军蓝、红色、翡翠绿、黄原色、白色、色彩斑斓的菱形花纹、宽条纹
面料	珠地棉针织布、牛津布
服装与配饰	马球衫、斜纹棉布裤（chinos）
细节	软领、装饰标志

THE STYLE THESAURUS: A definitive, gender-neutral guide to the meaning of style and for all fashion lovers　　　078

2.4.3

牛仔 COWBOY 风格

≈	西部（Western） 美洲（Americana）
→	南美牧人/高乔人风格（Gaucho） 军装风格（Military）
+	摩托/机车骑手风格（Biker） 乡村摇滚风格（Rockabilly） 金属摇滚风格（Metal）

牛仔的历史起源于伊比利亚半岛的庄园农场。1493 年，克里斯托弗·哥伦布（Christopher Columbus）第二次前往西印度群岛时，带去了牛和安达卢西亚的骏马。此后，水手格雷戈里奥·德·比利亚洛博斯（Gregorio de Villalobos）又向墨西哥进口了更多的西班牙牛。1521 年，在西班牙征服者埃尔南·科尔特斯（Hernán Cortés）征服阿兹特克帝国后，这两种牛的数量多到足以在墨西哥开始繁殖，后又与当地散落在野外的牛混合在一起大量繁衍。

  牧牛文化从墨西哥平原向北传播至北美大草原，向南传播至阿根廷、乌拉圭、巴西和智利巴塔哥尼亚之间的潘帕斯草原。旧西部时代的典型时期是 1865 年内战结束到 1912 年，当时剩余的西部领土被纳入各州（阿拉斯加和夏威夷除外，这两个州于 1959 年获批），牧民被称为牛仔、马上牧民（vaqueros）以及南美牧人/高乔人（Gauchos；见南美牧人/高乔人风格，82 页）。他们是西班牙人、美洲原住民以及非洲人的混血后裔，仅参与照料和训练马匹的农场工人被称为"牧马人"（wranglers）。这些人穿着的"西部"衬衫以墨西哥瓜亚贝拉衬衫（guayabera）为原型，瓜亚贝拉衬衫以其明亮的刺绣细节（或装饰性的车缝细褶，前身还有四个贴袋）和后背的加固过肩而闻名；西部衬衫上的纽扣采用了耐用的按扣，取代了传统衬衫纽扣。

  包裹在腿上的用皮革或绒面革制成的"护腿套裤"（chaps）可以保护双腿免受多刺浓密的灌木丛伤害，还可以防止大腿内侧被马鞍磨伤。流苏是牧民服装中的常用装饰元素，尽管后来被重金属摇滚巨星们用于营造突出的戏剧化效果（见金属摇滚风格，120 页），但实际上，这是美国原住民发明的一种设计，其作用在于使衣身上的雨水能够顺势流下。在干燥的日子里，可以穿一件宽松的长款"防尘"长外套（duster coat），以防止衣服沾到路上的污垢，如今，这种廓

图 20

‹ Dsquared2 2018秋冬男装系列,米兰时装周,2018 年 1 月 14 日。

形的外套仍然很流行。

  1853 年,出生于巴伐利亚的商人李维·斯特劳斯(Levi Strauss)追随淘金热从纽约来到旧金山,并在旧金山开了一家纺织日用品商店,出售来自法国尼姆的持久耐磨的斜纹布,被称为尼姆斜纹布(serge de Nîmes),俗称"牛仔布"。1873 年,李维·斯特劳斯和当地的裁缝雅各布·戴维斯(Jacob Davis)为他们推出的铜制撞钉加固工装裤的技术申请了专利,即用铜制撞钉将口袋加固在工装裤上,以便更好地携带幸运的淘金者们所发现的金块。不久之后,他们出品的蓝色工装裤就取代了南美牛仔／高乔人风格的宽松长裤(bombachas)。牛仔布是 17 世纪法国尼姆的纺织制造商在试图重现一款来自意大利热那亚(法语为 Gênes)的流行面料时开发得到的一种新的斜纹面料 [后被称为牛仔布,得名于

2.4.3

"de Nîmes"一词,意为出自尼姆;而出自意大利热那亚的靛蓝色面料(Blu di Genova)于16世纪首次被应用于热那亚海军服装和船只配备帆,英文为"jeans"]。蓝色牛仔裤(blue jeans)仍然是美国文化的一个关键主题,并作为摩托/机车骑手风格(67页)的亚文化元素被重现。

牛仔靴的独特外形是随着时间的推移逐渐演变而成的。它的由来要归功于第一代威灵顿公爵阿瑟·韦尔斯利(Arthur Wellesley)在1815年的滑铁卢战役中击败拿破仑·波拿巴时所穿的马靴样式。早在滑铁卢战役之前,威灵顿公爵让他的靴匠将摄政时期(1795—1820年)抛得光亮、饰有流苏穗(tassel)的及膝军用黑森靴(Hessian boot)改制成紧贴腿部、设计更简约的款式,用裁切柔软的小牛皮制成,靴子高度降至小腿以适合骑行和参加晚间活动。之后,这款靴子受到乔治·博·布鲁梅尔(George Beau Brummell)等时尚前卫的花花公子们的广泛青睐(见花花公子风格,247页),其略尖的鞋头易于骑手将脚放置到马镫中,皮革叠制成的倾斜叠跟(stacked heel)可以防止脚被马镫卡住,也能防止骑手从马背上摔下时发生被拖拽的风险(所有现代鞋的同类型鞋跟都源自12世纪蒙古骑手的发明,是出于同样目的的设计)。在威灵顿长筒靴被引进到美国之后,其成了首批被大规模生产并用于美国骑兵的军靴款式(另见军装风格,91页)。之后,牛仔和马上牧民们对其进行了调整,将鞋头改制成夸张的尖头,靴口边缘由前至后呈扇形,并配有拉环袢,使靴子更容易被快速提拉穿脱。皮革鞋面上装饰有花式缝线,有助于靴子在干燥的环境下保持原有形状以防止变形。

尽管牛仔风格服饰最初都具有很强的实用功能,但后来经过好莱坞戏剧化的改造,其成了适于银幕效果的造型服装。此外,乡村音乐明星和牛仔竞技骑手们也逐渐为其添加了更多的装饰元素和流苏镶边,以及大量的水钻装饰,使得牛仔造型变得越发华丽。

色彩与图案	蓝色、棕褐色、银色、奶牛印花
面料	皮革、牛仔、绒面革、印花棉布、亚麻布
服装与配饰	传统美国西部衬衫、直筒牛仔裤、牛仔靴、Stetson(美国帽子品牌)牛仔帽、墨西哥宽檐帽(sombrero)、斗篷、印花头巾、皮制护腿套裤、防尘长外套、波洛领带(bolo tie,源于美国西部的一种饰有金属和宝石的领部挂件)、饰有大号银色带扣夹的牛仔腰带
细节	流苏、刺绣、皮革雕花(leather tooling)、领角装饰、莱茵石装饰

风格词库:时尚指南与穿搭手册　　　　　　　　　　　　　　　　　　**081**

南美牧人／高乔人 GAUCHO 风格

2.4.3.1

≈	南美洲牧场主（South American Rancher）
→	牛仔风格（Cowboy）
+	游轮度假风格（Cruise） 定制西装风格（Tailoring） 波西米亚风格（Bohemian）

南美牧人／高乔人风格代表了南美洲独特的牧牛文化。高乔人是技术娴熟的骑手，他们在潘帕斯草原上过着半游牧的生活。潘帕斯草原是面积超过一百万平方公里的低地草原，覆盖阿根廷、乌拉圭、巴西南里奥格兰德州和智利巴塔哥尼亚的部分地区。在民间文学作品中，如阿根廷诗人作家何塞·埃尔南德斯（José Hernández）创作的叙事诗作品《高乔人马丁·菲耶罗》[El Gaucho Martín Fierro，最初问世于1872年，之后于1879年出版了第二部分《马丁·菲耶罗归来》（ La vuelta de Martín Fierro ）]，高乔人被颂扬为正在消失的自由精神的最后象征，他们的自由不受围栏和法律的限制。

与许多加州牛仔不同，高乔人保留了其特有的传统民间服饰，包括宽松舒适的长裤（bombachas），裤脚被叠褶收紧以塞进传统的马靴中，而非尖头的牛仔靴。

南美牧民佩戴的伊比利亚风格的宽檐平顶帽通常被称为波蕾若（bolero，南美牛仔和西班牙舞者所戴的帽子，通常用黑色羊毛毡制成，拥有圆形平顶、宽且平的帽檐，配有下巴固定帽绳），不要将其与高乔人所穿的敞口式衣襟短款夹克相混淆，这款夹克也被称为波蕾若夹克（bolero jacket），尽管两者都是以充满活力的西班牙舞蹈命名的。另一种南美牧民常戴的帽子是一种圆形平顶帽，名为"boina"，像是针织贝雷帽和鸭舌帽的结合款。一块被称为奇里帕（chiripá）的长方形布像尿布一样被包裹在腹股沟区域，并用腰带固定，为重要的部位提供额外的保护，以增加长途骑行的舒适感（不出意料，这样的设计还没有被时装设计师们采用）。奇里帕由一款饰有图案、名为"faja"的织物腰带固定[臭名昭著的高乔人的格斗刀（facon）通常就藏在背后且塞在腰带中]，上面还缠绕着

图 21
›
让-保罗·高缇耶
(Jean-Paul Gaultier)
为爱马仕设计的
2011春夏女装
成衣系列，
巴黎时装周，
2010年
10月6日。

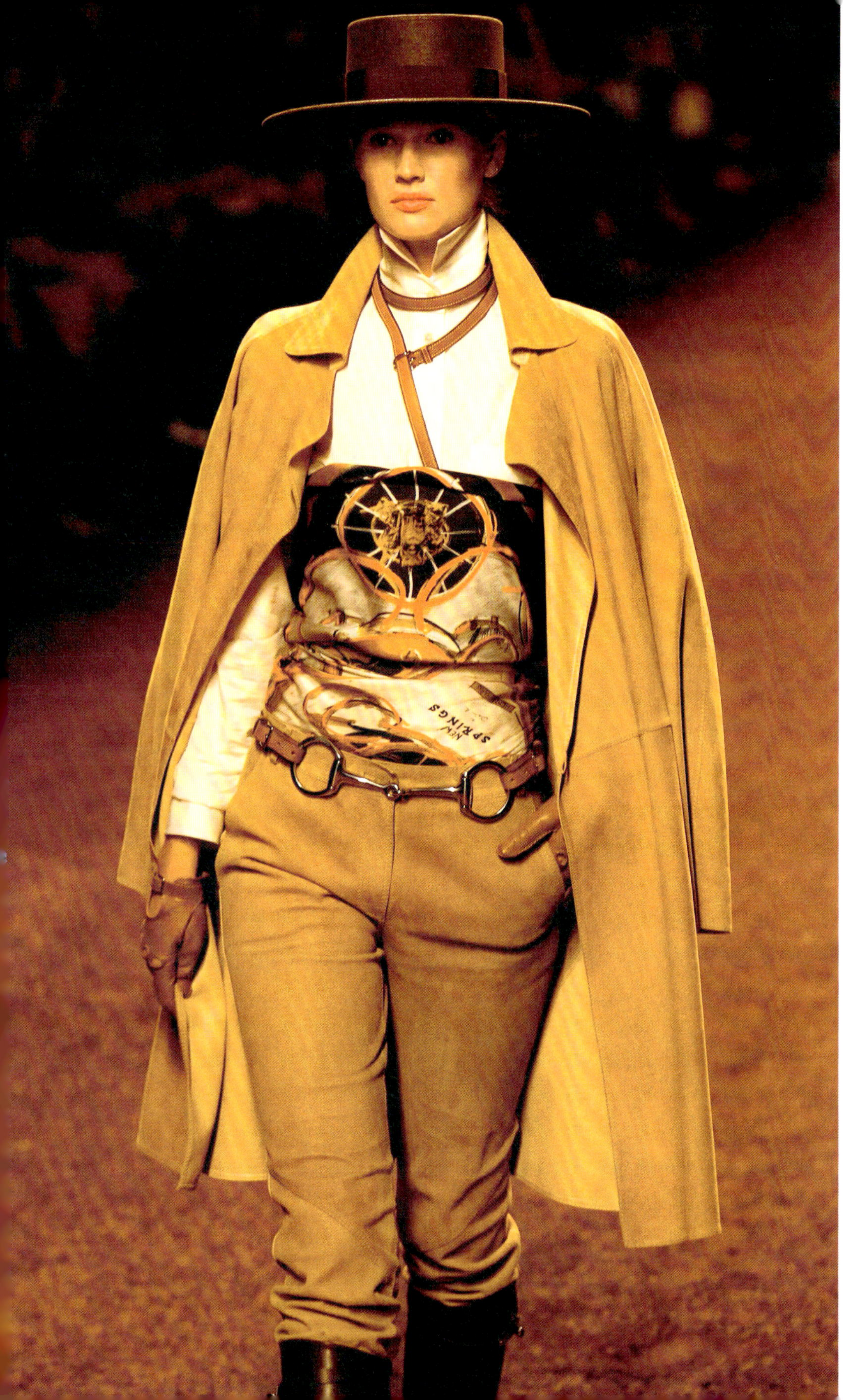
NEW SPRINGS

硬币卡扣款皮腰带。

如果骑手想轻装出行,随身衣物必须是多用途的,如款式简洁、应用厚实的羊毛制成的披挂式斗篷便是最好的选择,既可以保暖,也可以用作睡觉时的毯子。斗篷是遍布南美大陆南部的实用款式,上面通常会编织有原住民传统样式的几何形图案。最具代表性的对称图案之一是"大地之子"(Guarda Pampa,使用交错十字、菱形和双三角形的几何形图案模仿了整个阿根廷潘帕斯草原周围的广阔山脉的传统图案),象征着该地区湖泊中倒映出的安第斯山脉,它是由阿根廷和智利巴塔哥尼亚的马普切人创造的。

在当下的时装秀场上,南美牧人风格的造型以时装设计师加布里埃拉·赫斯特(Gabriela Hearst)的设计为代表。她的家族在乌拉圭拥有占地为6900公顷(17000英亩)的牧场,她在那里成长,后来到纽约完成了时尚培训课程。她推出的皮制短裙、蕾丝上衣、压花皮风衣(tooled-leather trench coat)、及膝马靴、坚硬且轮廓醒目的金属配件以及编织有大地色调图案的针织衫等款式的组合搭配将该风格进一步升华。赫斯特是可持续发展理念的倡导者,她承诺在其设计系列中停止使用天然材料,转而采用闲置的库存面料,通过零碳排放的时装秀进行展示。在她担任蔻依(Chloé)品牌创意总监期间,该品牌成了第一个获得共益企业(B Corp)认证的奢侈品牌。这一独立的共益认证体系提出了300个问题,以确认品牌对人类、地球的承诺及企业的目标价值,还有更长远的公共利益。2021年,获得共益企业认证的通过率仅为4%。

另一个具备 B Corp 认证的目标驱动型品牌是 TOMS,它是一家出品中端传统风格轻便布鞋(alpargatas)的生产商。这款轻便布鞋是由绳编鞋底、黄麻鞋面制成的一种便鞋,也被称为帆布鞋,阿根廷高乔人会将它与马靴交替穿着。

色彩与图案	黑色、棕褐色、红色、白色、Guarda Pampa 编织图案
面料	绒面革、棉布、皮革、编织羊毛
服装与配饰	斗篷、宽松舒适的长裤、波蕾若帽、波蕾若夹克、圆形平顶帽、皮制护腿套裤、马靴、轻便布鞋、皮腰带、南美宽腰带(faja belt)
细节	流苏装饰、刺绣、皮革雕花、银质腰带扣夹

2.4.3.2 草原 PRAIRIE 风格

≃	女牛仔（Cowgirl）
→	新维多利亚风格（Neo-Victoriana）　蒸汽朋克风格（Steampunk）　嬉普士风格（Hipster） 浪漫主义风格（Romantic）
+	怀旧/复古风格（Retro）　牛仔风格（Cowboy）　乡村田园风格（Cottagecore） 波西米亚风格（Bohemian）　适度时尚风格（Modest）

草原风格虽然与美国西岸的牛仔风格（79页）相似，却融合了边境地区安定生活的风格元素，混合了老式的体力劳动、种植作物、照料牲畜和在偏远村镇养育家庭的服饰特征。美国西部拓荒时代（Wild West，荒野西部）的鼎盛期是在维多利亚时代（另见新维多利亚风格，26页，以及蒸汽朋克风格，42页），草原风格的服装上有维多利亚时期的装饰元素，如套在衬裙（petticoats）外的饰有褶饰的宽大下摆长裙、蕾丝镶边和端庄的领口。也许此类款式并不是适于农作的实用服装，但却唤起了人们对于早期简单生活的怀旧之情。

在农庄从事劳作的服装，其剪裁样式会被简化，常使用较便宜的布料制成，比如棉布，即一种粗糙的、未经漂白处理的棉织物，上面印着最受欢迎的多为低饱和度的、褪色的印花图案以掩饰污垢，还有惹人喜爱的朴素的彩色格纹。多数情况下，草原风格的服装大部分都是家庭自制的，与巴黎举世闻名的时装屋出品的定制工艺相去甚远。时装秀场上有时会出现草原风格的拼贴装饰和手帕裙的设计，这样的设计风格可以作为可持续性发展的一环，推动对滞销织物进行升级再造的运动。

在乡村田园风格（161页）中也会出现草原风格元素，乡村田园风格主要关注自给自足的生活方式和英国乡村花园般的优雅田园理想。这两种风格的主要单品都是"草原连衣裙"（prairie dress），其典型特征是及地长裙、长袖和女性化的装饰褶边。缩褶绣（smocking）是在松紧带被发明之前常用的一种将面料聚拢并用针线固定的技巧，以便让服装既合身又具有弹性，可以任由身体活动。缩褶绣已经成为此类风格的一个关键设计特征。这类风格的"大褶量连衣裙"和夸张醒目的抽褶网纱礼服都是伦敦设计师莫莉·戈达德（Molly Goddard）的标志性设计。皇家艺术学院（Royal College of Art）校友埃尔德姆·莫拉利奥

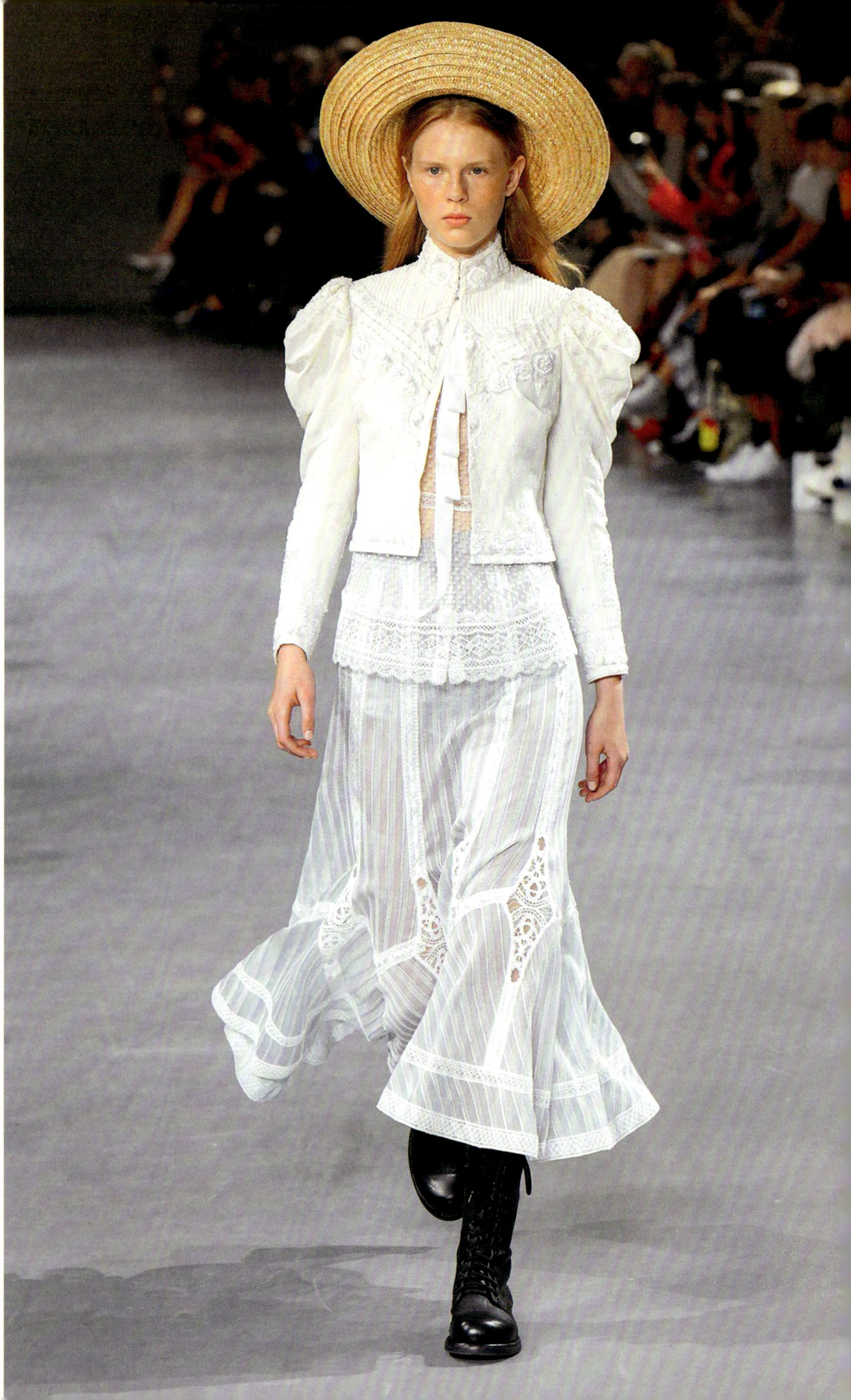

图 2.2

‹约翰·加利亚诺 2019 春夏›，巴黎时装周，2018 年 10 月 2 日。

卢（Erdem Moralıoglu）也以其复杂的自然主义印花设计而闻名。草原风格还体现在出品美式传统复古款式的纽约服装品牌设计师巴特谢娃·海伊 [Batsheva Hay，一位有意对抗在纽约泛滥的黑色极简主义风格（252 页）的前律师] 的设计系列中，以及由创作歌手尼克·凯夫（Nick Cave）的妻子苏西·凯夫（Susie Cave）创立的 The Vampire's Wife 品牌设计出品的浪漫主义风格（263 页）的服饰廓形中。

草原风格的自由随性以及宽松的多层次穿搭也与 20 世纪 70 年代流行的波西米亚风格（217 页）美学有相似之处。再搭配上多层叠戴的项链，用 Stetson 牛仔帽替换宽檐软帽，草原风格造型便更接近于怀旧/复古风格（20 页）的外观。乡村田园和草原风格的服饰非常百搭，可以根据季节的变换搭配不同的靴子：田园风格可以搭配切尔西短靴、威灵顿长筒靴或及膝长靴，而草原风格可以搭配牛仔靴。

草原风格的男装造型通过穿着粗糙的牛仔或灯芯绒长裤，并佩戴腰带与男士背带（吊裤带）的双重保险装饰，来体现早期定居者的万无一失、勇敢无畏。此外，还搭配工作靴（work boots）、马甲，未经漂白处理的棉质衬衫也设计有"爷爷/祖父领"（grandad collar，属于小立领，与中式立领不同的是前领口是重叠系扣的款式）或中式立领（mandarin collar），并把衬衫袖翻卷起来，还配有怀表、色彩鲜艳的印花头巾（bandana），穿着者同时也蓄着用以增强狂野感官的胡须。将这种男装造型转移至城市，便成功造就了流行于千禧之交的嬉普士风格（226 页）。

色彩与图案	白色、花形印花、奶油色、天蓝色
面料	亚麻、棉布、印花棉布、细剪孔绣/英式镂空绣/马德拉刺绣（broderie anglaise）、蕾丝、格纹棉布、绒面革
服装与配饰	连衣裙、诗人衬衫/拜伦公爵衬衫（poet shirt）、牛仔靴、防尘长外套
细节	荷叶边/褶饰、缩褶绣、高领、灯笼袖（balloon sleeve）、脚踝长度（maxi length）、丝带装饰、褶饰立领

风格词库：时尚指南与穿搭手册

野外 GORECORE 风格

2.5

≈	户外运动（Gorpcore） 徒步旅行与登山运动（Hiking & Climbing）
→	运动休闲风格（Athleisure） 常规服饰穿搭风格（Normcore）
+	怀旧/复古风格（Retro） 田园风格（Rural）

野外风格服饰会向世界宣布，它既适用于你在城市街道上奔波寻找外带餐点，也适用于你在野外生存。野外风格（Gorecore）一词与 21 世纪第二个十年中期先于该词出现的"Normcore"（见常规服饰穿搭风格，199 页）词根相同，从许多方面来看，它们的特征相似，都是基础款式穿搭，都属于反时尚（anti-fashion）类型风格。野外风格一词由一种名为"戈尔特斯"（Gore-Tex，由美国 W.L.Gore & Associates, Inc. 独家发明和生产的一种轻、薄、坚固和耐用的薄膜，它具有防水、透气和防风功能，突破了一般防水面料不能透气的缺点，被誉为"世纪之布"）的防水透气织物演化而来，但一些时尚作家将这种趋势风格称为"Gorpcore"，"Gorp"是徒步旅行者对混合干果的称呼，可能是出自"good old raisins and peanuts"（老式口味的葡萄干与花生组合）或"granola, oats, raisins, peanuts"（燕麦脆片、燕麦、葡萄干和花生组合）的首字母缩写，但具体是哪一种就取决于你询问的对象了。在 2016 年普拉达的时装秀上出现的露营和徒步旅行时装造型，显然受到了无处不在的运动休闲风格（60 页）潮流的影响，这进一步证明了现代服饰普遍休闲化的趋势。

在三部重要的攀岩题材电影《黎明墙》（*The Dawn Wall*, 2017）、《徒手攀岩》（*Free Solo*, 2018）和《沉默》（*Silence*, 2018）相继上映后，这项运动及其无畏的精神被带入流行文化中。此外，2020 年奥运会将攀岩运动纳入比赛项目，这意味着参与者数量和人们对睿坡（Rab）、始祖鸟（Arc'teryx）、哥伦比亚（Columbia）、石头岛（Stone Island）、海丽汉森（Helly Hansen）、Teva、勃肯（Birkenstock）、盟可睐（Moncler）和猛犸象（Mammut）等传统户外品牌兴趣的急剧增长。值得注意的是，巴塔哥尼亚（Patagonia）是由伊冯·乔

图 23

，

范思哲（Versace）

2017 春夏

女装系列，

米兰时装周，

2016 年

9 月 23 日。

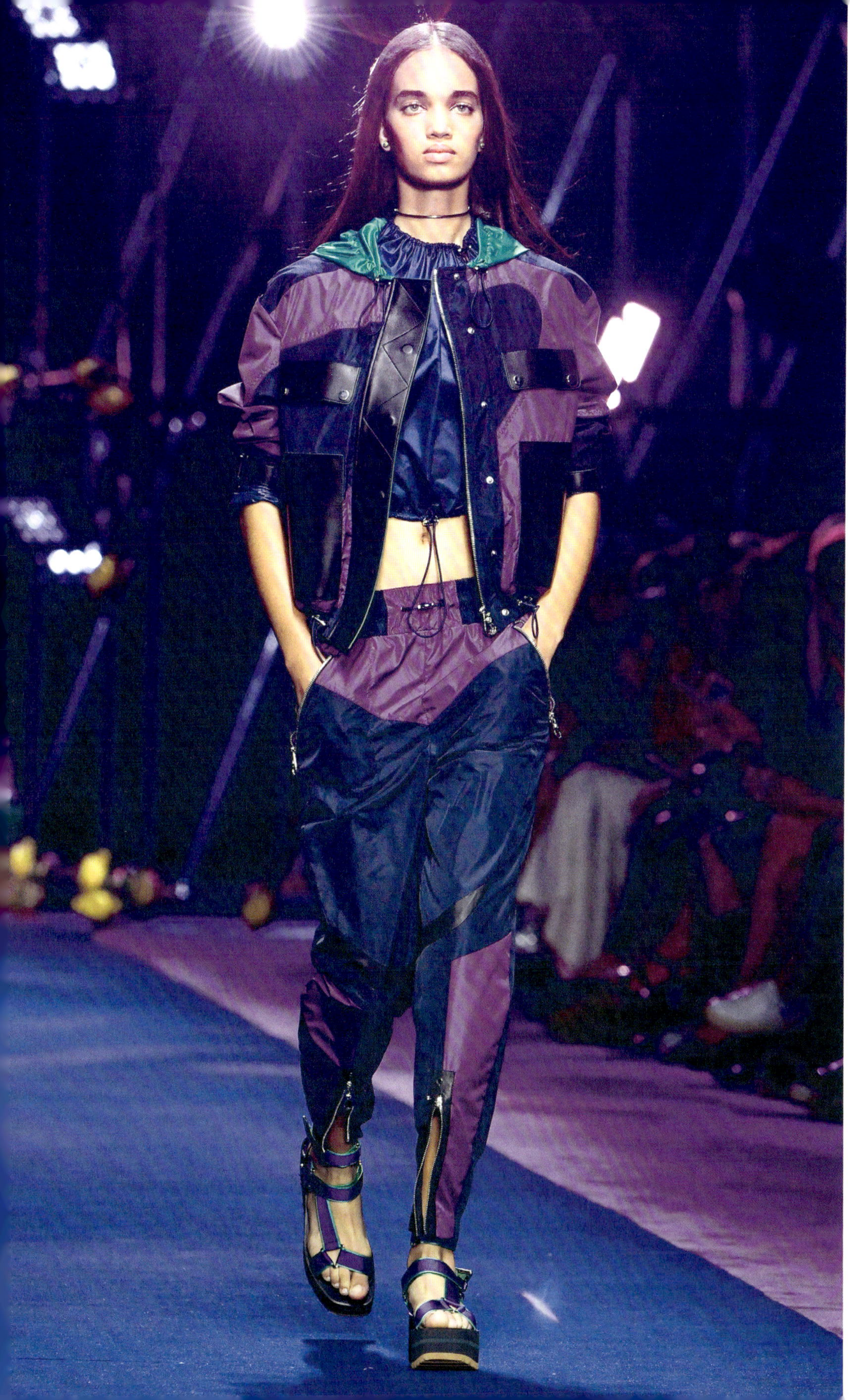

伊纳德（Yvon Chouinard）创立的美国户外服饰品牌。她是一名出色的攀岩家、一位环保主义者，也是企业社会责任的早期践行者，承诺自愿为地球环保捐出1%的销售额。2011年，该公司在《纽约时报》（The New York Times）上发布的黑色星期五广告告诉人们"不要买这件夹克"，引发了Z世代、千禧一代消费者对环保价值观的反消费主义共鸣。

全球疫情重新激发了人们对户外运动和徒步旅行的热爱（事实上，对许多人来说，这是无休止封锁期间唯一的消遣方式）。2021年，技术装备制造商北面（North Face）和意大利奢侈品牌古驰合作，将20世纪70年代的怀旧/复古风格（20页）融入野外风格造型，成功地将此类风格推向了潮流顶峰。

野外风格行囊（kit bag）中的关键物品是连帽式防寒上衣（anorak）和派克大衣，这两种服装最初都是由北极冰冻地区的原住民因纽特人发明的。从剪裁技术层面来讲，防寒上衣是连帽套头式设计，采用防水面料。现代许多同类型款式都设计有一个大的前口袋，用来存放必需品，且在腰部和连帽边缘配有一根抽绳。派克大衣内附有棉衬，适合在天气寒冷时穿着，衣长至臀部。20世纪50年代，美国空军为驻扎在寒冷环境中的机组人员设计引入了结实厚重的N-3B "snorkel" 派克大衣，其为连帽款设计，帽子使用毛皮制成，边缘配有抽绳可抽紧固定（另见飞行家风格，63页）。而美国陆军则开发了M-51 "fishtail"（鱼尾）派克大衣（见作战服风格，95页）。20世纪60年代，鱼尾派克大衣成为备受摩德亚文化人群追捧的时尚单品（见摩德风格，228页），并且影响了20世纪90年代的英国摇滚文化。还有一种适合户外运动的长外衣结合了风衣的防水特性和派克大衣的长度：及膝长度、无衬里、连帽设计、通常在前襟缝有拉链，可作为防水雨衣穿着，还可以折叠起来便于旅行，其在英国被称为"连帽风雨衣"（cagoule），在美国和加拿大被称为"防风衣"（windbreaker）。

色彩与图案	黑色、沙土色、灰色、橙色、天蓝色、橄榄绿色、菱形纹、花呢格纹（tartan）、方格纹（plaid）、彩色格纹（gingham）、小/细格纹（check）
面料	抓绒/摇粒绒（fleece）、戈尔特斯、尼龙、Econyl（一种再生尼龙面料）、绞花/辫子纹编织（cable knit）、软壳面料（soft shell，一种复合面料，柔软且防风保暖，防水性较戈尔特斯较弱）、华达呢、橡胶、氨纶
服装与配饰	T恤、连帽式防寒上衣、两侧设计有大口袋的工装裤（cargo trousers）、羽绒服（puffer jacket）、防水夹克/冲锋衣（waterproof jacket）、羊毛开衫、套头衫、紧身裤、保暖背心、派克大衣、连帽风雨衣
细节	束带/抽绳（drawstring）、带扣夹、无檐针织帽（beanie hat）、背包、渔夫帽（bucket hat）、系带绳带（cord laces）、登山鞋和袜子、连帽款、按扣式固定扣夹（snap-closure buckle）、休闲凉鞋、腰包（bumbag/fanny pack）

军装 MILITARY
风格

2.6

≈ 军队（Army） 特种军服（Regimental） 士兵（Soldier）

→ 传承/传统风格（Heritage） 赛博朋克风格（Cyberpunk） 马术服饰风格（Equestrian）
航海风格（Nautical）

+ 摇滚风格（Rock & Roll） 花花公子风格（Dandy）

图 24

› 荷兰骑兵（左）和第三军团小号手，1823 年。德克·斯吕伊特（Dirk Sluyter）根据巴托洛梅乌斯·约翰内斯·范·霍夫（Bartholomeus Johannes van Hove）的画作制成的蚀刻版画。

军装的设计将装饰性与功能性融为一体，对时尚和流行文化产生了深远的影响。随着披头士乐队的概念专辑《佩珀军士的孤独之心俱乐部乐队》（Sgt Pepper's Lonely Hearts Club Band，1967）闻名于世，花花绿绿、颜色鲜艳的军装夹克开始流行起来。吉米·亨德里克斯曾购买了一件复古款军装短夹克（pelise jacket）并穿着它演出（见下文）。被冠以"流行音乐之王"称号的迈克尔·杰克逊（Michael Jackson）在舞台上也穿过相似款式且饰有亮片的军装短夹克。在巴尔曼（Balmain）的时装秀场上，法国设计师奥利维尔·鲁斯汀（Olivier Rousteing）为该品牌设计的 2010 春夏系列中的"军队"（Army）形象栩栩如生，这是定义他职业生涯的很关键的一个设计系列，该系列时装展现出了军团夹克的所有特征，这些夹克装饰有精美的镀金纽扣、醒目的肩章和华丽的刺绣。

这款独具西方特色的军装风格短夹克，源自以勇敢著称的匈牙利骠骑兵（轻骑兵）的夹克式斗篷，与至今的款式特征相比几乎没有任何变化。17 世纪的骠骑兵们不再穿戴厚重的盔甲，而是选择穿上一款被称为"dolman"的色彩艳丽的短夹克。夹克的前身上面布满了一排排的绳编盘扣装饰，被称为

"passementerie"（编织装饰，是一种用金线、银线或其他线绳编织盘绕制成的精美装饰花边、贴饰、镶边或饰带，也包括刺绣、花结穗边和流苏）和"frogging"（绳编装饰或绳编盘扣）——一种起源于中国的装饰扣件，在中国被称为盘扣或花式扣〔另见传承／传统风格，23页〕。骑兵们将这件饰有绳编盘扣和毛皮镶边的短夹克披挂在左肩上，称其为"pelisse"（这里指骠骑兵的夹克式斗篷，该词还指19世纪早期女性穿着的一种时尚长外衣），以抵御刀剑砍伤或在严寒天气中作为可置添的保暖衣物。

到了18世纪，欧洲军队都穿着类似的制服，这些制服的灵感源自骠骑兵的军服，包括燕尾服和马裤（见马术服饰风格，70页）、马甲和及膝马靴或系扣式马术护腿（buttoned gaiters），区别在于军服外套颜色、衣领和袖口翻面贴面的处理以及外套尾部镶边和装饰工艺的不同。军衔标志在当时是闻所未闻的，军官多为贵族，他们不愿意穿着有等级之分的制服，因为他们认为这是一种有辱人格的职业标志，如同仆人一样的标记。一些军官会佩戴一种保护喉咙的象征性的金属"领甲"（gorget），代表了中世纪盔甲的回归。当说到盔甲时，不得不提到金属甲片的应用曾出现在许多前卫／先锋派风格（244页）的设计系列中。用金属甲片制成的时装是帕高时装屋的标志性设计，该品牌从1967年到现在，一直在推行将历史元素与太空时代（space age）相融合的设计理念。1982年，詹尼·范思哲（Gianni Versace）重新设计并推出了一种具有垂顺流动特性的锁子甲式的金属网眼织物，名为"Oroton"。

从1768年起，英国军官被命令通过肩章（epaulettes，法语épaule意为"肩膀"）展示他们的军衔。流苏肩章是通过肩袢固定、源自早期军服肩部的一条装饰缎带，如路易十四佩戴的肩部缎带（17世纪晚期）。平行于肩缝、从衣领至肩部袖窿缝制的布袢，其专业技术术语为"肩袢"（passenten），但时尚作家们通常将其混淆，通称为肩章。现代制服上任何表示军衔的扁平状肩章也都采用肩袢固定。海军军服（见航海风格，98页）同样采用肩章及上面的纽扣来表示军官的军衔和所属连队。

19世纪流行的是简化版的短尾款骠骑兵夹克，被称为"coatee"。拿破仑·波拿巴的军队制服袖口上添加了一些非功能性纽扣，据称这是皇帝的命令，这样士兵们就不会用袖口去擦鼻子（或擦眼泪，因为其中很多士兵还只是男孩），以防止破坏他们帅气的外表。这些制服采用锡制纽扣固定开合，这可能是波拿巴军队于1815年在俄罗斯战败的原因之一：在极寒的气候环境中，锡会变得易碎，呈粉状，导致军中大量士兵被冻死。

当时的军服大衣（greatcoats，也称watchcoats，意为守卫大衣）与现

图 25
，
约翰·加利亚诺 2016—2017 秋冬，莉莉·斯图尔特（Lily Stewart），巴黎时装周，2016 年 3 月 6 日。

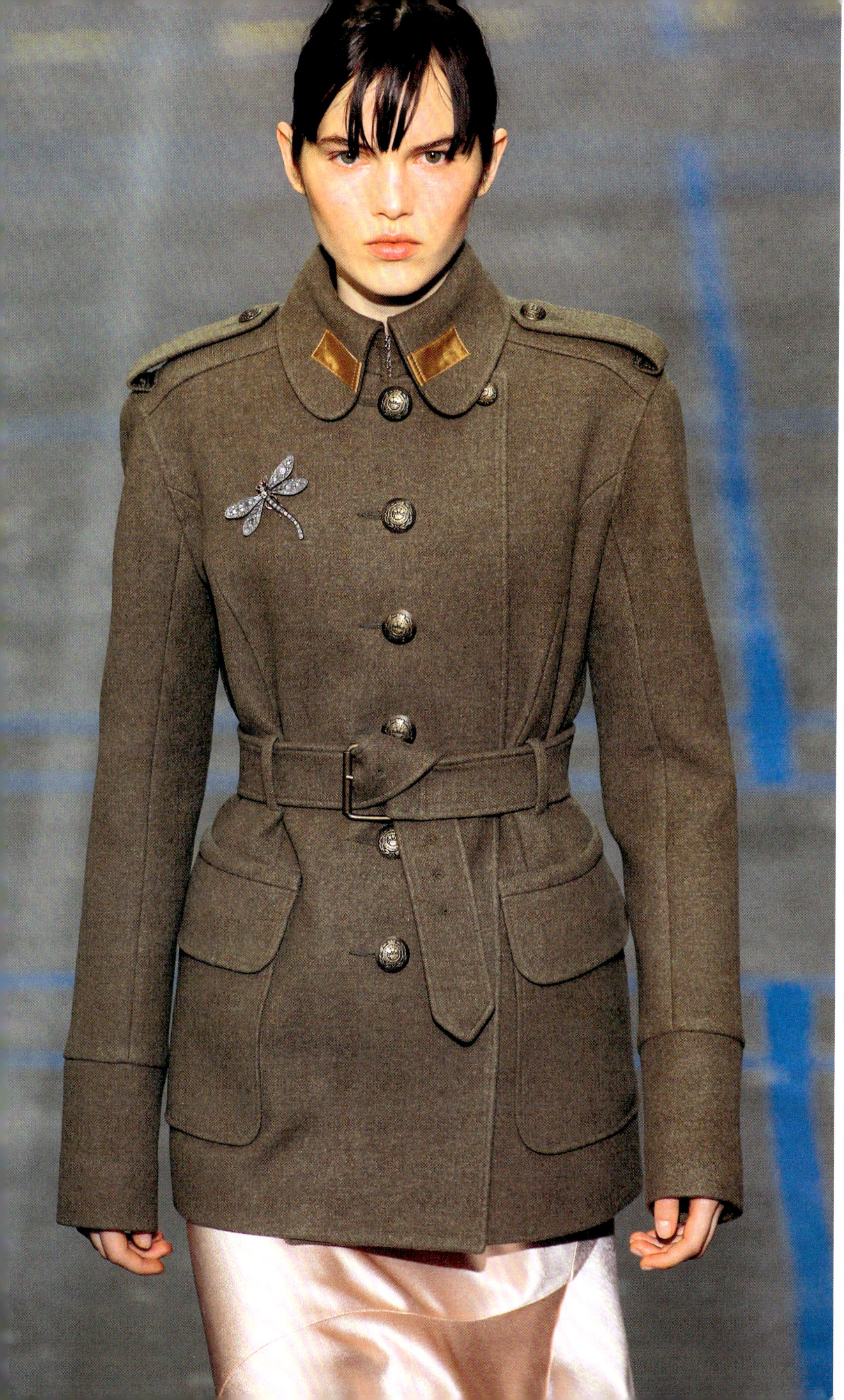

代时装品牌出品的大衣非常相似：由厚羊毛制成，长度及小腿，双排金属纽扣尽显气派，而且剪裁宽松，可以套穿在夹克外。有些大衣还配有斗篷，华丽的摄政时期的花花公子风格（247 页）甚至会为每件大衣搭配多达十件斗篷。这些大衣保暖但不防水，应对雨天的办法就是穿上风衣（trench coat）。风衣因在战壕（trenches）中使用而得名，它是在第一次世界大战前由两家英国传统奢侈服装制造商发明的：雅格狮丹（Aquascutum）成立于 1851 年，托马斯·博柏利于 1856 年创立了自己的品牌，后者在 1879 年发明了质地较轻、具有防水功能的华达呢面料。风衣在军用和民用方面都取得了成功，并成为 20 世纪 40 年代黑色侦探电影和后来新黑色电影主角的标志性服装（见赛博朋克风格，38 页）。

色彩与图案	鲜红色、灰色、午夜蓝色、森林绿色、金色、黄铜色、银色、军装上的 V 形标志
面料	羊毛、天鹅绒、毛皮、皮革、锁子甲
服装与配饰	夹克、军服大衣、马裤、长裤、平顶军帽（kepi hat）、圆筒形军帽（shako hat）
细节	双排扣、纽扣、编绳盘扣、刺绣、流苏装饰、流苏穗、星形装饰、鹰形装饰

2.6.1 作战服 COMBAT 风格

≈	军队风格（Army） 军装风格（Military）
→	野外风格（Gorecore） 航海风格（Nautical） 狩猎风格（Safari） 名校校服风格（Preppy） 嬉皮士风格（Hippy） 摩德风格（Mod）
+	朋克风格（Punk） 嘻哈风格（Hip Hop） 哥特风格（Goth）

在肉搏战时代，色彩鲜艳的制服有助于在战场上区分敌友，但在第一次世界大战期间，远程武器的出现意味着拥有良好的隐蔽性才能取得主控权。现在华丽的军装夹克已被降级为礼仪制服，取而代之的是造价更便宜、款式更休闲、不太引人注目的作战服。

1848 年，英国武装部队首次采用了卡其色制服（见狩猎风格，105 页），之后这种色彩单调的作战服潮流开始向世界各地蔓延，大多数国家都采用了卡其色、灰色和 / 或暗绿色的混合方案。在时装秀场上，这种朴实的色调加上实用的口袋，搭配厚底系带战斗靴的军装造型（另见哥特风格，220 页，以及朋克风格，125 页），向时尚爱好者们表明，设计师正受到军队服饰风格的影响。当然，迷彩风格现在是如此普遍，以至于它具有了非暴力的含义。

这主要归功于 20 世纪 60 年代的反主流文化群体的嬉皮士风格（223 页）。他们中的许多人都是从越南战场归来、心灰意冷的美国陆军老兵，他们颠覆了自己的军装，通常是 M-65 野战夹克，并赋予了其和平的象征意义。约翰·列侬（John Lennon）是一位著名的反战人士，也是反战信息的积极支持者，他衣着休闲，经常被拍到穿着一件美国陆军 OG-107 军装衬衫进行表演，这件衬衫是在 20 世纪 70 年代初一位粉丝送给他的。在英国，幽怨的摩德族（另见摩德风格，228 页）会从剩余军用物资商店购买美国陆军 M-51 "鱼尾"派克大衣（另见野外风格，88 页），以便在骑上他们的小摩托时保持身上的定制西装（195 页）一尘不染。

斜纹棉布裤是一种易于穿着且时髦的裤子，前部平坦，小裤脚呈锥形，是名校校服风格（191 页）的主要代表性单品。斜纹棉布裤起源于 19 世纪中叶，作为当时驻扎在印度的英国士兵制服。在 1898 年美西战争期间，当美国军队驻

THE STYLE THESAURUS: A definitive, gender-neutral guide to the meaning of style and for all fashion lovers

096

图 26

‹Landlord 男装系列，纽约时装周，2017 年 7 月 12 日。

扎在菲律宾时，士兵们穿着从中国进口的斜纹棉布制成的长裤，这种服装被称为"pantalones chinos"。在同一场战争中，没有妻子帮他们修补纽扣的单身士兵所穿的那件不起眼的短袖汗衫，最初被打上了"单身汉汗衫"的标签。1913 年，这款短袖汗衫却成了美国海军制服的一部分（见航海风格，98 页）。

工装裤的裤腿两侧设计有大口袋，也被称为"作战裤"（combat trousers）——在外观上比斜纹棉布裤更实用，剪裁宽松，大腿外侧设有具备实用功能的口袋——由英国人于 1938 年首次推出，供英国武装部队穿着，两年后被美国人采用。工装裤被人们赋予了坚韧且漫不经心的象征意义，且受到嘻哈风格（142 页）群体和后来的野外风格群体的追捧。工装裤与工装短裤（cargo shorts，同工装裤一样在裤腿两侧设有大口袋）都是反时尚的常规服饰穿搭风格（199 页）的主打单品。

迷彩作为作战服饰风格的标志性印花，是一种具有隐蔽功能的图案。它由法国画家吕西恩-维克托·吉兰德·塞沃拉（Lucien-Victor Guirand de Scévola）和一些立体派艺术家，如安德烈·马尔（André Mare）、雅克·维永（Jacques Villon）和乔治·布拉克（Georges Braque）在第一次世界大战期间设计并应用于军事伪装。该印花曾出现在约翰·加利亚诺为迪奥设计的后末世主题的 2001 春夏高级定制系列中，还曾出现在范思哲 2016 春夏系列中，以霓虹色调的迷彩呈现。迷彩印花作为奢侈品牌 Off White 的标志性元素，在每一季的服饰造型中不断重现。如今，迷彩印花早已从过去的隐藏功能中解放出来，成为人群中脱颖而出的不二之选。

色彩与图案	橄榄绿色、灰色、绿色、灰绿色、保护色、黑色
面料	羊毛、棉布、尼龙
服装与配饰	T恤、野战/军装夹克、设计有大口袋的工装裤、军靴、腕表
细节	口袋、带子、扣夹

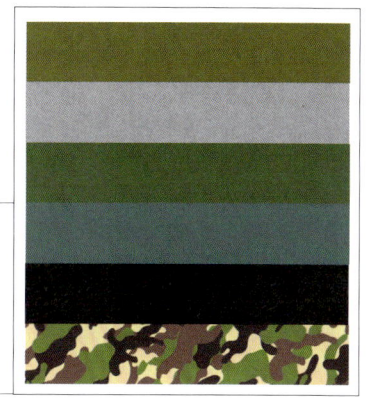

风格词库：时尚指南与穿搭手册

097

航海 NAUTICAL
风格

≈	海军（Naval） 水手（Sailor） 渔民（Shipster）
→	摩登女郎风格（Flapper） 野外风格（Gorecore） 军装风格（Military） 作战服风格（Combat） 嬉普士风格（Hipster）
+	游轮度假风格（Cruise） 名校校服风格（Preppy） 海报女郎风格（Pin-Up）

与其他武装部队服饰的风格相比，海军风格更具叛逆的一面：旅行和传统中略带朗姆酒的味道、饰有文身且形象放荡不羁。几乎每个度假季节（见游轮度假风格，164 页）的时装秀场上都会出现一系列的水手短大衣（pea coats，水手穿的厚羊毛制短大衣，宽翻领、双排扣）、清爽的蓝白条纹衫、阔腿长裤、结实的绳编腰带和耀眼的金色纽扣。让-保罗·高缇耶凭借其充满情色气息的 Le MâLe 男士香水建立起他的香水帝国，这款香水的瓶身被设计成带有条纹和暗示性凸起的躯干形状，而高缇耶最初的灵感来自雷纳·维尔纳·法斯宾德（Rainer Werner Fassbinder）的艺术电影《雾港水手》（Querelle，1982）中的海员的形象。

典型的水手条纹衫（marinière），在英语中被称为海魂衫（Breton top），有 21 条条纹，据说代表了拿破仑战胜英国人的每一次胜利。1858 年，它被作为法国海军制服。条纹也具有实用功能：这是早期的一种高能见度图案，能帮助水手找到被海浪冲下船的战友。可可·香奈儿被认为是战后推广水手上衣造型的功臣。1917 年，她的航海系列灵感源自她在法国南部罗克布吕讷-卡普马丹（Roquebrune-Cap-Martin）的海滨住所 La Pausa 别墅所看到的水手们的衣领。她选择在诺曼底海岸的多维尔开设第一家精品店，也体现出她对海洋的热爱。顺带一提，独特的水手领是深 V 形领口，宽翻领延伸至背部呈方形，据说这种领型的设计源自 18 世纪水手们的一种习俗，水手们会用焦油涂抹他们的辫子，以防止头发被船上的索具缠住，而宽大的衣领就是为了保持制服的整洁，不会沾染上焦油。

条纹在 20 世纪 20 年代大为流行（另见摩登女郎风格，30 页），此后，碧姬·芭铎（Brigitte Bardot）、奥黛丽·赫本（Audrey Hepburn）、玛丽莲·梦

图 27 › 马吉拉（Maison Margiela）2020 春夏女装系列，莱昂·达梅（Leon Dame），巴黎时装周，2019 年 9 月 25 日。

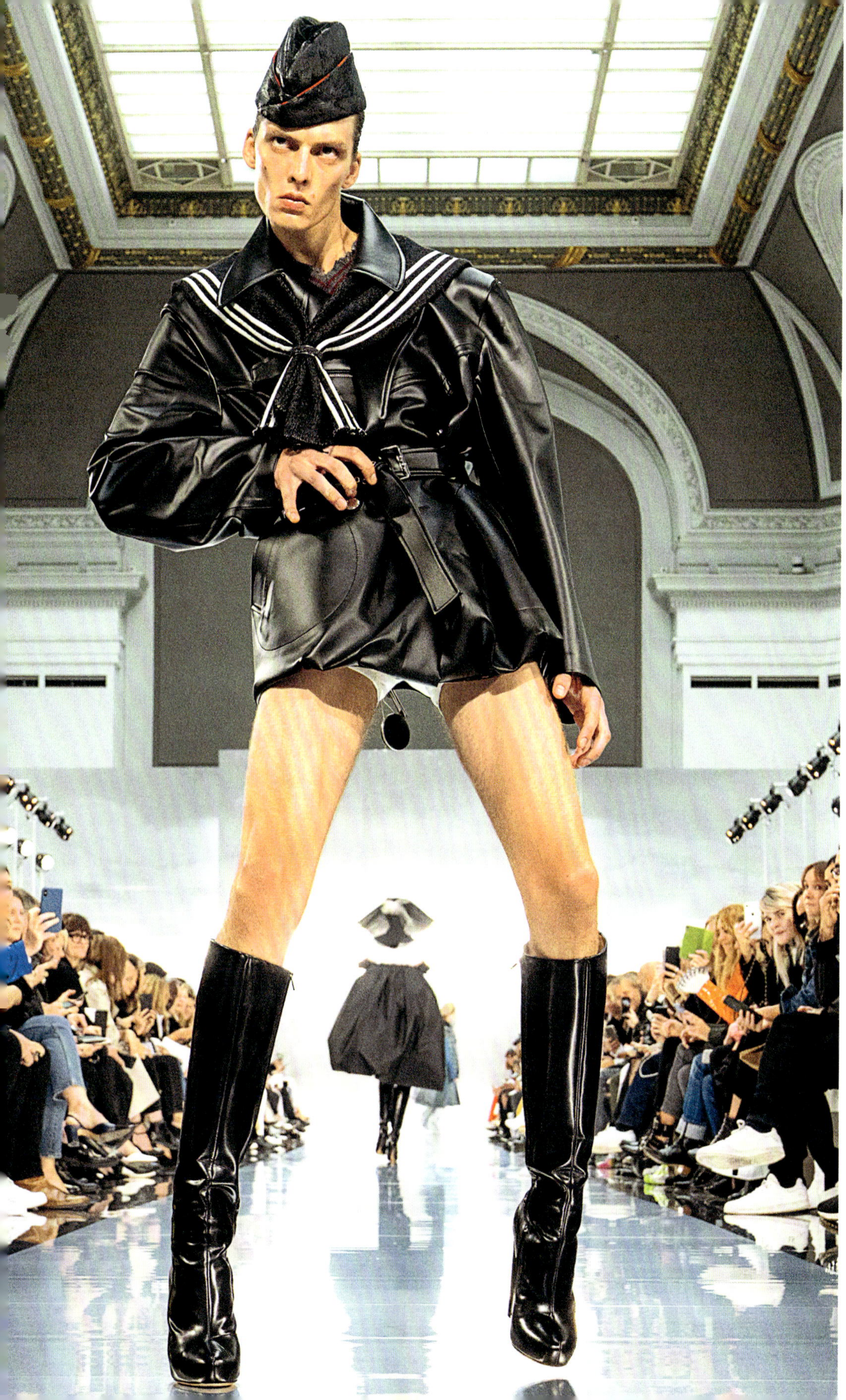

露(Marilyn Monroe)、詹姆斯·迪恩、约翰·韦恩(John Wayne)、巴勃罗·毕加索(Pablo Picasso)和安迪·沃霍尔(Andy Warhol)等著名演员和艺术家都穿过水手条纹衫。

经典水手短大衣(pea coat)的名字源自海员们所讲的荷兰语中的"pije"(指所用的布料)一词,其通常由厚羊毛制成,采用双排扣的设计以起到保暖的作用,长度裁至臀部,便于活动(与舰桥上船长穿着的长款大衣不同),还设计有宽大的翻领,可以立起以抵御恶劣的天气。1890年,它被作为英国皇家海军制服,供海军军士使用(因此得到绰号"P大衣")。1962年1月,伊夫·圣罗兰(Yves Saint Laurent)离开迪奥后在举办的首场时装秀中发布了他的女士水手短大衣,搭配白色阔腿裤的造型设计。真正的水手短大衣上的纽扣都带有"缠锚"(fouled anchor)标志,这是一个被绳子缠住的锚的图案,象征着海上日常生活的考验与磨难。

水手们穿着宽松的喇叭裤,这样在浅水区域涉水时就可以轻松卷起裤脚。裤子前门襟是特殊的双排系扣式设计,是为了在海上航行时一旦水手落水,他们可以快速脱掉裤子(试想一下在水下脱掉紧身织物的场景)。此外,松垮的裤腿还能充满空气,作为紧急的漂浮装置。直到20世纪90年代末,这种独特的喇叭裤才被改为<u>作战服风格</u>(95页)的直筒裤,这种改进令一些传统主义者非常愤怒。

近年来,就如流行的<u>野外风格</u>(88页)一样,温带气候城市中的专业人士们一直在渔民服饰造型中寻求时尚灵感。他们是蓄着浓密胡子,戴着短针织帽(micro beanie hats),身穿圆翻领套头衫、绞花编织毛衣,裤脚被翻卷到极致,外搭橡胶雨衣,畅饮着精酿啤酒的创意人士,他们的形象装扮被一些时尚作家称为"Shipster"(见<u>嬉普士风格</u>,226页)。连帽粗呢大衣(duffle coat)得名于比利时Duffel小镇出品的一款厚重面料,采用绳袢和棒形纽扣固定大衣的开合,便于在寒冷的气候下戴着手套也可以轻松解开或系上纽扣。同样,托马斯·汉考

色彩与图案	海军蓝、黑色、白色、红色、金色、黄色、条纹
面料	羊毛、棉布、针织布
服装与配饰	水手短大衣、连帽粗呢大衣、麦金托什雨衣(mackintosh,麦金托什是一种防水外套或雨衣,得名于发明防水材料的苏格兰化学家查尔斯·麦金托什)、水手 / 条纹上衣、无檐针织帽、喇叭裤、绞花编织套头衫
细节	锚、绳索、纽扣、一字领(boat neck)、领巾、水手领(sailor collar)

克（Thomas Hancock）和查尔斯·麦金托什（Charles Macintosh）于200多年前在细雨蒙蒙的苏格兰发明的硫化橡胶雨衣（现在已成为各式雨衣的代名词）也重新开始流行起来，黄色尤其被视为经典，这是在雾蒙蒙的天气中在甲板上工作的水手们的理想服装，黄色也有利于振奋精神。

1748年，英国皇家海军引入了常见的蓝白配色海军制服，主要是为了看起来与陆军的红色制服有所区别（见军装风格，91页）。靛蓝染料很容易在印度的英属领土获得，真正的海军蓝几乎呈黑色。夏季和热带版本的海军制服往往是纯白色的，原因各异，一方面，白色具有反射阳光的特性，另一方面，白色对于遇到新的土地和人民的海员来说是象征着和平的颜色。

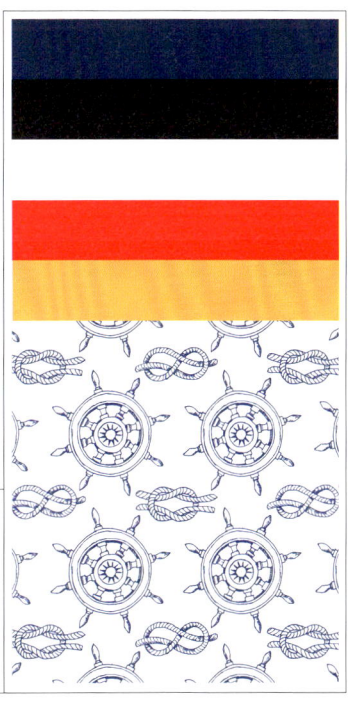

风格词库：时尚指南与穿搭手册

海盗 PIRATE
风格

≈	皇家海盗/掠夺者（Buccaneer）
→	军装风格（Military） 朋克风格（Punk） 乡村田园风格（Cottagecore）
+	波西米亚风格（Bohemian） 洛可可风格（Rococo） 浪漫主义风格（Romantic）

虽然将"海盗风格"作为现实生活中的服饰造型可能有点儿牵强（有人会虚张声势地穿着它去超市冒险吗？），但它可以被归入航海风格（98页）服饰造型的范畴，并因其无政府主义的美学观念一直被时尚和音乐领域的创作所借鉴。

当朋克界的贵妇人薇薇安·韦斯特伍德需要一个新的创意方向时，她于1981年受海盗服饰风格的影响推出了其标新立异的名为"海盗"的时装系列。锋芒毕露的朋克风格（125页）美学已经走到了尽头，随着新浪潮（New Wave）的兴起，即后朋克风格的总称，人们需要一种浪漫主义风格（263页）的诠释方式。韦斯特伍德的搭档马尔科姆·麦克拉伦（Malcolm McLaren）是"性手枪"乐队的经理，在时装秀前的几个月里，他曾帮助音乐家亚当·安特（Adam Ant）重塑了海盗风格造型，并为他配备了一件华丽的骠骑兵短夹克（hussar jacket；见军装风格，91页）。模特们大摇大摆地走在时装秀场上，脚上穿着饰有带扣的靴子，头戴双角帽（bicorne hat），身穿饰有蕾丝肩章的超大码男士和女士衬衫。

韦斯特伍德是第一位在时装秀场上展示海盗风格造型的设计师，但绝不是最后一位。约翰·加利亚诺在他的1993春夏成衣系列中展示了性感的紧身衣、大腿高度的护腿（gaiters）和齐裆长度的缠绕式短裙（sash skirt）。缠绕式腰带（sash belts）最初起到固定武器和支撑腰部的作用。在生活模仿艺术（life imitating art）的案例中，轰动一时的电影《加勒比海盗》（Pirates of the Caribbean，2003）与同年推出的亚历山大·麦昆的春季成衣系列"公海上的高级时装"（high fashion for the high seas）不谋而合，该系列展示了模特身着皮革和真丝网纱，遭遇海难、受狂风吹袭的形象。

图28 › 乐播诗 2018春夏，纽约时装周，2017年9月11日。

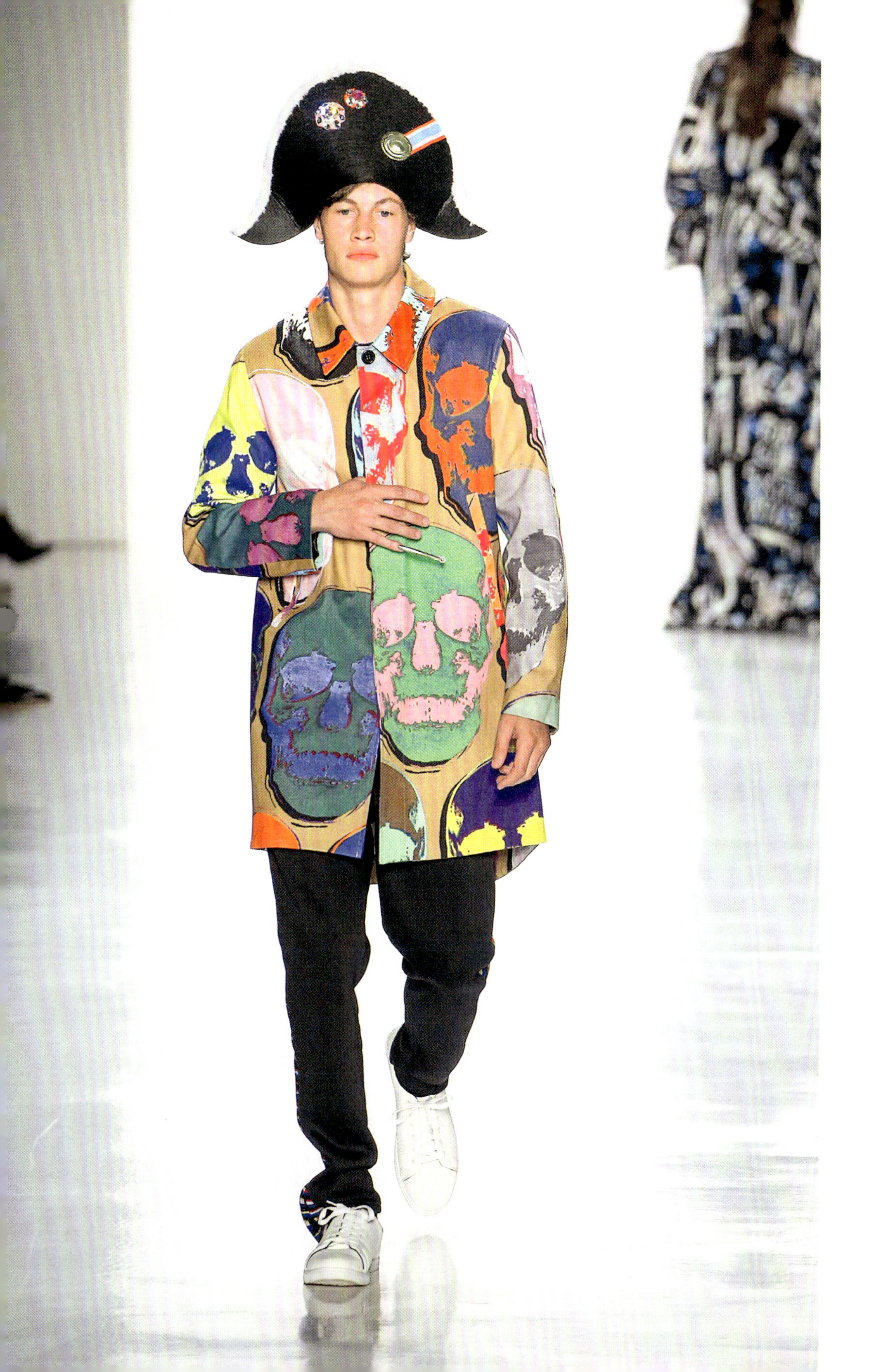

2.7.1

　　海盗风格文学中撕裂紧身衣的情节有着历史渊源。据说女海盗在敌人奄奄一息时会露出她们的胸部，以表明他们是被一个女人杀死的。2007 年，纽约设计师安娜·苏（Anna Sui）以少女感十足的露肩印花连衣裙展现了一种更俏皮的海盗风格，有些连衣裙采用面料拼贴工艺制成，类似于<u>乡村田园风格</u>（161 页）的手工工艺，同时搭配破洞紧身裤。

　　正如在乐播诗（Libertine）2018 春夏系列中所看到的那样，骷髅图案确实被用作海盗的标志，让遇到他们的人心生恐惧。骷髅旗 / 海盗旗（Jolly Roger）最初是血红色的，得名于法语"joli rouge"，意为"漂亮的红色"。耳环是庆祝航海成功的小饰品，船员们会骄傲地将耳环叠戴在耳垂上。我们想象中的海盗穿着宽松的衬衫，但实际上他们并不会穿着被称为"long clothes"的衣服，因为任何不合身的衣服都存在潜在被索具缠住的危险。

色彩与图案	黑色、红色、海军蓝、骷髅印花
面料	真丝、皮革、棉布
服装与配饰	及膝骑士靴（cavalier boots）、马裤、至大腿的高筒靴（thigh-high boots）、诗人衬衫 / 拜伦公爵衬衫、军装夹克、双角帽、耳环、围巾、印花头巾
细节	刻意磨损、撕裂、露肩 / 一字肩（off-the-shoulder）

THE STYLE THESAURUS: A definitive, gender-neutral guide to the meaning of style and for all fashion lovers　　104

狩猎 SAFARI 风格

≈	考察探险（Expedition） 萨瓦纳（Savannah）
→	牛仔风格（Cowboy） 军装风格（Military）
+	游轮度假风格（Cruise） 经典风格（Classic）

正如人们所认知的那样，"春天是花开的季节"，而"夏天是狩猎的季节"。长期以来，服装流行款式一直在追随这种季节性的美学观念。狩猎风格起源于英属印度陆军向导团（British Indian Army Corps of Guides）所穿的卡其色粗斜纹棉布制服，该制服于1848年推出（khaki，卡其色在乌尔都语中意为"尘土色"）。在第二次布尔战争（1899—1902年）前，它被推广至英国的其他各武装部队（见军装风格，91页）。狩猎夹克（safari jacket）又称丛林夹克（bush jacket），是由轻质耐磨的棉布制成的无衬里夹克，设计有宽大的古巴领（camp collar，一种无领座的领型，衬衫上面没有第一颗纽扣，领子于锁骨的位置自然摊开，成V形，轻松随意），并配有棉布制成的腰带，而非皮制腰带，以增加舒适度；衣身上设计的四个饰有箱褶（box pleats）的大"风箱"（bellows）式口袋可以被撑开以容纳更多的冒险装备，如地图、指南针、双筒望远镜和枪弹。当狩猎夹克与长裤或短裤搭配时，便组成了狩猎套装（safari suit）。直到1949年，卡其色粗斜纹棉布一直被用于沙漠和热带地区士兵的作战服，如今，英国陆军仍在使用它来制作驻扎在炎热气候环境中的非战斗人员的制服。

神秘作家欧内斯特·海明威（Ernest Hemingway，也是一位热衷于狩猎大型猎物的猎人，他的夹克大口袋里装着笔记本和子弹）写过几部以非洲为背景的作品，包括《非洲的青山》（Green Hills of Africa，1935）。这是一本非虚构的游记，灵感源自他和妻子波琳（Pauline）为期十周的狩猎之旅，以及1936年他首次发表在《时尚先生》杂志上的短篇小说《乞力马扎罗的雪》（The Snows of Kilimanjaro）。令人惊讶的是，海明威的服装出自Abercrombie & Fitch，在当时，这是一个为冒险家和探险家打造户外冒险装备的品牌，与后来该品牌塑造的中庸形象大不相同。当时的品牌广告将狩猎夹克描述为"外套式衬衫"（coat-shirt），而如今的时尚作家将它称为"衬衫夹克"（shirt-jacket）或"衬衫式夹克"（shacket，由衬衫和夹克结合衍生而成的新单品），是衣橱中一款实用型的跨季必备单品。

到了20世纪40年代和50年代，狩猎装扮已经成为好莱坞冒险电影中通往人迹罕至之地的旅程的主要风格造型，许多电影都采用了这种美学风格。小道格拉斯·费尔班克斯（Douglas Fairbanks Jr）和玛德琳·卡罗尔（Madeleine Carroll）合作了电影《蛮荒夺宝》（*Safari*，1940），恰如其名。随后，在1952年由格里高利戈里·派克（Gregory Peck）、苏珊·海沃德（Susan Hayward）和艾娃·加德纳（Ava Gardner）主演的改编自海明威同名短篇小说的电影《乞力马扎罗的雪》中，狩猎夹克的优点得以再次展现。由克拉克·盖博（Clark Gable）和格蕾丝·凯利（Grace Kelly）主演的电影《红尘》（*Mogambo*，1953）也强调了狩猎风格的永恒魅力。乔伊·亚当森（Joy Adamson）的小说《生来自由》（*Born Free*，1960）于1966年被改编成同名电影，弗吉尼亚·麦肯纳（Virginia McKenna）和比尔·特拉弗斯（Bill Travers）在该电影中饰演一对养育野生狮子幼崽的夫妇，小说及电影所描述的非洲梦想从此成了公众关注的焦点。

出生于阿尔及利亚的法国设计师伊夫·圣罗兰对非洲大陆怀有特殊的感情。1967年，他在自己的首个高级定制系列中展示了一件狩猎夹克，并在接下来的两年里，设计开发了两款夹克：一种是将20世纪60年代的性感融入其中，将夹克前襟设计成妖娆性感的半敞开式的交叉系带款；另一种是名为"Saharienne"的军装风格款式，前身设计有四个大贴袋并配有腰带，至今仍是该品牌的标志性单品[设计版权在重新更名的圣罗兰（Saint Laurent）品牌名下]，且在每季时装系列中都会被重新诠释。伊夫·圣罗兰原创的圆环链状腰带仍会出现在该品牌的秀场造型中，以此致敬设计师本人的卓越成就。

20世纪70和80年代，罗杰·摩尔（Roger Moore）饰演风流的间谍詹姆士·邦德（James Bond）一角，他在电影中多次身着狩猎夹克和衬衫的形象深入人心：在系列电影《007之金枪客》（*Golden Gun*，1974）中，他身着奶油色亚麻狩猎夹克和灰绿色的古巴领衬衫（camp shirt）；在《007之太空城》（*Moonraker*，1974）中，他穿的是一件米黄色棉质衬衫式夹克，这款夹克上还设计有衬衫式过肩（见牛仔风格，79页）；在《007之八爪女》（*Octopussy*，

图29
‹
杜嘉班纳
(Dolce & Gabbana)
2020春夏,
米兰时装周,
2019年
9月22日。

1983)中,他穿的是米黄色军装衬衫和棕褐色羊毛衬衫式夹克。1984年,查尔斯王子出访巴布亚新几内亚,身穿由萨维尔街裁缝店安德森与谢泼德男装店(Anderson & Sheppard)为他设计定做的狩猎夹克,他出人意料地成了一个不太可能的时尚偶像(戴安娜王妃穿着的是无领款、饰有双贴袋的裙装版狩猎套装)。1985年,梅丽尔·斯特里普(Meryl Streep)和罗伯特·雷德福(Robert Redford)在浪漫爱情电影《走出非洲》(Out of Africa)中延续了这一风格形象。

在时装秀场上,军装造型风格因透明的真丝和光滑的缎面而变得柔和,散发出宽松舒适的气息。亚麻是另一种属于狩猎风格的标志性面料,比棉布更耐磨,更易于散热。这种面料由亚麻植物纤维织造而成,是世界上已知最古老的纺织品(它在古埃及坟墓中被发现,并在《圣经》中被提及,在史前洞穴中发现的一些碎片已有36000多年的历史)。亚麻是一种非常适用于旅行服饰的纺织面料,然而颇具讽刺意味的是,只要你穿上它一踏出大门,就会出现许多令人不安的褶皱。

鉴于狩猎风格源于军装和大型猎物狩猎服装,且与殖民主义存在关联,建议造型师们不要过于在字面意义上诠释此类造型风格。用于片场的布面头盔(pith helmets,又称狩猎帽或探险者帽)、枪支或大型猫科动物看似诱人,尽管这些造型配饰是为了强调这类风格的美感,但并不适用于秀场。注意。我已经警告过你了。

色彩与图案	卡其色、沙土色、米黄色、棕褐色、淡褐色、橄榄绿色、铁锈色、蛇纹印花、斑马纹印花、豹纹印花、长颈鹿纹印花
面料	棉布、华达呢、粗斜纹棉(drill)、亚麻、Aertex(一家位于英国曼彻斯特的服装公司,成立于1888年,Aertex也是该公司生产的面料名称。在第二次世界大战期间,英国女子陆军将Aertex用于制作部分军装,而所有在远东和中东地区的英国和英联邦陆军都穿着由Aertex制成的军装衬衫和夹克,其中,远东地区被指定为丛林绿色,中东地区被指定为卡其色)、府绸(poplin)、绒面革/麂皮、精纺羊毛(worsted wool)、moleskin(一种厚重的棉织物,一侧有短而柔软的绒毛,外观和触感类似于绒面革/麂皮)
服装与配饰	衬衫式夹克、短裤、短袖衬衫、博尔萨利诺毛毡帽(Borsalino)、蒂利户外帽(Tilley hat)
细节	口袋、肩带、风箱式口袋(bellows pocket)、子弹带(cartridge loops)、环形腰带、绳索、酒椰叶纤维与稻草

3

音乐与

舞蹈

Music &

Dance

3.1 摇滚风格 Rock & roll / 3.1.1 乡村摇滚风格 Rockabilly / 3.1.2 泰迪男孩和泰迪女孩风格 Teddy Boys & Teddy Girls / 3.1.3 经典摇滚风格 Classic Rock / 3.1.4 金属摇滚风格 Metal / 3.1.5 华丽摇滚风格 Glam Rock / 3.2 朋克风格 Punk / 3.3 情绪硬核风格 Emo / 3.4 独立音乐风格 Indie / 3.5 垃圾摇滚风格 Grunge / 3.6 放克风格 Funk / 3.7 迪斯科风格 Disco / 3.8 嘻哈风格 Hip Hop / 3.9 锐舞文化风格 Rave / 3.10 音乐节风格 Festival / 3.11 狂欢节风格 Carnival

时尚是音乐的视觉语言。几乎无一例外,每一种音乐流派都有与之相关的着装风格。

这些风格可以被精确定位到音乐流派出现的具体时代。20世纪50年代是摇滚乐和乡村摇滚乐的时代,代表人物是身着蓝色牛仔裤、格纹衬衫和收腰大下摆半裙的战后乐观主义人群。20世纪60年代,放克乐的强烈冲击力带来了新的流行风格,代表人物是身着亮片的先锋派和沉浸于迪斯科舞厅夜生活的享乐主义人群。1969年,在纽约州北部,伍德斯托克(Woodstock)音乐节改变了历史,成为一场宣扬和平与自由之爱的大规模群体活动。从那时起,经典的摇滚乐开始蓬勃发展,并充斥着性和毒品,人们身穿紧身皮裤,梳着爆炸头,似乎每个人都受到了其肩上的魔鬼的诱惑。

20世纪70年代,摇滚乐从硬摇滚发展成重金属摇滚,融入了恋物癖风格(293页)和作战服风格(95页)的象征意义。从1970年至1974年,这类摇滚风格在统治短短四年后被华丽摇滚重重碾压,并被强势取代,其重磅代表人物有以"齐格星辰"传奇造型示人的大卫·鲍伊、暴龙乐队(T. Rex)的马克·波伦(Marc Bolan),以及极具舞台魅力的皇后乐队(Queen)。这群英国现象级的杰出人物在大西洋上空光芒四射,对后来的华丽金属摇滚产生了深刻的影响。与这种华丽、闪亮美学背道而驰的是主张自己动手、无政府主义的朋克意识形态,这种意识形态在向内坍塌之前,已将愤怒宣泄了足够长的时间,并成为主流思想。虽然朋克已经消亡,但其独立精神依然存在。

20世纪80年代迎来了嘻哈乐的声音,其音乐形式融合了节拍与说唱,其风格推动了民主化潮流趋势及街头服饰的诞生。DJ的角色也在不断地变化发展,到了80年代末,电子音乐作为一种独立的音乐流派成了锐舞文化的开端。20世纪90年代,摇滚开始层层剥离其华丽的风格外表和音乐技巧,回归到低保真的垃圾摇滚美学风格。

到了21世纪,没有几个人会选择只听一种流派的音乐,同样鲜少有人会只坚持一种服饰风格的穿搭。无论我们是在数字流媒体平台上聆听音乐,还是聚集在泥泞的节日场地或是在狂欢节游行中随着音乐共舞,我们总能沉浸在声音和节奏中,享受仪式般的体验,并找到属于我们自己的音乐部落。

摇滚风格　ROCK & ROLL

> 3.1

≈	20世纪50年代美国（1950s Americana）　摇滚乐（Rock*）
→	怀旧/复古风格（Retro）　作战服风格（Combat）　名校校服风格（Preppy）
+	摩托/机车骑手风格（Biker）　大学校队风格（Varsity）

* Rock and Roll 是指20世纪50年代早期的摇滚乐，而 Rock 最初是 Rock and Roll 的一种简称，随着摇滚乐的发展，开始泛指整个摇滚体系中的所有流派，包括蓝调摇滚、硬摇滚、迷幻摇滚、前卫摇滚、重金属、朋克等，所以现在的 Rock 指代整个摇滚体系。

在摇滚服饰风格造型中存在着许多细微的差别，其与摇滚乐分支中的许多音乐流派密切相关。摇滚乐起源于非裔美国人的节奏蓝调（节奏布鲁斯）、福音音乐以及乡村乐和西部摇摆。早期角逐"第一首摇滚歌曲"之名的有维诺尼·哈里斯（Wynonie Harris）演唱的《今夜摇滚乐》[Good Rockin' Tonight，1948，后于1954年由猫王埃尔维斯·普雷斯利（Elvis Presley）重新演唱录制]和吉米·普雷斯顿（Jimmy Preston）的布吉-伍吉（boogie-woogie）歌曲《摇动关节》（Rock the Joint，1949），尽管后者缺失了摇滚乐中最关键的电吉他配乐。摇滚乐中独特的踢踏摇摆声、充满活力的电吉他和主唱的表演技巧元素均是由查克·贝里（Chuck Berry）提炼发展的，他在1955年录制了歌曲 Maybellene，同年，比尔·哈利（Bill Haley）的《昼夜摇滚》（Rock around The Clock）荣登美国流行乐公告牌单曲排行榜榜首。

　　尽管时尚作家和当代摇滚界人士有时会交替使用"Rock & Roll"和"Rockabilly"（见乡村摇滚风格，113页）来描述他们复古的穿搭形式（见怀旧/复古风格，20页），但最初的摇滚美学风格是纯粹的20世纪50年代的美式风格，包括保龄球衫（bowling shirt）、牛仔裤、便士乐福鞋（penny loafer）和夏威夷衫（Hawaiian shirt）。一些摇滚风格装扮的人会模仿当时更保守的名校校服风格（191页）造型，选择斜纹棉布裤（另见作战服风格，95页）与运动夹克（sport jackets）进行穿搭。运动夹克也被称为运动外套（sport coat），最初是由狩猎和射击兄弟会设计（另见田园风格，74页）的适于运动的夹克，这是一款独立的无须搭配裤子的男士休闲西装款夹克，多选用各种粗花呢和格纹面料制成，区别于纯色的西装外套（Blazer；见大学校队风格，193页）。

图30，20世纪50年代的时尚穿搭造型片，未注明日期。

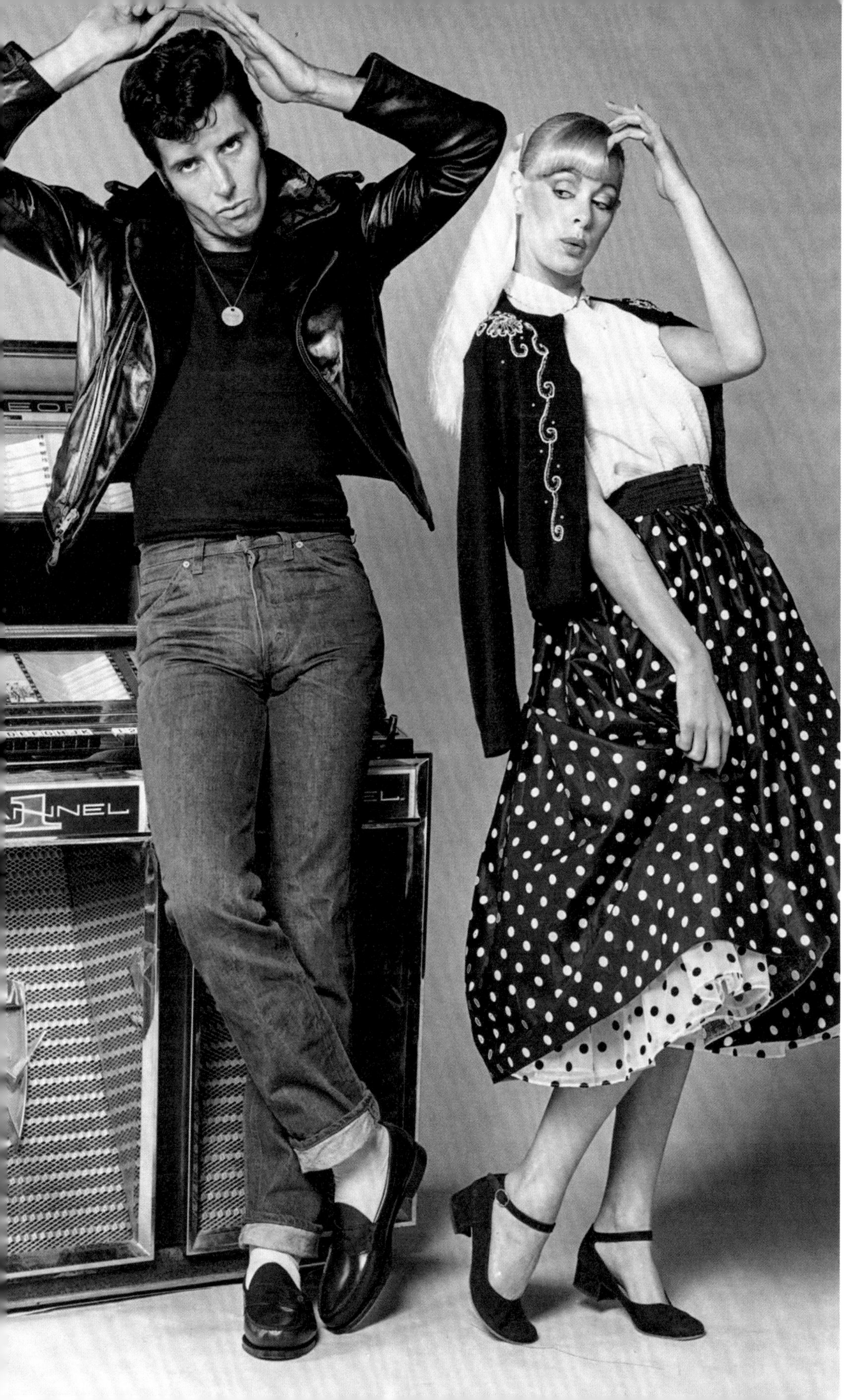

运动夹克和西装外套都可以与和其颜色互补的长裤进行搭配，无须完全匹配，且它们与两件或三件式正装西服套装有所不同，因为组成西服套装的每件单品都采用相同的面料裁制而成。

已经度过青少年时期的专业人士（比如许多音乐艺术家自己）喜欢布鲁克斯兄弟出品的廓形方方正正、剪裁宽松且便于活动的普通/袋型西服套装（sack suits），这是该品牌第一批大规模量产的西服套装，其特点是西装的前后片为简单的直裁结构，无前胸省道，裤子为直筒式剪裁，无腰部叠褶，适合各种体型的男性（另见定制西装风格，195页）。20世纪50年代，年轻摇滚乐迷们更青睐大学校队风格（193页）的校队棒球夹克穿搭，各年龄段的女性都穿着紧身毛衣搭配阔腿的、具有男孩气质的"Marlene"长裤，其设计灵感源自演员玛琳·黛德丽（Marlene Dietrich）并以此得名。此外，收腰的圆裁裙（circle skirt，圆形裁片半裙）最受女孩们欢迎，这种腰部收紧的圆形裁片廓形是向迪奥于1947年推出的新风貌造型致敬。

这款收腰圆裙最初是纽约市一位富有进取心的年轻演员朱莉·琳恩·夏洛特（Juli Lynne Charlot）自制的心血结晶，因为她需要一套预算有限的派对服装，而她又缺乏剪裁缝纫技术，所以便设计制作出了圆裁裙。后来，这套裙子被电影明星们穿着并刊登在杂志上，成了女孩们的潮流首选。这一现象被广泛认为是最早出现的少女时尚潮流，也被视为涓滴理论分析时尚趋势传播的早期案例。夏洛特设计的这款入门级别的裙子是用圆形毛毡面料制成的，易于剪裁，无须裙摆卷边之类的收尾处理，裙子上以贴花为特色，包括贵宾犬、古董车、火烈鸟和超大的花朵图案。随后，这款裙子开始大量投产，并在美国各大百货公司出售。直至今日，这款圆裙仍然是古着服装收藏家们所认定的风靡于20世纪50年代的标志性服装。

色彩与图案	淡黄色、粉色、绿松石色、蓝绿色、深红色、丛林绿色、原子图案印花
面料	羊毛、棉布、毛毡、牛仔布
服装与配饰	两件套西装、蓝色牛仔裤、保龄球衫、便士乐福鞋、麂皮鞋、斜纹棉休闲裤、夏威夷衫、圆裁裙、印有贵宾犬图案的圆裁裙（poodle skirt）、羊毛开衫、套头衫、运动外套、女士长围巾式披肩（stole）、波蕾若夹克、白色短袜（bobby socks）
细节	V领、猫眼形框架眼镜

THE STYLE THESAURUS: A definitive, gender-neutral guide to the meaning of style and for all fashion lovers

3.1.1 乡村摇滚 ROCKABILLY 风格

≈	新油脂（Neo-Greaser）		
→	怀旧/复古风格（Retro）	摩托/机车骑手风格（Biker）	
+	牛仔风格（Cowboy）	航海风格（Nautical）	海报女郎风格（Pin-Up）

乡村摇滚风格是由埃尔维斯·普雷斯利开创的，具有浓郁的美国南部深处的乡村音乐（hillbilly，乡巴佬音乐）风格。该风格在摇滚风格（110页）的美学基础上，在女孩的服饰上添加了彩色格纹布、甜心领口设计和羊毛开衫外搭；在男孩的服饰上则添加了西部衬衫和编绳款式的波洛领带（见牛仔风格，79页）。叛逆的青少年摇滚乐迷们选择了油脂风格造型（见摩托/机车骑手风格，67页），他们穿着翻卷裤脚的牛仔裤，搭配能展示肌肉线条的紧身T恤，外搭因电影明星马龙·白兰度和詹姆斯·迪恩的偶像效应而流行起来的形象强悍的机车夹克。同摇滚风格一样，宽条纹保龄球衫和异想天开的印有贵宾犬图案的圆裁裙也是乡村摇滚乐迷们最爱的服饰单品。

20世纪50年代开启了展现女性性征的新时代，在玛丽莲·梦露、贝蒂·佩吉（Bettie Page）和桑德拉·狄（Sandra Dee）等明星的荧幕形象鼓舞下，不愿受传统思想束缚的女孩们开始穿着露出更多皮肤的服装，这些女明星以其海报女郎风格（290页）及俏皮的水手服饰装扮造型而闻名（见航海风格，98页）。紧身铅笔裙、后中缝长筒袜、凸显胸部的紧身衣和露趾高跟鞋为她们增添了尽显俏皮、性感的活力。

乡村摇滚造型的关键是发型、妆容及装束。对男士来说，这意味着要在当时流行的发型款式中选择，比如蓬帕杜发型（pompadour，所有的头发都要向上梳成精致蓬松的发型）、摇滚飞机头发型（quiff，额发向上梳起，再平顺至脑后），或"果冻卷""象鼻"发型（额发向前呈卷曲状）。这些发型可以与鸭尾发型（ducktail）相结合，鸭尾发型是沿着后脑中缝将头发梳向两侧，在颈背处呈V形。还有一种可替代鸭尾发型的是波士顿发型（Boston），即在脑后将头发剪至颈线处，呈直线。

3.1.1

当代女性乡村摇滚乐迷（rockabella）因其对20世纪50年代美学造型风格的华丽诠释而广为人知，卷发、碎花发饰以及红色口红是必不可少的元素。还有"胜利卷"（victory rolls）发型，即头发被卷起固定在头顶，呈头冠状，其得名于第二次世界大战飞行员在击落敌机后做出的以示胜利的水平旋转动作。如果她们想打造简单的日装造型，扎一个低马尾，佩戴上印花头巾或方头巾就足够了。

英国灵魂乐歌手艾米·怀恩豪斯（Amy Winehouse）曾以复古的嗓音和20世纪50年代至60年代初的乡村摇滚风格的造型形象而闻名。艾米于2011年去世后（另一位加入悲剧"27岁俱乐部"的明星），时装设计师让-保罗·高缇耶在他的2021春季高级定制时装秀上展示了艾米的形象造型，以此向她致敬。模特们都梳着艾米的标志性蜂巢状发型，化着双翼眼线，穿着乡村摇滚风格的铅笔裙。

图31

‹

埃尔维斯·普雷斯利，摄于1958年。

色彩与图案	波尔卡圆点、豹纹印花、条纹、彩色格纹、红色、黑色、白色、蓝色
面料	羊毛、天鹅绒、牛仔布、棉布
服装与配饰	西部衬衫、蓝色牛仔裤、牛仔夹克、波洛领带、绒面厚底鞋、哈灵顿夹克、发带、卡普里裤（capri trousers）、挂颈/绕颈款露背式连衣裙（halter-neck dress）、茶歇裙（tea dress）、猫跟鞋（kitten heels，鞋跟为3~5cm的细高跟鞋，因穿上后酷似小猫踮起脚尖走路的模样而得名）、马鞍鞋（saddle shoes）、铅笔裙/紧身直筒裙、背带式工装裤（dungarees）、连衣短裤（playsuit，上衣与短裤相连且有腰线的轻快便装）
细节	裤脚/袖口翻边（turn-ups）、水手领、古巴领、文身
妆发	蓬帕度发型、摇滚飞机头发型、短而卷曲的发型、鸭尾发型、波士顿发型、蓬松式发型、马尾辫（ponytail）、发饰插花、眼线、红色唇色

THE STYLE THESAURUS: A definitive, gender-neutral guide to the meaning of style and for all fashion lovers   114

泰迪男孩和泰迪女孩风格 TEDDY BOYS & TEDDY GIRLS

≈	新爱德华（Neo-Edwardian） 阿飞（Teds） 朱迪斯（Judies）
→	新维多利亚风格（Neo-Victoriana） 摇滚风格（Rock & Roll） 乡村摇滚风格（Rockabilly） 朋克风格（Punk） 花花公子风格（Dandy）
+	定制西装风格（Tailoring）

当摇滚风格（110 页）和乡村摇滚风格（113 页）诞生于美国之际，与这两种风格同时出现的一种青年亚文化正在英国兴起。1954 年，伦敦萨维尔街的裁缝们在配给制度结束后推出了新的斜肩款的垂坠剪裁结构西装（drape suit，其特点是胸部剪裁宽松，会形成自然的垂褶），它以爱德华时代的花花公子风格（247 页）晚礼服夹克为原型。垂坠西装为单排扣，采用青果领的设计，通常配有天鹅绒领面以及对比鲜明的法式袖口，背部是无后开衩的方框形剪裁，腰部采用宽松的无收腰直裁，这种风格让人回想起 20 世纪 30 年代美国的阻特/佐特西装（zoot suits）。垂坠西装的下身是舒适合体的锥形长裤（另见定制西装风格，195 页）。这款垂坠西装的目标客户是中上层阶级和贵族青年，但却遭到该阶级中的多数人拒绝，相反，其被衣冠楚楚的工人阶级年轻人所接纳，因为他们拼命赚钱才能负担起裁缝的定制试衣服务，甚至时常会以每周分期付款的方式结款。

  身着垂坠西装会令人联想到美国黑帮电影中主角的果敢形象，或者美国旧西部时代枪手身着维多利亚时代男士长款礼服大衣的形象（见新维多利亚风格，26 页）。因此，穿上这款西装的新爱德华时代造型男青年被媒体称为"泰迪男孩"。他们会在西装内搭配一件配有"Mr B"领 [得名于歌手比利·埃克斯丁（Billy Eckstine）的"Mr B"的称呼，是一款获得了专利的衬衫高翻领] 的白衬衫、奢华的锦缎马甲背心，佩戴窄细的长领带（Slim Jim tie，俚语名称）或西部牛仔风格的波洛领带，梳着光亮且涂有厚重发油的美国乡村摇滚风格发型。他们穿着"厚底鞋"（creepers），即一款类似于北非第二次世界大战时士兵穿的绒面鞋。这个名字被认为源于其厚厚的绉胶鞋底，或与 1954 年流行的肯·麦金托什（Ken Mackintosh）创作的名为 *The Creep* 的慢曳步舞曲相关。

色彩与图案	黑色、海军蓝、犬牙纹 / 千鸟格（houndstooth）、传统粗花呢格纹
面料	羊毛、天鹅绒、牛仔布、织锦缎、棉布
服装与配饰	男孩：垂坠西装夹克、烟管牛仔裤、波洛领带、尖头皮鞋（winklepicker）；女孩：圆裁裙、铅笔裙、紧身直筒裙、定制西装夹克、九分牛仔裤、平顶草帽、女士手提包、渔夫鞋 / 轻便布鞋（espadrilles）；两者皆有：领巾（cravat）、白衬衫、雨伞
细节	半圆形口袋、怀表和表链
发型	摇滚飞机头发型、蓬帕杜发型、波士顿发型、鸭尾发型、托尼·柯蒂斯式飞机头（Tony Curtis quif）、留有鬓角

THE STYLE THESAURUS: A definitive, gender-neutral guide to the meaning of style and for all fashion lovers

图 32

〈泰迪男孩们的郊游聚会〉，摄于英格兰北部泰恩赛德。后排：摇滚的吉姆·纽瓦克（Rockin Jim Newark, 29岁）、摇摆的布莱恩·迪克森（Boppin Brian Dixon, 19岁）、跃动小子约翰·亨特（Jumpin John Hunter, 20岁）、摇滚的罗恩·路易斯（Rockin Ron Lewis, 19岁）和飞机头艾伦·杜尔（The Jet Alan Duel, 22岁）。前排：守护神拉尔·贝尔（Laurie the Lar Bell, 22岁）、粉红豹米克·兰金（Pink Panther Mick Rankin, 26岁）、飞毛腿克里斯·马吉（Crazy Legs Chris Magee, 23岁）。未注明日期。

被称为"朱迪斯"（Judies）的泰迪女孩们几乎全部来自工人阶级，尽管她们可以与男孩们交往，但她们仍然受制于当时的家庭性别角色，必须帮助家里贴补家用。大多数人在十几岁时就离开了学校，去做前台或工厂的工作，虽然她们是战后第一批拥有可自由支配收入以购买唱片等可自由选择的商品的青少年群体，但英国的两性平等《同酬法》（Pay Act of 1970）仍有很长的路要走。她们受上流社会影响的服饰装扮体现了她们对精致生活方式的想象：定制西装夹克、男性气质的衬衫和领带或爱德华时代的领巾，搭配修身铅笔裙、窄摆裙，或剪裁较短的裤脚翻边牛仔裤，还有那个年代后期开始流行的圆裁裙。无论天气如何，她们都会随身携带雨伞，常光着脚穿着露趾布面藤底凉鞋，戴着平顶草帽（boater）或圆锥形的亚洲风格"稻田"帽，优雅地提着手包。

最初，泰迪男孩和泰迪女孩随着爵士乐和噪音爵士乐（skiffle）起舞，但当摇滚乐传入英国时，他们意识到这是属于他们自己的声音。这些年轻人曾受到电影《黑板丛林》（Blackboard Jungle, 1955）和《阿飞舞》（Rock Around the Clock, 1956）中摇滚配乐的影响，会随着音乐在影院的过道里即兴热烈地舞蹈，以至于导致影院内的财产设施被损坏。因此，泰迪男孩开始被媒体丑化为犯罪分子，当一群泰迪男孩出现在1958年的诺丁山主义暴动现场时，他们遭到了媒体的集体抹黑。

20世纪60年代，泰迪男孩风格让位于更时髦的摩德风格（228页），但在20世纪70年代，它又再次复兴，这一次的特点是色彩更明亮的垂坠西装夹克，搭配烟管牛仔裤（drainpipe jeans）和花哨的印花衬衫。朋克（见朋克风格，125页）青年在伦敦街头与年长的泰迪青年发生冲突，以捍卫他们各自的音乐信仰，这场冲突曾被媒体大肆渲染。但到了20世纪70年代末至80年代，他们的时尚和音乐风格已经融合成为后朋克新浪潮美学风格的一部分。

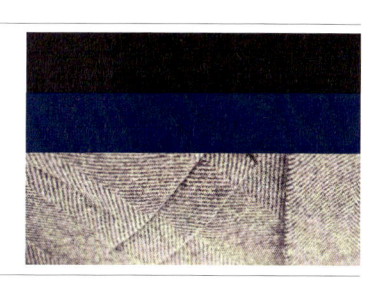

经典摇滚 CLASSIC ROCK 风格

3.1.3

≈	摇滚乐（Rock）
→	嬉皮士风格（Hippy）　冲浪风格（Surf）　政治风格（Political）
+	独立音乐风格（Indie）　音乐节风格（Festival）　兼有两性特征风格（Androgynous）

到了20世纪50年代末，随着埃尔维斯加入美国陆军，和1959年2月那个决定性日子的到来[在1971年唐·麦克林（Don McClean）创作的一首不朽的经典歌曲《美国派》（*American Pie*）中被描述为"音乐消亡的那一天"]，即摇滚明星巴迪·霍利（Buddy Holly）、里奇·瓦伦斯（Ritchie Valens）和小吉尔斯·佩里·理查森[Jiles Perry Richardson Jr, 以其艺名"大波普"（The Big Bopper）而闻名]在一次飞机失事中丧生（象征着早期摇滚时代的结束），摇滚乐已逐渐失去魅力。当20世纪60年代流行音乐开始兴起时，摩城音乐（Motown）和冲浪风格（234页）摇滚占据了广播电台的主导地位，直到1964年"英国入侵"（British Invasion，指英国流行乐、摇滚乐、节拍音乐在美国及加拿大爆红的时期，与战争无关。英国音乐和英国文化行为影响了美国的流行文化，大西洋两岸浩瀚汹涌的反传统运动得以形成），这种局面才有所改变。

披头士乐队演绎的是《我想要握住你的手》（*I Want to Hold Your Hand*），而滚石乐队（The Rolling Stones）则是《我无法得到满足》（*I Can't Get No Satisfaction*）。滚石乐队一心想塑造一种真实坚韧的形象，以符合他们硬派的电音蓝调曲风。与形象气质干净利落的披头士四人组不同的是，他们没有在舞台上穿西装，凌乱、反向倒梳的蓬乱毛发是滚石乐队成员的必要发型。米克·贾格尔穿着皮衣在舞台上扭动着蛇臀咆哮着；可爱的流氓基思·理查兹（Keith Richards）总是被拍到叼着香烟；比尔·怀曼（Bill Wyman）弹奏着贝斯；查理·沃茨（Charlie Watts）则在聚光灯下敲击着架子（爵士）鼓。多种乐器的演奏家布莱恩·琼斯

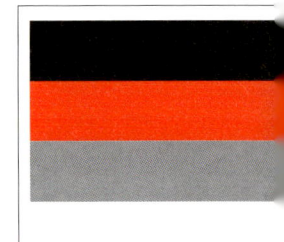

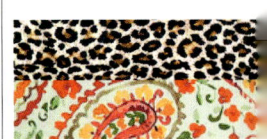

THE STYLE THESAURUS: A definitive, gender-neutral guide to the meaning of style and for all fashion lovers

3.1.3

（Brian Jones，滚石乐队的创始人）在他 27 岁英年早逝（另一位加入著名的"27 俱乐部"的流行文化偶像）之前，与不同女性生育有至少五个孩子，并染上了毒瘾，还存在药物滥用等问题。拈花惹草、毒品和音乐艺术创作成了奠定经典摇滚乐鼎盛时期的三大基础要素，这段鼎盛期持续长达二十年。

在旧金山，令人意想不到的是，反消费主义的嬉皮士风格（223 页）的乐队开创了迷幻摇滚乐（psychedelic rock），比如杰斐逊飞机乐队（Jefferson Airplane）和感恩而死乐队（Grateful Dead）。更确切地说，这两个乐队的制作人都是比尔·格雷厄姆（Bill Graham），其是最先想出通过出售商品来补充艺术家收入这一天才点子的乐队，由此开启了出售乐队 T 恤的时代。在整个 20 世纪 60 年代，人们对越南战争持放弃态度，这类不起眼的 T 恤成了传递政治信息的媒介（见政治风格，260 页），这种传递形式被一直沿用，并出现在当下的设计师系列中。

20 世纪 70 年代，随着摇滚乐戏剧性地扩张到超乎寻常的程度，华丽摇滚风格（122 页）流派得以衍生，这是一个闪亮的泡沫，后被反主流文化的朋克风格（125 页）的愤怒截破。20 世纪 90 年代，垃圾摇滚风格（134 页）又因此得以发展。经典摇滚分化出不同的流派，如前卫摇滚（progressive rock）、另类摇滚（alternative rock）、强力流行乐（power pop）和软摇滚（soft rock，抒情 / 慢 / 轻摇滚）。

2012—2016 年，法国设计师艾迪·斯理曼担任伊夫·圣罗兰的创意总监，在饱受争议的情势下将"伊夫"（Yves）从品牌名称中删除，并将这家传统巴黎老牌设计工作室和时装秀场迁至洛杉矶，这显然是为了开启摇滚音乐文化与品牌时装之间互惠互利的发展前景而做出的选择。大约在同一时期，还有几位品牌设计师针对乐队 T 恤的传播影响力做了深度调研，如范思哲 2014 春夏系列和唯特萌 2016 秋冬系列就推出了乐队 T 恤。至今，摇滚乐对风格的影响依然无处不在，并在 21 世纪初被视作低保真独立音乐风格（131 页）美学的一部分重新流行起来。虽然摇滚作为一种音乐流派时盛时衰，但摇滚明星们的形象却是经典永恒的。

图 33

《史密斯飞船乐队（Aerosmith）成员史蒂芬·泰勒（Steven Tyler）和乔·佩里（Joe Perry），伦敦，2014 年 6 月 28 日。

色彩与图案	黑色、红色、灰色、白色、枪灰色（gunmetal）、银色、条纹、波尔卡圆点、豹纹印花、佩斯利图案
面料	天鹅绒、皮革、棉布
服装与配饰	牛仔裤、T 恤、乐队标识印花 T 恤、破洞牛仔裤、皮夹克、细长围巾、帽子、机车夹克、太阳镜、圆形眼镜、皮裤、西装马甲、切尔西短靴、牛仔靴、银质首饰
细节	古巴鞋跟（Cuban heel）、破洞、喇叭形、纤细紧身、文身、吉他拨片、吉他、流苏装饰
妆发	富有层次感且卷度自然的蓬松长发（shaggy hair）、卷发、长发、眼线

风格词库：时尚指南与穿搭手册

金属摇滚 METAL
风格

3.1.4

≈	硬摇滚（Hard Rock） 重金属摇滚（Heavy Metal） 重金属摇滚乐迷（Headbanger）

→	作战服风格（Combat） 摇滚风格（Rock & Roll） 华丽摇滚风格（Glam Rock） 朋克风格（Punk） 波西米亚风格（Bohemian） 坎普风格（Camp） 恋物癖风格（Fetish）

+	摩托/机车骑手风格（Biker） 哥特风格（Goth）

20世纪60年代末至70年代，受摇滚艺术家埃里克·克莱普顿（Eric Clapton）和吉米·亨德里克斯的迷幻蓝调吉他独奏曲风影响，在经过地狱之火的锻造后，摇滚乐的声响中诞生出了金属摇滚乐。英国的齐柏林飞艇乐队（Led Zeppelin）、深紫乐队（Deep Purple）和黑色安息日乐队（Black Sabbath）以一种最初被吹捧为"硬摇滚"的风格引领乐队走向"深渊"（这三个乐队被视为金属摇滚流派的三大元老级乐队）。金属摇滚专辑以加速的鼓点、歌剧般的声线和邪恶的主题形象为特色，也包含安静、民谣式的反思内容。在美国，爱丽丝·库伯（Alice Cooper）和MC5乐队将硬摇滚转变为原始朋克（proto-punk；见朋克风格，125页），而吻乐队（Kiss）的吉恩·西蒙斯（Gene Simmons）等人则通过华丽摇滚风格（122页）诠释硬摇滚。1973年，澳大利亚硬摇滚/金属偶像团体AC/DC乐队成立，尽管该乐队一直坚称他们演绎的只是普通的摇滚风格（110页）音乐。

20世纪80年代，英国重金属新浪潮（New Wave of British Heavy Metal，NWOBHM，其是一场全国性的音乐运动）催生了铁娘子（Iron Maiden）、摩托党（Motörhead）和撒克逊（Saxon）等重金属乐队，这些乐队都偏爱哥特式字体和维京勇士主题形象。由罗伯·哈尔福德（Rob Halford）担任主唱的犹大圣徒乐队（Judas Priest），其登台的造型风格推动了重金属与皮革之间的关联，将恋物癖风格（293页）、摩托/机车骑手风格（67页）及帮派文化元素融入乐队服饰风格中，包括皮夹克、皮带、饰有铆钉的长手套和袖子被裁掉的机车帮派夹克（kutte jacket），也被称为"战斗背心"（battle vest），其由牛仔布或皮革制成，衣身上还装饰有补丁、链条及铆钉。在洛杉矶和加利福尼亚州，枪与玫瑰乐队（Guns N'Roses）发展壮大了美国的硬摇滚音乐，范·海

3.1.4

伦乐队（Van Halen）展现了精湛的重金属摇滚乐技艺，而克鲁小丑乐队（Mötley Crüe）和史密斯飞船乐队则倾向于华丽金属摇滚风格，赢得了"长发金属"（hair metal）的绰号。被称为"重金属摇滚四巨头"的乐队分别为金属乐队（Metallica）、大屠杀乐队（Megadeth）、炭疽乐队（Anthrax）和杀手乐队（Slayer），其为鞭挞/激流金属摇滚乐（thrash metal）的发展奠定了基础。

粉丝们会模仿这些艺术家的服饰造型风格，效仿他们在舞台上穿着的破洞牛仔裤、喷漆皮裤或机车夹克，以及多层叠戴首饰的方式；细长的真丝围巾和突显身体在台上的舞动效果的流苏装饰；飘逸的衬衫会令人联想到波西米亚风格（217页），或是一件色彩图案花哨的、能突显手臂肌肉线条的马甲；奢华夸张的帽子和类似于坎普风格（275页）的眼线妆容，脚上穿着一双古巴鞋跟牛仔靴。装饰有乐队特征标识的T恤无处不在，其目的是宣告对特定乐队的忠诚。金属摇滚群体最核心的部分在于粉丝们强烈的反时尚态度，他们会选择穿上从剩余军用物资商店购得的迷彩工装短裤（见作战服风格，95页）。

与经典摇滚相比，金属摇滚乐队似乎不受音乐潮流的影响，许多原创金属摇滚乐队的主唱都已经年过七旬，但他们仍然坚持登台演唱。

图 34

›

枪与玫瑰乐队，

伦敦，

1986 年。

色彩与图案	黑色、白色、红色、伪装保护色（camouflage）、枪灰色
面料	皮革、黑色牛仔布、氨纶
服装与配饰	黑色牛仔裤、蓝色牛仔裤、乐队标识印花T恤、子弹带式腰带、机车夹克、军靴、厚底机车靴、设计有大口袋的工装短裤、设计有大口袋的工装裤、衬衫、机车帮派夹克、滑板鞋、匡威鞋、防护手套（gauntlets）、枪灰色首饰、贴颈项链/颈圈
细节	铆钉装饰、带子、带扣夹、哥特式字体、阔大/拉长耳洞（stretched earlobe）、耳鼻或身体穿孔、撕裂破洞装饰
妆发	长发、染成蓝色或红色的发色、蓄胡须、眼线、人体彩绘

风格词库：时尚指南与穿搭手册　　　　　　　　　　　　　　　　　　　　　　121

华丽摇滚 GLAM ROCK
风格

3.1.5

≈	闪烁摇滚（Glitter Rock）
→	金属摇滚风格（Metal） 朋克风格（Punk） 嬉皮士风格（Hippy）
+	未来主义风格（Futurism） 前卫/先锋派（Avant-Garde） 兼有两性特征风格（Androgynous） 坎普风格（Camp）

1971年对英国人来说是艰难的一年。失业人数达到战后的最高水平，近815000人，英镑开始采用十进制（decimal），通货膨胀率达到30年来的最高点，劳斯莱斯（Rolls-Royce）进入了破产管理程序，英国选择退出太空竞赛，北爱尔兰问题达到了白热化程度，双方的流血冲突事件不断。

　　同年，英国的摇滚乐发展势头正强劲：第一家以摇滚乐为主题的咖啡馆——硬石餐厅（Hard Rock Café）在伦敦开业；雷丁音乐节（Reading Festival）首次亮相；谁人乐队（The Who）发行了其代表性专辑《谁是下一个》（Who's Next）；在英国BBC制作播出的一档节目《热门流行音乐排行榜》（Top of the Pops）中，暴龙乐队主唱兼吉他手马克·波伦在演唱《来吧》（Get It On）时身穿一件由银色金属丝织面料制成的西装夹克，肩部高耸，内附有厚厚的垫肩，下面搭配粉色长裤，里面是金绿色锦缎马甲，颧骨上贴饰有金闪闪的小亮片。从音乐和美学的角度来看，这种造型与他们早期的民谣、嬉皮士风格（223页）背道而驰，自此华丽摇滚乐风格诞生（该造型被视为华丽摇滚运动的开始）。

　　大卫·鲍伊的另一个自我——"齐格星辰"的造型形象定义了华丽摇滚风格：这是一个虚构的角色形象，叙述了一个兼有两性特征风格（270页）的外星人的故事，他降落到地球是为了拯救人类，被人们尊为救世主，然后被他的追随者摧毁。他穿着金属丝织连衣裤，化着浓重的眼妆，嘴唇红润，额头上有一个太阳般的金色圆盘，还有令人震惊的深红色鲻鱼头发型（mullet，俗称小狼尾），引领着中性服饰风潮。齐格星辰这个角色构想的象征意义远比其闪闪发光的外表更加深刻，齐格是对自我放纵的摇滚明星原型的诠释，融合了达达主义的荒诞和未来主义风格（33页）元素，以及哑剧的夸张动作和日本歌舞伎剧作装饰。鲍

图 35
›
让-保罗·高缇耶
2013春夏，
巴黎时装周，
2012年
9月30日。

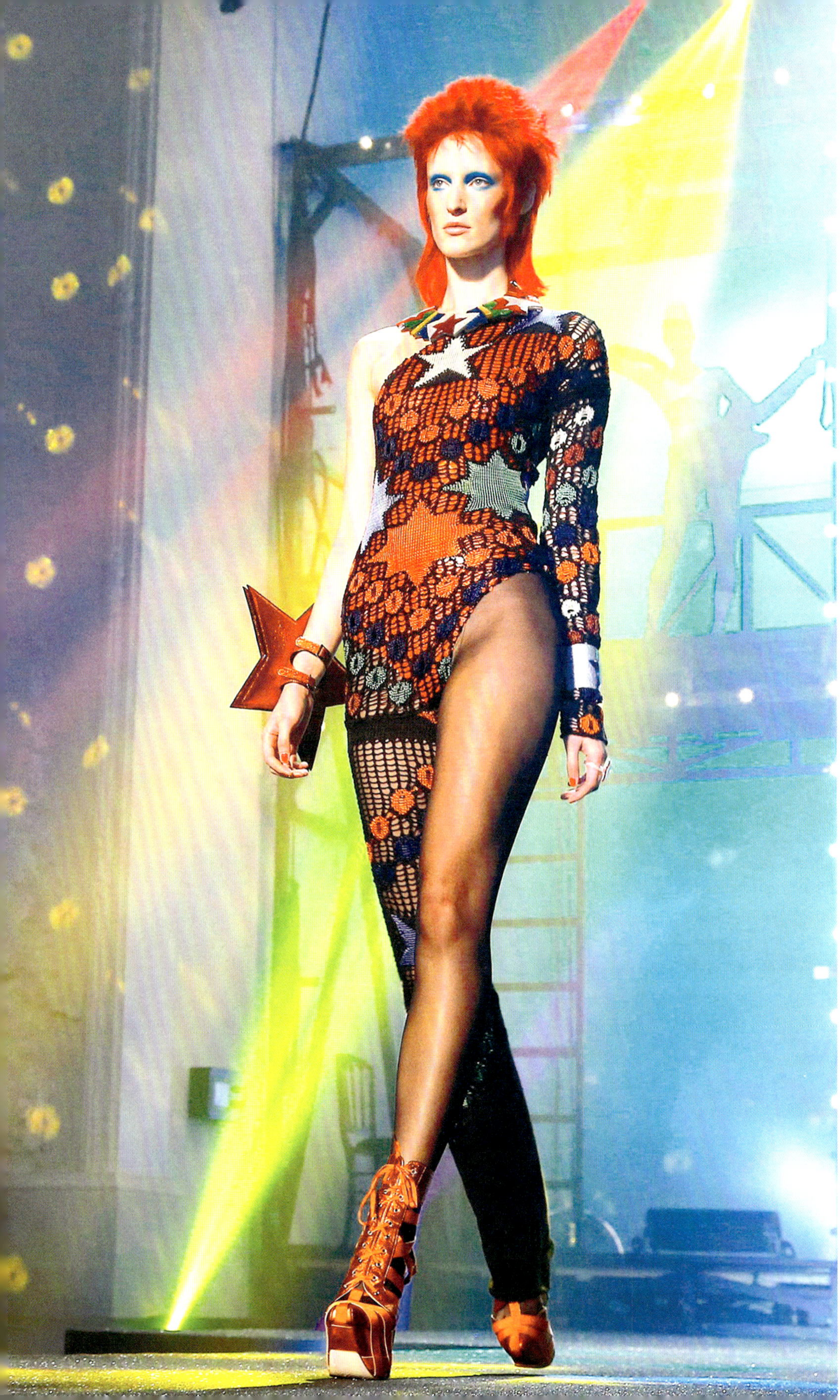

伊非常喜欢日本文化，齐格造型中那些最令人难忘的前卫/先锋派风格（244页）服装设计都出自日本时装设计师山本宽斋（Kansai Yamamoto）之手。

鲍伊的齐格星辰造型形象传遍大街小巷，无处不在，并影响了后来的皇后乐队和威豹乐队（Def Leppard）等摇滚团体，还催生出罗西音乐乐队（Roxy Music）、甜蜜乐队（Sweet）、阿尔文星辰形象[Alvin Stardust，英国摇滚歌手伯纳德·威廉·朱里（Bernard William Jewry）在华丽摇滚时代为自己打造的形象]、Mott The Hoople乐队（鲍伊曾为其创作了一首歌曲），以及斯莱德乐队（Slade），该乐队曾创作发行过一首著名的圣诞夺冠歌曲，且成为英国每年圣诞节的头号单曲。尽管华丽摇滚乐是在英国兴起的现象级潮流运动，但也有一些美国艺术家正处在华丽摇滚风格的边缘，比如美国的苏西·夸特罗（Suzi Quatro），她为自己制作了银色皮革连衣裤，还有一些艺术家则完全沉浸在这类风格中，如爱丽丝·库珀和吻乐队，将他们的华丽摇滚带入至更富冲击力的震撼摇滚（shock-rock）、极端的华丽金属摇滚（见金属摇滚风格，120页）中。

华丽摇滚与朋克风格（125页）之间的关系复杂，朋克音乐流派希望脱离20世纪70年代摇滚乐的放纵及其日渐成熟的主流思想，同时谴责其过于华丽的唱腔。一些摇滚乐队，如纽约娃娃乐队（The New York Dolls）成功维系了华丽摇滚与朋克之间的关联，形成了自己的华丽朋克风格。

1973年，鲍伊结束了齐格星辰的角色形象，重新以阿拉丁·塞恩（Aladdin Sane）的形象示人，他的脸上绘有标志性的闪电图案，演唱风格更偏向于蓝调，其灵感来自滚石乐队和他在美国巡演时期的所见所闻。这位艺术家的华丽摇滚风格化身不断被提及，包括他在1974年发行的《钻石狗》（Diamond Dogs）专辑时期的形象，其也在让-保罗·高缇耶2013春夏系列和菲利普·普莱恩（Philipp Plein）2019度假系列的时装秀上被直接引用，在巴尔曼2011秋冬系列被间接引用，并反复出现在伦敦设计师帕姆·霍格（Pam Hogg）的设计系列中。

意大利天际月光乐队（Måneskin）掀起了后疫情时代的华丽摇滚复兴风潮，该乐队在2021年的欧洲歌唱大赛中一路夺冠，并因他们穿着鲍伊造型风格的红色皮制连体式服装在全球引起了轰动。

3.1.5

色彩与图案	红色、银色、金色、白色、几何形图案、条纹、星星图案
面料	氨纶、金属丝织物（lamé）、蕾丝、织锦缎、金银丝面料（lurex）、乙烯基/塑胶（vinyl）
服装与配饰	连衣裤/连体式、厚底高跟鞋、及膝长靴
细节	闪电标识、科幻和太空主题、高挺的肩部/超大垫肩（power shoulders）、不对称式、单肩式
妆发	鲻鱼头发型、装饰有闪光亮片/配饰的发型

3.2

朋克 PUNK
风格

≈	朋克摇滚（Punk Rock）

→	未来主义风格（Futurism） 泰迪男孩和泰迪女孩（Teddy Boys & Teddy Girls） 金属摇滚风格（Metal） 华丽摇滚风格（Glam Rock） 独立音乐风格（Indie） 嬉皮士风格（Hippy）

+	传承/传统风格（Heritage） 赛博朋克风格（Cyberpunk） 蒸汽朋克风格（Steampunk） 柴油朋克风格（Dieselpunk） 作战服风格（Combat） 政治风格（Political） 恋物癖风格（Fetish）

在本书所归纳的所有风格中，朋克风格是全球时装系列中最常被引用的一种风格。它既是摇滚乐（见摇滚风格，110页）的一个分支流派，也是一种亚文化（见第6章"亚文化与反主流文化"，朋克风格也很容易被归纳放入此章节）。

具有讽刺意味的是，时尚界对朋克的热爱是单向的，因为朋克摇滚是一场反对墨守成规、反消费主义和反资本主义的运动。虽然朋克运动具有拒绝季节性趋势的反时尚意识，但它却有着强烈反对社会规范的风格感知，积极推崇自己动手的创意理念，并使用易于拾得的材料，如安全别针、手工创意拉链、装饰铆钉及手绘标语。朋克风格服装通常采用传统保守的传承/传统风格（23页）面料（如格子呢），并在这些面料中注入反权威的含义，搭配光滑的皮革和PVC进行对比应用。

朋克摇滚与主流、自我放纵的硬摇滚和心态随和的嬉皮士风格（223页）的"权力归花"（flower power，20世纪60年代末至70年代初嬉皮士表达反文化或反传统信仰和观点的运动口号）运动相对立，朋克运动始于1971年由马尔科姆·麦克拉伦管理的前朋克（proto-punk，指对20世纪60年代中期至70年代中期的朋克音乐产生过重要影响的音乐先驱，或是被视为对早期朋克音乐具有影响力的音乐人）乐队纽约娃娃，该乐队融合了大卫·鲍伊和暴龙乐队的华丽摇滚风格（122页）造型元素，还有傀儡乐队（Stooges）的原始能量。雷蒙斯乐队被大众认为是第一支后摇滚（post-rock）乐队，于1974年在纽约成立，同期具有影响力的乐队还包括伦敦的碰撞乐队（The Clash，1976）、布里斯班的圣徒乐队（The Saints，1973）和曼彻斯特的嗡嗡鸡乐队[Buzzcocks，1976，其也是第一支真正的独立音乐乐队（见独立音乐风格，131页），该乐队通过发行自己的唱片，将原创"DIY"的意识形态推向了更合乎逻辑的境界]。

风格词库：时尚指南与穿搭手册　　　　　　　　　　　　　　　　　　　　　　　　　　　125

麦克拉伦在伦敦切尔西国王路开了一家精品店，自 1971 年以来一直在出售泰迪男孩和泰迪女孩风格（115 页）的时装，这些时装都出自他的女友薇薇安·韦斯特伍德（当时是一名小学教师）之手。1974 年，这家店被重新更名为"SEX"，一年后，19 岁的约翰·莱顿（John Lydon）在店内参加了性手枪乐队的试镜，跟随着自动点唱机播放的爱丽丝·库珀的《我十八岁》（I'm 18th）一起即兴演唱，在他旁边是店内陈列的唱片和恋物癖风格（293 页）的服装。伪装者乐队（The Prenders）的克里西·海德（Chrissie Hynde）还曾在店内做过店员。

《英国无政府状态》（Anarchy in the UK）是性手枪乐队于 1976 年发行的一首备受争议的单曲。当梳着漂染的橙红色刺猬头发型（spiky hair）的莱顿在该曲的开场白部分宣称"我是反基督者，我是无政府主义者"时，他已经转化成为另一个自我——约翰尼·罗顿（Johnny Rotten，其为莱顿艺名）。不过，这还不是最糟的，贝斯手约翰·西蒙·里奇[John Simon Ritchie，艺名为席德·维瑟斯（Sid Vicious）] 是极端化失控的朋克青年，在他 21 岁时因过量吸食海洛因而死亡。当时，他因为袭击罪和涉嫌谋杀 20 岁的追星族女友南希·斯彭根（Nancy Spungen）而正处在保释期间。斯彭根被发现死在酒店浴室地板上，腹部有一处刀伤。席德承认了罪行，但随后又撤回口供，称自己当时已昏倒在床上。至今，凶手的身份仍是个谜。

与主流摇滚不同，朋克摇滚鼓励女性艺术家进行创作，她们天生自带反体制情感——比如纽约的帕蒂·史密斯（Patti Smith），她于 1975 年发行了具有开创性的朋克诗歌专辑《马》（Horses）。在英国，1976 年是女性担任主唱带领朋克乐队崛起的一年，以苏可西与女妖乐队（Siouxsie and the Banshees）和 X-Ray Spex 乐队为首。苏可西与女妖乐队的主唱苏可西·苏克斯（Siouxsie Sioux）原名为苏珊·珍妮特·巴里恩（Susan Janet Ballion），她与性手枪乐队是朋友关系，曾参与过他们的现场演出。她梳着一头乌黑、参差不齐的乱发，化着浓重的全包眼线猫眼妆，涂着鲜红色的口红，穿着黑色层叠的束缚捆绑式夜店服饰（clubwear），对朋克和哥特风格（220 页）的发展影响深远，她的夜店服饰大多出自 SEX 精品店。她是原创 DIY 理念的典型代表：一位决定自己也可以登台演唱的观众，尽管没有受过正规专业的训练，但她却展现了强大的跨四个八度的音域。同年晚些时候，SEX 精品店再次更名并重新装修，这次店名被改为"煽动者：英雄的衣服"（Seditionaries: Clothes for Heroes），因为此时薇薇安·韦斯特伍德的设计逐渐转变成解构的马海毛毛衣、链条装饰、作战服风格（95 页）服饰、巧妙撕裂的色情印花 T 恤以及可拆卸的"臀部护片"（类似于一款反向缠绕的围腰布，似乎毫无用途），以及非常受欢迎的拉链裤裆（从

图 36，伦敦特拉法尔加广场上的朋克男孩，20 世纪 80 年代初。

裤子前腰沿着裤裆至后腰缝有一整条拉链)和饰有束缚带的束缚裤。

与此同时,玛丽安·琼·埃利奥特-赛德(Marianne Joan Elliott-Said)也开始在音乐领域崭露头角,她曾发行过一首雷鬼风格(Reggae)的单曲,之后很快以艺名"聚苯乙烯"(Poly Styrene)走红,并成为 X-Ray Spex 乐队的词曲作者和主唱。她是少数具有混血背景的朋克艺术家之一,她的母亲是英国人,父亲是索马里贵族。她留着一头自然的卷发,以未来主义风格(33 页)的视角诠释朋克摇滚,她会使用回收的合成材料和色彩鲜艳的面料为自己做衣服,在"古着"(vintage)服装尚未形成趋势之前就会选购二手衣物。她选择穿着的服饰会将大部分身体遮盖起来,拒绝自己的形象被评论为性感的象征。"有些人认为小女孩应该被看到,而不是被听到,"然后她尖叫道,"但我认为……""哦,束缚你!"这段著名的歌词,出自 X-Ray Spex 乐队的首支单曲《哦,束缚你的人!》(Oh Bondage Up Yours!,1977),这首单曲经常被认为是 20 世纪 90 年代暴女运动(Riot Grrrl,女性主义的地下朋克音乐运动)的先行者,该运动中诞生了比基尼杀戮(Bikini Kill)和裂隙(The Slits)等女性组合朋克摇滚乐队。女性朋克开启了关注多元交织性及生育权的第三波女性主义运动。

朋克风格会年复一年地出现在时装秀场上,被重塑为青年文化和叛逆的隐喻(一些时尚作家或许会认为这是一个老生常谈的隐喻),从范思哲 1994 春夏充满挑逗性的金色安全别针连衣裙,到渡边淳弥(Junya Watanabe)2017 秋冬系列中的英国传统纺织拼贴设计,再到让-保罗·高缇耶 2011 春夏高级定制系列,以及亚历山大·麦昆对带扣、链条、尖状装饰和别针的持久迷恋。朋克摇滚独特的美学观念也被融入各式复古未来主义风格中,包括赛博朋克风格(38 页)的科技感和新黑色电影情感、蒸汽朋克风格(42 页)的哥特式维多利亚元素,以及柴油朋克风格(45 页)的引擎轰鸣和后世界末日的隆隆声。

风格词库:时尚指南与穿搭手册　　　　127

薇薇安·韦斯特伍德因其在朋克音乐与时尚领域的杰出贡献被英国女王伊丽莎白二世授予女爵士头衔，她被永远铭记，是人们公认的朋克教母。在她生命的最后，这位设计师用"少买，精挑细选，经久耐用"这句格言向新一代年轻人重申了反消费主义的信息。在20世纪70年代，朋克是冲击主流文化的一剂猛药，而如今的青年文化越发商业化。当朋克风格再度回归之际，文化潮流必定会受到更为猛烈的冲击。

色彩与图案	黑色、红色、翠绿色、花呢格纹、细条纹（pinstripe）、豹纹印花、横向宽条纹
面料	皮革、PVC、网眼布、粗花呢、马海毛
服装与配饰	束身衣、皮裤、机车夹克、机车靴、马丁靴、军靴、绒面革厚底鞋、格呢褶裥短裙、颈圈/贴颈项链、西装外套、铆钉腰带
细节	安全别针、链条、尖刺装饰、铆钉、刻意磨损、撕裂破洞、手绘标语、拉链、翻边、耳鼻或身体穿孔及身体改造
妆发	莫西干/莫霍克发型（mohawk）、染发

情绪硬核 EMO 风格

3.3

≈	情绪硬核（Emotional Hardcore） 另类摇滚（Alt-Rock） 流行朋克（Pop-Punk）
→	朋克风格（Punk）
+	Z世代电子男孩和电子女孩（E-Boy & E-girl） 滑板文化风格（Skate）

情绪硬核风格群体是朋克音乐流派中一群天赋出众、性格内向的青少年，他们回避暴力（针对他人）。这种风格由20世纪80年代中期华盛顿州的硬核朋克摇滚发展而来，被称为"情感硬核"（emotional hardcore），后简写为"emo"，其中春之祭（Rites of Spring，成立于1983年）和大胃王吉米（Jimmy Eat World，成立于1993年）等乐队都采用了硬核式的内省风格来诠释其音乐。

到了千禧年之际，情绪硬核和流行朋克乐队几乎难以区分，如我的化学浪漫乐队（My Chemical Romance，成立于2001年）与红衫军乐团（Red Jumpsuit Apparatus，成立于2003年）。在他们的音乐中，配乐和声、忏悔的告白部分都穿插着硬核朋克曲风。然而，许多这种类型风格的乐队中都拒绝了"emo"这个标签。

情绪硬核风格在很大程度上源于朋克风格的装饰元素，如饰有铆钉的腰带和尖状配饰，同时又融入了更多的年轻服饰装扮，包括牛仔裤、乐队连帽卫衣、乐队徽章和滑板文化风格（231页）的鞋子。一些情绪硬核青年会佩戴无指手套或半指针织袖套以遮盖自残留下的疤痕，这种自残行为受到了朋克乐队的遗留影响，如傀儡乐队的伊基·波普（Iggy Pop）。还有一些年轻人仅是喜欢这类风格造型，而非音乐。情绪硬核风格随着时间的推移而不断演变，一些艺术家，如出生于约克郡的性流动者多米尼克·哈里森（即扬布拉德）将情绪硬核回潮带给了年轻一代的抖音国际版用户，以此向Z世代电子男孩和电子女孩风格（51页）致敬。

情绪硬核风格中也出现了一个子流派，即场景文化风格（Scene），它关注的是服装而不是音乐风格。从场景青年们的意图和目的来看，他们都是为了表达快乐的情绪。从21世纪头十年中期至第二个十年初期，场景风格造型在美国青少年中流行，但却没有与之对应的所谓的"场景"音乐流派。相反，场景风格的追随者们非常喜欢与情绪硬核相关联的各类音乐风格，包括旷课乐硬核[crunkcore，一种音乐融合流派，其特点是融合了狂克乐（crunk）、后硬核、重金属、流行、电子和舞曲的音乐元素。该流派通常以尖叫式的歌声、嘻哈节奏和性挑衅的歌词为特色。该流派由21世纪头十年中期的场景亚文化成员发展而来]、快乐硬核（happy hardcore）、嚎叫情绪硬核（screamo，一种比情感硬核还强烈的音乐，属于硬核朋克的子类型）、情绪流行（emo pop）和流行朋克（pop punk）。乍一看，场景青年的造型类似情绪硬核风格，但他们的装扮与我们刻板印象中的形象还是有一些微妙区别：一缕缕霓虹色拼接的假发、卡通骷髅印花T恤或连帽卫衣、网纱短裙、亮色紧身裤或色彩图案不对称的袜子、白色牛仔裤、塑料珠制首饰和百叶窗眼镜，这些都是区别于情绪硬核造型且很受场景青年们欢迎的服饰元素。他们往往以难以分辨的兼有<u>两性特征风格</u>（270页）的装扮示人，体现出大卫·鲍伊及<u>华丽摇滚风格</u>（122页）的精髓，并且比情绪硬核风格造型还多出更多身体部位的穿孔，特别是拉长的耳垂、鼻中隔穿孔，或是突显嘴唇的穿孔唇环和唇钉。

对于所有情绪硬核和场景风格青年而言，浓重的眼线、不对称发型及文身是其造型的关键元素。区别在于情绪硬核可能会参考<u>学院派风格</u>（188页）的内省知识分子形象，戴着在场景风格造型中略显罕见的宽边角制框架眼镜。如果是真正的乐迷，他们还会乐于穿上乐队原创的服装。

图 37

德姆纳·格瓦萨里亚为唯特萌设计的2017春夏高级定制系列，巴黎时装周，2017年1月24日。

色彩与图案	黑色、灰色、黑白条纹、粉色、紫色、绿色、花呢格纹
面料	牛仔布、PVC、皮革
服装与配饰	紧身牛仔裤、紧身T恤、乐队标识印花T恤、连帽衫、范斯（Vans）鞋、匡威鞋、马丁鞋、半指手套（fingerless gloves）、网眼连裤袜、项圈/颈链、链条腰带、PVC长裤、半指针织袖套（arm warmers）
细节	铆钉、尖刺装饰、骷髅、分层混搭珠宝、戒指、耳鼻或身体穿孔、文身
妆发	长刘海（long fringe）、将头发反向倒梳或将头发打毛使其蓬松的发型（backcombed hair）、红色或蓝色挑染、残缺/脱落的指甲油、细眼线

THE STYLE THESAURUS: A definitive, gender-neutral guide to the meaning of style and for all fashion lovers

独立音乐 INDIE 风格

≈	独立摇滚（Indie-rock） 独立流行乐（Indie-pop） 独立个体（Independent）
→	Z 世代电子男孩和电子女孩风格（E-Boy & E-girl） 朋克风格（Punk） 情绪硬核风格（Emo）
+	马球服饰风格（Polo） 经典摇滚（Classic Rock） 垃圾摇滚风格（Grunge） 锐舞文化风格（Rave） 嬉普士风格（hipster） 摩德风格（Mod）

独立摇滚（及电台播放的独立流行音乐）本质上是摇滚的一个亚流派，因此会有一些与经典摇滚风格（118 页）造型相同的服装款式，包括弹力紧身牛仔裤（spray-on jeans）、乐队 T 恤、摩托/机车骑手风格（67 页）夹克、厚底靴、窄细的围巾以及时髦的特里比帽（trilby）或费多拉帽。

朋克风格（125 页）允许艺术家们朝着任何方向发展，一些艺术家会选择走另类摇滚（alt-rock）和艺术摇滚（art-rock）路线，如音速青年乐团（Sonic Youth）；也有艺术家选择脱离主流商业唱片公司，如嗡嗡鸡乐队，他们被认为是英国最早发行自己原创音乐的"独立"乐队之一。1977 年，该乐队发行了首张名为《螺旋划痕》（*Spiral Scratch*）的迷你专辑（EP），最初他们复制出品了 1000 张唱片直接出售给唱片店，之后这张专辑的销量达到了 16000 张，并跻身于英国音乐排行榜的前 40 名，自此他们开启了乐队的职业生涯。该专辑封面是由他们的经纪人理查德·布恩（Richard Boon）用宝丽来相机拍摄的，这种低保真、朴实无华的特质正是这种新兴音乐流派的魅力所在。

早期的独立音乐风格受到了英国史密斯乐团（The Smiths）苦乐参半的歌词和噪向流行乐（jangle-pop）的电吉他嗡嗡和弦声的影响，还受到了美国 R.E.M. 乐队的另类学院摇滚乐（alt college-rock）的影响，后者的风格造型十分低调，通常是黑色西装外套、蓝色牛仔裤和超大号衬衫（净色或竖条纹），以及一件非正装款马甲的穿着搭配。

20 世纪 90 年代，垃圾摇滚风格（134 页）为独立音乐风格注入了饱受折磨的艺术家灵魂（以及他们时常穿着的十分普遍的格子衬衫），情绪硬核风格（129 页）也为其增添了一丝黑暗的内省风格。在英国，英式摇滚（Britpop）歌迷分成两派：一派跟随神气十足的绿洲乐队（Oasis）穿着他们标志性的派克大衣搭配碎花衬衫，其风格受到了摩德风格（228页）和"曼切斯特"（Madchester，20世纪80年代末在英国曼彻斯特发展起来的一种音乐和文化场景）独立舞蹈场景（indie dance scene，见锐舞文化风格，146页）的影响；另一派跟随模糊乐队（Blur）艺术学院派的造型风格，穿着针织衫、衬衫、哈灵顿夹克和条纹马球衫（见马球服饰风格，76页）。

随着独立音乐观念模式的不断扩大，人们的消费行为从高街和设计师品牌转向了独立设计师和古着精品店。年轻、富有创造力的千禧一代开始质疑他们穿着的服装出处，这也引发了可持续性时尚运动。嬉普士风格（226页）也随之诞生，他们的造型包括二手的羊皮大衣、牛仔卡车司机夹克、破旧外观的毛衣、绒面革或法兰绒衬衫，内搭褪色的T恤，下身搭配牛仔裤，脚上穿着马丁靴或匡威高帮鞋。

色彩与图案	黑色、灰色、红色、白色
面料	牛仔布、编织织物、皮革
服装与配饰	连帽衫、破洞牛仔裤、紧身牛仔裤、超大号针织衫、费多拉帽、无檐针织帽、蓝色牛仔超短裤、机车夹克、乐队标识印花T恤、派克大衣、格子衬衫（plaid shirt）、细长围巾、毛织围巾、绒面革／麂皮夹克、牛仔夹克、军装夹克、马丁靴、机车靴
细节	褶皱的面料、流苏装饰
发型	蓬乱的头发、烟熏妆、文身

THE STYLE THESAURUS: A definitive, gender-neutral guide to the meaning of style and for all fashion lovers

图 38

‹艾迪·斯理曼为圣罗兰设计的 2013 至 2014 秋冬男装系列，巴黎时装周，2013 年 1 月 20 日。

独立音乐的黄金时代是在千禧年前后，当时涌现出许多横跨欧美的另类摇滚乐队，如北极猴子乐队（Arctic Monkeys）、街趴乐园乐队（Bloc Party）、美丽坏东西乐队（Dirty Pretty Things）、杀手乐队（The Killers）、国民乐队（The National）、敲击乐队（The Strokes）、放荡乐队（The Libertines）、恐怖乐队（The Horrors）、狂喜乐队（The Rapture）、静止乐队（The Stills）和弗拉特里乐队（The Fratellis），以及许多其他带有定冠词的乐队。此类风格乐队多以白人男性为主，几乎没有黑人、酷儿、女性乐队或女性艺术家，凯特·纳什（Kate Nash）、盛装乐队（Warpaint）、安娜·卡维（Anna Calvi）和贝丝·迪托（Beth Ditto）除外。这种物以类聚的同质性已经达到了饱和状态，被一些音乐媒体称为"独立音乐垃圾场"。尽管独立音乐场景（由乐队及其观众组成的本地化独立音乐社区）已经开始衰落，但时尚界始终偏爱"我和乐队在一起"的造型风格。

时装秀场上，艾迪·斯理曼将目光投向了他的家乡——洛杉矶的独立音乐场景，为圣罗兰 2013 秋冬男装系列打造了结合皮革、格纹、红色豹纹和破洞蓝色牛仔的穿搭造型，营造出低调的摇滚巨星风范。2022 年，时尚作家们欢呼"独立低俗"（indie sleaze，2006 年至 2012 年在美国和英国流行的一种时尚风格。这种风格以价格实惠、凌乱和慵懒的复古时尚风格，尤其是以 20 世纪 70 年代的风格为特征，在嬉皮士亚文化和独立摇滚乐队中特别受欢迎）风格的回归，这是垃圾摇滚与 20 世纪 80 年代颓废摇滚的混合风格，并带有对怀旧/复古风格（20 页）的敬意。独立低俗风格最初在 21 世纪 10 年代的社交媒体平台 Tumblr 上像野火一样蔓延，成为早期的互联网美学风格（另见 Z 世代电子男孩和电子女孩风格，51 页）的一部分。

风格词库：时尚指南与穿搭手册　　　　　　　　　　　　　　　　　　　　　133

垃圾摇滚 GRUNGE 风格

3.5

≈	西雅图之声（Seattle Sound）

→	航海风格（Nautical）　金属摇滚风格（Metal）　华丽摇滚风格（Glam Rock）　朋克风格（Punk） 常规服饰穿搭风格（Normcore）　兼有两性特征风格（Androgynous）

+	Z世代电子男孩和电子女孩风格（E-Boy & E-girl）　摩托/机车骑手风格（Biker） 独立音乐风格（Indie）　波西米亚风格（Bohemian）

1988年的圣诞节前夕，在太平洋西北部的西雅图海港，气温略高于冰点，涅槃乐队（Nirvana）走进了录音室录制他们的首张专辑《死神》（*Bleach*），专辑的制作费用为606.17美元。这张唱片在全球的销量超过200万张。他们标志性的断断续续的声音，在愤怒的虚无主义和慢节奏的绝望之间摇摆不定，属于典型的垃圾摇滚流派。垃圾摇滚有时也被音乐媒体称为"西雅图之声"（Seattle Sound），受到了美国朋克风格（125页）乐队的影响，包括黑旗乐队（Black Flag），以及20世纪70年代的金属摇滚风格（120页）乐队，如黑色安息日乐队。黑色安息日乐队遵循受华丽摇滚风格（122页）影响的极富表现欲望的发型金属摇滚（hair metal）风格，其音乐在排行榜上占据主导地位。垃圾摇滚就如同从摇滚音乐文化培养皿中渗出的菌丝一般，其特点是音效技术粗糙且低质，通过使用带失真效果的、最简易的哇音踏板（wah-wah pedal，一种专为电吉他设计的音效踏板，可改变输入信号的音色以产生独特的声音，模仿人类发出拟声词"哇音"的声音。）以产生忧郁的电吉他音。值得注意的是，垃圾摇滚乐中也会出现流行乐的旋律及易碎的乐观主义时刻。

　　垃圾摇滚风格并不像朋克那样抱有反时尚态度；它更类似于20世纪90年代的常规服饰穿搭风格（199页），并不想通过服饰来展现其态度声明（这是自相矛盾的行为，后来它与大多数反声明的着装方式一样，也成了一种风格）。科特·柯本（Kurt Cobain）是垃圾摇滚音乐流派的代表人物，他有着蓬乱邋遢的金发，化有浓黑的眼线，但并非缺乏自己的风格。这种凌乱、节俭的美学风格服饰包括撕破的牛仔裤、褪色的乐队T恤、厚重的靴子、保暖内衣和伐木工人方格衬衫（plaid lumberjack shirt）或超大号编织毛衣。1993年，他还因身着女装出现在 *The Face* 杂志封面上而出名，其甚至成了他的标志性造型形象（见

图39，涅槃乐队的科特·柯本，芝加哥，1993年。

THE STYLE THESAURUS: A definitive, gender-neutral guide to the meaning of style and for all fashion lovers　　134

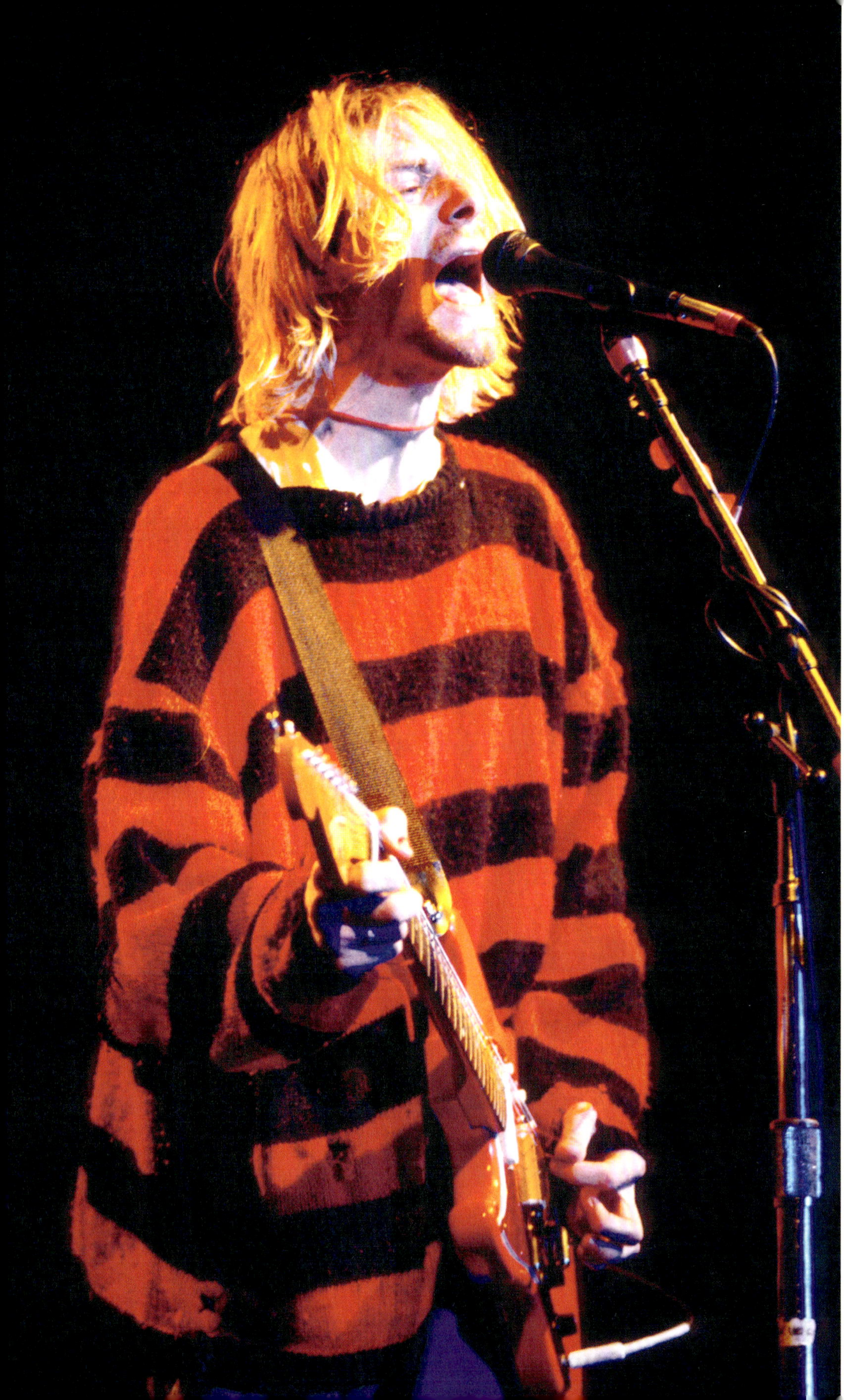

兼有两性特征风格，270页），他还喜欢选择穿一些经典款式的服装，如水手条纹衫（见航海风格，98页）。

　　垃圾摇滚（西雅图）场景音乐处于海洛因成瘾问题的中心地带（垃圾摇滚音乐界与海洛因、药物滥用问题密切相关），与20世纪90年代中期流行的一种"海洛因时尚"（heroin chic）的时装模特造型风格不谋而合。该风格以瘦弱的"凯特·莫斯"（Kate Moss）形象为特征，缺失了20世纪90年代早期如琳达·伊万格丽斯塔（Linda Evangelista）、娜奥米·坎贝尔（Naomi Campbell）和辛迪·克劳馥（Cindy Crawford）等"超模"的健康活力。洞穴乐队（Hole）的主唱科特妮·洛夫（Courtney Love，也是柯本的妻子）推广了"Kinderwhore"造型风格，这是女性主义对娴静的娃娃裙、乖女孩的彼得潘衣领（Peter Pan collar）和玛丽珍鞋（Mary Jane shoe）的一种重新诠释，展示出一种坚韧的、身处失宠边缘的形象气质。

　　马克·雅可布为品牌派瑞·艾力斯设计的1993春夏系列是将街头服饰潮流趋势引入到时装秀场的首例，该系列以价格高昂的奢华面料重新诠释了升级版本的垃圾摇滚风格时装。该时装系列收到了许多负面评价，导致雅可布被解雇，但随着时间的推移，这个系列被认为是最具预见性的。其他设计师，如安娜·苏也曾尝试推出垃圾摇滚风格的时装，但反响平平。当艾迪·斯理曼为圣罗兰2013秋冬设计推出了垃圾摇滚风格时装系列后，时尚媒体对其评价褒贬不一，一些评论盛赞了他的设计与文化资本的融合，而另一些评论则对于他的设计拉低了这家传统法国品牌时装屋的档次而感到震惊。然而，该系列却得到了科特妮·洛夫本人的认可。20世纪90年代的潮流趋势在诞生二三十年后不可避免地复苏，开创了垃圾摇滚的新时代，并在21世纪20年代与另一代心怀不满的年轻人产生了共鸣。涅槃乐队的反物质主义、包容性的歌词很好地诠释了垃圾摇滚的本质是允许人们"做自己"。

色彩与图案	红色、黑色、格纹、花形印花（碎花）、横向细条纹
面料	牛仔布、棉布、灯芯绒
服装与配饰	牛仔裤、法兰绒衬衫（flannel shirt）、乐队标识印花T恤、超短裙、溜冰裙/伞裙（skater skirt）、马丁靴、军靴、羊毛开衫
细节	撕裂/破洞、黑色不透明连裤袜、银质首饰、项圈/颈链、镜面太阳镜（mirrored lenses）、连裤袜搭蓝色牛仔短裤、层叠搭配、长款项链

THE STYLE THESAURUS: A definitive, gender-neutral guide to the meaning of style and for all fashion lovers

放克 FUNK
风格

≈	律动/摇摆（Groove） 布吉乐（Boogie） GO-GO（放克乐的一个子流派）
→	军装风格（Military） 经典摇滚风格（Classic Rock） 定制西装风格（Tailoring） 嬉皮士风格（Hippy）
+	未来主义风格（Futurism） 非洲未来主义风格（Afrofuturism） 牛仔风格（Cowboy） 迪斯科风格（Disco）

"放克"（Funk）最早被用作形容词是在19世纪初的爵士乐俚语中，意为强烈的原始体味，即人们在体力劳动或性爱之后残留在身体上的刺鼻气味。对于美国白人的细腻情感而言，该词的使用被认为是不恰当的，但对于非裔美国爵士乐观众来说，表演者因卖力的表演而流下的汗水是值得赞颂的。出于同样的原因，即兴爵士乐演奏的艺术家们会对观众喊话，要在音乐中再加点"臭味"（"stink"和"funk"），以鼓励观众"要放开且尽兴"。放克作为一种音乐风格诞生于1959年，到了20世纪60年代，"Funky"一词被用来指代非比寻常的时尚与现代的造型风格。从音乐专业角度来看，放克源自灵魂乐和节奏蓝调，是对矫揉造作且变化多端的现代爵士乐的一种回应。放克强调节奏律动，其特点是节奏缓慢，是一种适合跳舞、富有挑逗性和愉悦感的音乐新形式。

詹姆斯·布朗是无可争议的灵魂乐教父，他是放克和注重精致氛围的摩城音乐（Motown，由摩城唱片公司出品的音乐）的典型代表人物。摩城唱片公司曾要求黑人表演艺术家们穿上优雅的礼服和晚宴礼服，以迎合当时较为保守的白人观众（见定制西装风格，195页）。布朗在表演时常穿着具有金属闪光质感的外套，内搭前襟开到肚脐，身着亮片连衣裤（常装饰有"SEX"字样）和一双厚底鞋，这为放克美学带来了一种原始的肉欲能量。音乐艺术家乔治·克林顿（George Clinton）和他组建了疯克德里克乐队（Parliament-Funkadelic），其中还包括著名的性格疯狂外向的贝斯手布德西·柯林斯（Bootsy Collins）。他们在放克中融入了迷幻摇滚（见嬉皮士风格，223页），以及受科幻题材启发的非洲未来主义风格（48页）和宇宙主题元素，开创了一种新式放克乐。吉米·亨德里克斯是放克摇滚乐的先驱（见经典摇滚风格，118页），他对古着军装风格（91页）的短尾款骠骑兵夹克的偏爱为放克风格造型赋予了另一种形式。

在 20 世纪 70 年代，这些放克元素被融入迪斯科风格（139 页）中。然而，不同之处在于，放克是现场乐队演奏的音乐，而迪斯科则是由 DJ 播放大量唱片录制的音乐（"disco"是"discothèque"的缩写形式，"discothèque"一词由法国人创造，指巴黎的夜总会。在 20 世纪 40 年代初纳粹占领法国期间，现场音乐会是被禁止的，所以这类夜总会依靠播放唱片为乐）。

放克的曲调和碎拍（breakbeats）在嘻哈风格（142 页）的音乐和舞曲音乐中都发挥着重要作用，并对锐舞文化风格（146 页）产生了深远的影响。

图 40

《哈珀恩（Halpern），伦敦时装周，2020 年 2 月 15 日。

色彩与图案	紫红色、绿松石蓝、芥末黄、亮橙色、淡绿色、格纹
面料	真丝缎、涤纶、尼龙、金属丝织物、天鹅绒
服装与配饰	厚底高跟鞋、连衣裤、喇叭裤、三件套西装套装、发带、细长围巾、圆框太阳镜、圆翻领套头衫（roll neck，紧贴于颈部的高领）、费多拉帽、戒指、毛皮大衣
细节	亮片、低腰剪裁、宽大翻领、流苏装饰、古巴领

THE STYLE THESAURUS: A definitive, gender-neutral guide to the meaning of style and for all fashion lovers

迪斯科 DISCO
风格

≈	俱乐部（Club）
→	摩登女郎风格（Flapper） 放克风格（Funk） 锐舞文化风格（Rave）
+	复古风格（Retro） 紧贴身形风格（Body-Conscious）

当代俱乐部（夜店/舞厅）文化始于20世纪70年代迪斯科的兴起，迪斯科舞厅里涌现出了许多超级DJ（播放唱片/打碟的人）明星、主题奢华的场地和令人向往的着装规范。迪斯科音乐融合了放克乐（见放克风格，137页）、灵魂乐、爵士乐（见摩登女郎风格，30页）、福音音乐及节奏蓝调。迪斯科舞厅最初是美国少数群体——黑人、西班牙裔和意大利裔——以及性少数群体可以展现自我的安全场所。

  Studio 54是一家传奇夜店，于1977年在纽约曼哈顿中城区54街开业，它在流行文化中如同神话般的存在。这家夜店内发生的许多传奇故事都是真实的：比安卡·贾格尔（Bianca Jagger）在生日那天确实骑着一匹白马，这匹马由一名全身赤裸、涂有身体彩绘的男人牵着；可卡因和安眠酮（又称"迪斯科饼干"）随处可见；在阳台和贵宾室内存在公开性行为；在新年前夜派对上，舞池被埋在4吨闪光物之下。夜店的客人都是一线明星，大卫·鲍伊、雪儿（Cher）、厄莎·凯特（Eartha Kitt）、杰奎琳·肯尼迪·奥纳西斯（Jacqueline Kennedy Onassis）、格蕾丝·琼斯、米克·贾格尔、丽莎·明内利（Liza Minnelli）、玛葛·海明威（Margaux Hemingway）、安迪·沃霍尔（Andy Warhol）、埃尔顿·约翰（Elton John）以及前美国第一夫人贝蒂·福特（Betty Ford，她后来在她的诊所帮助其他药物滥用成瘾者戒毒）都曾在那里聚会玩乐。

  经常光顾这家夜店的著名时装设计师包括黛安·冯芙丝汀宝（Diane von Fürstenberg），她设计的标志性裹身裙非常适合跳舞时穿着（用她自己的话说，她设计的裹身裙非常易于早起穿上身还不会打扰到身边熟睡的男性）；总是衣着华丽的瓦伦蒂诺·加拉瓦尼（Valentino Garavani）；年少得志的美国设计师汤姆·福特（Tom Ford，他善于设计魅力四射的晚装）；最显眼的是候斯顿

色彩与图案	粉色、紫色、白色、金色、银色、豹纹、蛇纹、斑马纹、虎纹
面料	真丝缎、涤纶、尼龙、毛皮、金属丝织物、天鹅绒
服装与配饰	紧身超短裤、厚底高跟鞋、连衣裤、喇叭裤、迪斯科裤、挂脖/挂颈领露背式上衣、超短裙、衬衫、露脐装
细节	亮片、闪亮装饰、低腰剪裁、连帽款、宽翻领、斜裁、喇叭形、不对称式
发型	爆炸头（Afro）、长卷发

THE STYLE THESAURUS: A definitive, gender-neutral guide to the meaning of style and for all fashion lovers

图 41

‹戴安娜·罗斯（Diana Ross），1970 年。

（Halston），他的设计重新定义了慵懒的美式魅力，而且他比大多数人更热衷于派对。还有一些不那么出名的享乐主义设计师，有卡尔文·克莱恩、诺玛·卡玛丽（Norma Kamali）和卡罗琳娜·海莱娜（Carolina Herrera）。

同今天的夜店服饰风格一样，其着装的重点是既要有舒适性，同时又能博人眼球，因此服饰造型要么是紧贴身形风格（287 页），要么暴露，要么宽松且放荡。在闪亮的迪斯科球（disco ball）的映衬下，亮片服饰找到了它的归属之地，显得格外耀眼，宝石色调的面料尽显奢华。

在当下的时装秀场上，迪斯科造型风格被视作晚装系列的重要参考元素，例如，21 世纪在帕高、圣罗兰、迪奥和巴尔曼的 2018 春夏系列中，迪斯科风潮再度兴起。迈克高仕（Michael Kors）的 2019 秋冬系列直接以 Studio 54 夜店为主题；范思哲的 2020 春夏系列时装秀邀请了流行乐天后杜阿·利帕（Dua Lipa）为其开场和闭幕走秀；英国设计师迈克尔·哈珀恩（Michael Halpern）的 2020 秋冬系列则对迪斯科风格进行了润色。2022 年是疫情过后第一个完全自由的夏天，许多设计师都推出迪斯科主题的时装系列以捕捉派对的氛围，其中包括芬迪（Fendi）、杜嘉班纳和 Philosophy di Lorenzo Serafini（意大利女装品牌）。候斯顿品牌于 1997 年和 2006 年先后经历坎坷，几经易手后重新推出，此后该品牌因每一季推出适应当代流行趋势的迪斯科风格的时装系列而不断发展。

然而，迪斯科作为一种音乐流派，在 20 世纪 70 年代末戛然而止，并于 1979 年 7 月 12 日的"迪斯科毁灭之夜"（Disco Demolition Night）正式终结。最初，美国芝加哥职业棒球队——白袜队（White Sox）只是想通过一种营销策略来增加日益减少的观赛人数，但最终却导致了成箱的迪斯科唱片被炸毁，近 5 万名迪斯科怀疑论者冲进球场，另外还有 2 万人在球场外发生暴动以求入场。在迪斯科音乐消亡之后，浩室音乐（house music）和电子舞曲开始兴起，为 20 世纪 80 年代末至 90 年代的锐舞文化风格（146 页）铺平了道路。

风格词库：时尚指南与穿搭手册

嘻哈 HIP HOP
风格

≈	旧学派（Old-school）
→	迪斯科风格（Disco）　极繁主义风格（Maximalist）
+	非洲未来主义风格（Afrofuturism）　运动休闲风格（Athleisure）　资产阶级风格（Bourgeoisie）

嘻哈乐并不仅是一种流行音乐流派，也是一种文化，它主要与说唱（rapping）和控麦（MCing，MC 是 Microphone Controller 的英文首字母缩写，即麦克风控制者，MCing 即麦克风控制者说唱，简称控麦，与 rapping 意思相同；注意：控麦与喊麦不能混淆！）有关，但同时还包含 DJ 采样、混音和刮擦的打碟技术，以及霹雳舞和涂鸦艺术。嘻哈起源于纽约布朗克斯区的街区派对，那里是非裔美国人、加勒比裔美国人和拉丁裔美国人的多元文化大熔炉，其音乐源于放克所展现出的能量、<u>迪斯科风格</u>（139 页）的派对节拍和电子音乐中的新声音，并且融入了加勒比地区的伴着节奏的即兴吟唱（toasting）、雷鬼乐与混录音乐（dub）、爵士乐的拟声吟唱（jazz scatting），以及口语和说唱布鲁斯（talking blues）中意味深长的歌词。

碎拍最早出现在嘻哈乐中——将两首硬核放克歌曲中的碎拍分离出来再混合重复播放，为舞蹈或说唱者创造一段延长的背景配乐，这种富有创意的想法要归功于出生在牙买加金斯敦、成长在纽约布朗克斯区的 DJ 库尔·贺克（Kool Herc）。最早定义嘻哈音乐的唱片之一是糖山帮（Sugarhill Gang，嘻哈组合）的《说唱者的喜悦》（*Rapper's Delight*，1979），其首次在黑胶唱片上使用"嘻哈"一词，注明了歌曲的曲风类型。"嘻哈"被公认为是由闪电大师和愤怒五人组合（Grandmaster Flash and the Furious Five）的成员基夫牛仔（Keef Cowboy）创造的术语，该传奇组合的首张专辑《信息》（*The Message*，1982）为后来具有社会意识的说唱主题奠定了基调。

在嘻哈乐的早期发展阶段，老派嘻哈美学风格吸收了 20 世纪 80 年代一些过度的造型风格和 20 世纪 90 年代鲜艳夺目的色调。随着嘻哈黄金时代的到来，其服饰风格融入了非洲中心主义图案、dashiki 衬衫和用肯特布制成的西非库法帽（kufi hats，见传承 / 传统风格，23 页），以及浅色水洗牛仔 [想想当年的威尔·史密斯（Will Smith）和 DJ 爵士·杰夫（Jazzy Jeff）]。嘻哈美学风格的核心灵感源自运动服的日常舒适性，也就是现在所谓的运动休闲风格（60 页），Run DMC 组合的歌曲《我的阿迪达斯》（*My Adidas*，1986）也强调了这一点。与此同时，出现了一些嘻哈艺术家，如阿非利加·班巴塔（Afrika Bambaataa），其在与电子放克乐组合灵魂声音的力量（Soulsonic Force）合作的专辑《星球摇滚》（*Planet Rock*）中探讨了非洲未来主义（48 页）的主题。

20 世纪 90 年代，美国服装制造商 Starter 垄断了北美三大体育赛事（美国职业篮球联赛、美国职业橄榄球联赛和美国国家冰球联赛）的相关商品。棒球夹克或大学校队（见学院派风格，188 页）夹克都源于最初的紧腰短款飞行员夹克（见飞行家风格，63 页）的款式风格，虽然它们不是高档奢侈的时装，但它们的售价却高达 150 美元，因而成了普通人的身份象征。

为常春藤联盟学院的学生们设计生产校服的美国品牌（见名校校服风格，191 页）都是 20 世纪 90 年代的主流时尚品牌，随之而来的是这些品牌为人们打造的关于乡村俱乐部式的体育赛事和社交活动、去汉普顿度周末、帆船旅行及滑雪度假的时尚梦想。说唱歌手们正在实现这类美国梦般的生活，颠覆了这些品牌传统的白人盎格鲁 - 撒克逊新教徒（White Anglo-Saxon Protestant，或称白人凯尔特与日耳曼新教徒，本义是指美国当权的英语系精英群体及其主流文

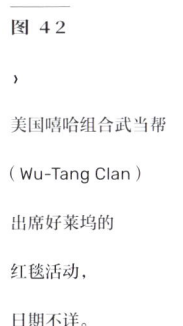

图 4.2
》
美国嘻哈组合武当帮
（Wu-Tang Clan）
出席好莱坞的
红毯活动，
日期不详。

化、习俗和道德行为标准）的内核，而时装设计师们也完全接受了这种影响，比如拉尔夫·劳伦的马球衫（见马球服饰风格，76 页）就被嘻哈界视为荣誉的象征，品牌汤米·希尔费格也与都市当代流行音乐界建立了紧密的关联。这类风格造型已经渗透到了当代节奏蓝调音乐中，尤其是艾莉雅（Aaliyah）的造型经久不衰，她被奉为当代的时尚偶像。2001 年，年仅 22 岁的艾莉雅在一次飞机失事中不幸遇难。她强烈反对当时主流的少女气质秀场造型，她更喜欢穿上宽松的牛仔裤、运动套装和露脐上衣，佩戴环形耳环，以及兼有两性特征风格（270 页）的假小子／野丫头式的装饰元素。

到了千禧年之交，许多嘻哈明星都处于商业成功的巅峰时期，他们通过炫耀性消费的方式购买极繁主义风格（254 页）的服饰、镶钻的链条、珠宝和手表以证明自己作为艺术家的"成功"和财富。T-Pain、50 Cent 和李尔·韦恩（Lil Wayne）等艺术家所代表的"闪闪发光"的造型定义了 21 世纪头十年中期嘻哈的美学风格，并且其至今仍然被作为由嘻哈乐发展而来的说唱风格，如匪帮说唱（gangsta rap）和陷阱音乐（trap music）的主流造型。

说唱歌手纷纷涌入时尚界，为现代街头服饰的奢华美学铺平了道路：吹牛老爹（Sean 'Puff Daddy' Combs）于 1998 年创立了品牌肖恩·约翰（Sean John），Jay-Z 于 1999 年创立了洛卡薇尔（Rocawear），法瑞尔·威廉姆斯（Pharrell Williams）紧随其后，于 2003 年创立了亿万少年俱乐部（Billionaire Boys Club），坎耶·维斯特凭借其数十亿美元的品牌 Yeezy 改写了历史，该品牌于 2006 年推出，因与阿迪达斯的合作而闻名，直至 2022 年。

如今的品牌标志狂潮（logomania）风格源于嘻哈，从某种程度上说，这要归功于纽约哈莱姆区的时装设计师丹尼尔·戴（Daniel Day）设计的服装，他也被称为"Dapper Dan"，他在 20 世纪 80 年代中期将古驰、芬迪和路易威登等品牌的皮包重新剪裁，制成超大号的紧腰短款飞行员夹克和运动服套装，为客户迈克·泰森（Mike Tyson）、弗洛伊德·梅威瑟（Floyd Mayweather）、奥运金牌获得者黛安·迪克森（Diane Dixon）和 Salt-N-Pepa 嘻哈组合提供服务。不出所料，他制作的这些服装引发了一系列关于停止和终止侵权行为的诉讼，迫使他在 1992 年关闭了自己的店铺。不过，他超前于时代，将奢侈品牌的字母组合标识和标志融入了街头服饰中。有趣的情节转折是，亚历山德罗·米歇尔（Alessandro Michele）在为古驰设计推出的 2018 邮轮度假系列中模仿了 Dapper Dan 自称为"盗版"（knock-ups）的服装。所有这一切都以官方合作的方式圆满结束，并且这家意大利老牌时装公司还赞助了丹尼尔，重新启动了他在哈莱姆的设计工作室。

色彩与图案	红色、白色、蓝色、黄色、佩斯利图案
面料	尼龙、涤纶
服装与配饰	运动套装、超大号 T 恤、渔夫帽、飞行夹克、添柏岚（Timberland）靴、衬衫、宽松牛仔裤、红色皮夹克、背带式工装裤、篮球衫、佩斯利图案印花头巾、贝雷帽、报童帽（newsboy cap）
细节	金属链、珠宝、前排镶金 / 宝石牙（grills/fronts）

风格词库：时尚指南与穿搭手册　　　　　　　　　　　　　　　　　　　　　　　145

锐舞文化 RAVE
风格

≈ 酸性浩室（Acid House） 电子舞曲（EDM） 车库摇滚（Garage） 丛林舞曲（Jungle） 科技舞曲（Techno）

→ 音乐节风格（Festival）

+ 童趣可爱风格（Kidcore）

锐舞一词最早出现在 20 世纪 50 年代，被用来形容伦敦苏豪区（Soho）披头族风格（214 页）的狂野的波西米亚派对。到了 20 世纪 60 年代，在摩德风格（228 页）文化中，它被用来描述任何的狂野派对，之后锐舞一词不再流行。直到 20 世纪 80 年代，锐舞一词被重新使用，用以形容欧洲电子舞曲与美国浩室音乐混合类型的音乐，其通过 80 年代后期"曼切斯特"舞蹈场景音乐重新流行，因此该类型的场景被称为锐舞派对。然后在 20 世纪 90 年代，锐舞派对文化重新流行至世界各地。最初这类狂欢派对大多是秘密、非法的"自由派对"，如原始节日般常在乡村田野或仓库举行，该群体的行为观念与崇尚环保的波西米亚风格（217 页）的嬉皮士相似。

酸性浩室音乐（acid house）源于芝加哥浩室音乐（Chicago house），后来与 Roland TB-303 电子低音合成器产生的贝斯低音相结合。"酸"（acid）这一词最初被用来描述音乐如何扩散传播的模式，如不规则的分形图案（fractal），但不久之后，它与迷幻药物本身的使用相关联。娱乐性药物曾经（现在仍然）是狂欢派对的重要组成部分，曾被拉夫·西蒙（Raf Simons）在其设计系列中直接借鉴，也常会以安抚（假）奶嘴的形式出现，这种假奶嘴可以缓解因药物引起的磨牙和脸部抽搐的情况。这个奶嘴的设计和其他童趣可爱风格（175 页）主题，如彩虹、蝴蝶和发夹（另见卡哇伊风格，170 页）会经常出现在狂欢派对上，被视为逃避成人世俗责任和回归童年的一种暗示。

第二次"爱之夏"（Summer of Love）发生在 1987 年的英国，当时魂不守舍的青少年在伦敦的 Shoom 和 Astoria 以及曼彻斯特的 Haçienda 等夜店找到了共情的群体，这些俱乐部将足球流氓们的敌对派系汇聚在一起（这令

图 43

阿努克·舍内维尔（Anouk Schoneville）在普拉达 2018—2019 秋冬女装系列时装秀场上亮相，米兰时装周，2018 年 2 月 22 日。

当地的警察部署陷入了道德困境）。正如1967年第一次的"爱之夏"一样，锐舞狂欢派对的爱好者们将中意的扎染服饰同和平标志一起作为反文化的象征（见<u>嬉皮士风格，223页</u>）。

Shoom夜店由DJ丹尼·兰普林（Danny Rampling）<u>创立，他们首先将笑脸符号应用在其宣传单和海报中，之后毒贩们会在暗地里将笑脸符号标记在药丸上，还会戴上一大堆幼稚的串珠手链作为宣传药丸的暗号。这些</u>自制的串珠手链成为锐舞狂欢文化的重要装饰元素，被称为"kandi kids"的派对参与者在舞池中与新结识的朋友相互交换这种串珠手链，以示和平、爱、团结和尊重，这种做法在美国电子舞曲界仍然很常见。

20世纪90年代，电子音乐逐渐从<u>丛林音乐（jungle）发展至英国车库音乐（UK garage）</u>，都市夜店的派对狂热分子们开始对风格元素提出更多需求，如范思哲和莫斯奇诺在米兰时装秀上展示的时装系列都受到了<u>嘻哈风格（142页）</u>的音乐文化品牌标志狂潮的影响。

底特律的科技舞曲（Detroit techno）和德国工业风格的电子乐为狂欢派对增添了未来感。这类未来主义风格的宣传海报由伦敦东部的标志性艺术家团体PEZ创作，该团体于2019年受雇于美国中端时装品牌蔻驰（Coach），负责设计张贴海报（fly-poster，一种未经官方许可在公共场所张贴的广告海报，属于一种游击营销模式）艺术作品，其宣传海报采用了迷幻的欧普艺术和超行星视觉效果的风格图案，以呼应令人心旷神怡与逃避现实的锐舞音乐文化本质。太空主题是锐舞风格服饰的一个常见参考来源，与<u>赛博朋克风格（38页）</u>有着相似之处，荧光色系的面料非常适合在舞池中吸引眼球，在紫外线的映照下还会发出令人愉悦的光芒。

果然，时尚界在二三十年后对重塑风格的偏好意味着锐舞风格的强势回归，特别是在20世纪90年代和千禧时尚风格的背景下，21世纪20年代初期的渔夫帽、细肩带背心、露脐上衣、厚底运动鞋和宽松牛仔裤又开始重新流行起来。锐舞风格经常出现在自由奔放的<u>音乐节风格</u>（149页）服饰中。当这类风格服饰被赋予情色色彩时，又会转变为展现美好身材的<u>紧贴身形风格</u>（287页）。最终，锐舞风格的美学信念是提醒人们，要"投掷节拍，而不是炸弹"（drop beats, not bombs，此为锐舞狂欢者们的反战口号）。

色彩与图案	荧光黄色、荧光粉色、荧光蓝色、黄色、彩虹色、欧普艺术图案
面料	真丝缎、涤纶、尼龙、人造毛皮、牛仔布
服装与配饰	标识印花T恤、平底运动鞋、露脐上衣、超小框架太阳镜、渔夫帽
细节	笑脸装饰图案、太空和行星肢体图案、安抚奶嘴、荧光棒、衣服被故意裁掉的部分
发型	双丸子头、大头贴/面部贴纸

音乐节 FESTIVAL
风格

| = | 户外集会（Field Day） |

| → | 军装风格（Military） 作战服风格（Combat） 摇滚服风格（Rock & Roll）
乡村摇滚风格（Rockabilly） 独立音乐风格（Indie） 紧贴身形风格（Body-Conscious） |

| + | 赛博朋克风格（Cyberpunk） 柴油朋克风格（Dieselpunk） 野外风格（Gorecore）
锐舞文化风格（Rave） 波西米亚风格（Bohemian） 嬉皮士风格（Hippy） |

格拉斯顿伯里音乐节（Glastonbury Festival of Performing Arts，又称格拉斯顿伯里当代表演艺术节）被视为重要的英国文化资本；2005年，凯特·摩丝与她当时的男友——蹒跚宝贝乐队（Babyshambles）的皮特·多赫提（Pete Doherty）出现在音乐节的泥泞土地上（这支乐队是在皮特因不断升级的药物滥用问题而被放荡乐队禁止参与演出期间组建的），他们一手拿着饮料，一手拿着香烟，看起来已经有两天没睡觉了。摩丝身穿一件金色金属丝织套头衫，露出修长的双腿，下面搭配一双威灵顿雨靴，多赫提穿着一件黑色皮制机车夹克，内搭一件印有"我过得一团糟"的乐队T恤，下身是黑色紧身牛仔裤，头上戴着他标志性的特里比帽。当时正处于独立音乐发展的鼎盛时期（见独立音乐风格，131页），凌乱慵懒的摇滚明星造型风格（见摇滚风格，110页，以及乡村摇滚风格，113页）成为主流趋势，随着Z世代在早期Tumblr等社交媒体平台对这类美学风格的追捧，并将此类风格命名为"独立低俗风格"（Indie Sleaze），之后这种凌乱慵懒的时尚风格于2022年再度全面兴起。

音乐与艺术节自古希腊时代起便很受欢迎，但直到20世纪中叶才在流行文化中占有一席之地，以1954年在罗得岛州举办的首届纽波特爵士音乐节（Newport Jazz festival）为开端。首届格拉斯顿伯里音乐节[原名为皮尔顿流行、民谣和蓝调音乐节（Pilton Pop, Folk and Blues Festival）]创办于1970年，当年有1500人参加，每人仅需支付1英镑入场费，即可获得沃西农场（Worthy Farm）提供的免费的自产牛奶。到了2022年，参加该音乐节的人数已经增长到20多万，仅门票价格就高达280英镑。这与伍德斯托克音乐节等近乎神话般的活动相比，在规模和范围上都相形见绌。1969年，在越南战争最激烈的时期，有近50万人在四天内聚集在纽约州北部的伯特利参加了伍德斯托克音乐节，旨

THE STYLE THESAURUS: A definitive, gender-neutral guide to the meaning of style and for all fashion lovers

图 4-4

‹Dsquared2 2012 春夏，米兰时装周，2011 年 9 月 26 日。

在传播和平与爱的信息。在如今的伍德斯托克音乐节上，人们仍然可以感受到该音乐节所遗留下来的嬉皮士风格（223 页）流行元素，包括 CND 符号（反核战/和平标志）、军装风格（91 页）衬衫和夹克、厚底靴（见作战服风格，95 页）、花冠及迷幻印花。

在早期音乐节上，人们多以波西米亚风格（217 页）着装为主，其典型的特征包括不拘一格的层次叠加穿搭、轻薄飘逸的诗人衬衫、具 20 世纪 70 年代风格的印花长款连衣裙、喇叭裤及钩针背心。但随着 20 世纪 90 年代潮流趋势的卷土重来和电子音乐的日益流行，锐舞文化风格（146 页）穿搭开始成为音乐节的主流，所以最安全的做法是根据活动的音乐风格去选择你的着装风格。

英国音乐节以恶劣的天气而闻名，前一分钟人们可能还穿着被雨水打湿的斗篷（见南美牧人/高乔人风格，82 页）、野外风格（88 页）的连帽式防寒上衣和橡胶雨靴，下一分钟则可能脱下外衣，只穿比基尼胸罩、裁短的牛仔短裤和流苏马甲。另一方面，位于加利福尼亚州的印第奥、在帝国马球俱乐部阳光普照的田野上举行的科切拉音乐节，可以说是所有音乐节中最具商业规模的活动，成为 2017 年第一个总收入达到 1 亿美元的音乐节。此次活动如同一场名副其实的时装秀，人们展示着完美的穿搭，穿着展现完美身材曲线的紧贴身形风格（287 页）的裙装，搭配款式新颖的高跟鞋。参加科切拉音乐节的人们也曾因为对美洲原住民头饰及印度妇女额头上的红点进行文化盗用而受到指责（见传承/传统风格，23 页），尽管他们不是唯一的过错方。音乐节的商业化模式仍在继续，许多快时尚品牌每年夏天都会推出大量做工粗糙的一次性物品，推销给年轻的音乐节狂欢者。

音乐艺术节的顶峰当数备受关注的大规模艺术活动"火人节"（Burning Man），该活动的重点在于关注"激进的自我表达"和自力更生的行为，在内华达州西北部偏远的黑岩沙漠的干涸的盐湖滩上举行。活动中的"焚烧者们"聚集在一起，烧掉他们的艺术肖像，当然他们在活动中的服饰穿搭也是任意可选的，许多人会选择后世界末日部落的柴油朋克风格（45 页）和充满未来主义霓虹氛围的赛博朋克风格（38 页）。

色彩与图案	热带图案印花、迷幻艺术图案印花
面料	牛仔布、钩编织物（crochet）、尼龙、网眼织物、乙烯基/塑胶
服装与配饰	诗人衬衫、机车夹克、PVC 长裤、圆盘腰带（disc belt）、吊带裙、牛仔超短裤、威灵顿雨靴、雨衣斗篷、渔夫帽、腰包、马丁靴、平底鞋、军靴、匡威鞋、夏威夷衫
细节	羽毛、亮片、腕带、流苏装饰、花冠、多层项链叠戴、铆钉

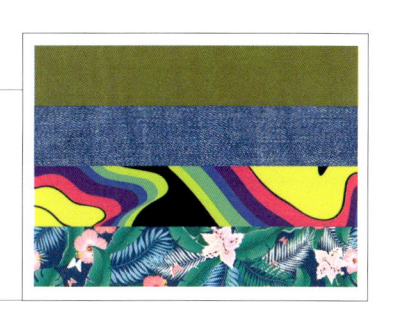

风格词库：时尚指南与穿搭手册 151

狂欢节 CARNIVAL
风格

3.11

| ≈ | 忏悔节（Mardi Gras） |

| → | 传承/传统风格（Heritage） 野外风格（Gorecore） 音乐节风格（Festival） 洛可可风格（Rococo） |

| + | 运动休闲风格（Athleisure） 锐舞文化风格（Rave） 紧贴身形风格（Body-Conscious） |

狂欢节活动是一个真正的全球性聚会，从里约热内卢到伦敦，从果阿到新奥尔良，从威尼斯到特立尼达岛，世界各地会举办50多场大型狂欢活动，虽然举办的国家不同，却因这些活动而彼此联系在一起。

  4000年前的古埃及，人们会在冬季结束时举行多神教的农业庆典活动，旨在于食物变质之前将冬季储存的食物消耗殆尽，以迎接春天的到来。这个节日在古希腊和罗马帝国传播开来，并与古罗马的"伊西斯之舟节"（Navigium Isidis）宗教节日联系在一起。伊西斯之舟节旨在向女神伊西斯致敬，预示着航海季节的开始，狂欢者们会乘坐模型船穿行于街道，这种庆祝仪式被学者们认为是狂欢节花车传统的起源。狂欢庆祝活动还借鉴了狄俄尼索斯[或被罗马人称为巴克斯（Bacchus）]节的享乐主义葡萄酒宴仪式，后来狂欢节被基督教作为四旬斋前期的最后一个节日。"carnival"（狂欢节）一词源自意大利语中的"carne levare"，意为"去除肉"，民间用法为"carne vale"，意为"告别肉食"。

  威尼斯狂欢节始于11世纪，开创了假面舞会和舞会盛装的传统，通过遮掩穿着者的身份，人们可以沉浸在狂欢的暴饮暴食和罪恶的淫欲中。从16世纪开始，葡萄牙人将这个狂欢节日（连同数百万被奴役的非洲人）带到了巴西，并随着时间的推移，在音乐与舞蹈风格的融合中催生出了桑巴（samba）。首届里约狂欢节于1723年举行，法国殖民者于1783年将忏悔节（Mardi Gras，译为"肥胖星期二"，也称忏悔星期二）的庆祝活动带到了特立尼达岛（Trinidad），却不允许奴隶参加庆祝活动，因此这些被奴役的人们开始举办自己的狂欢派对。他们在狂欢节活动上穿着精致的礼服，以模仿和嘲笑他们的压迫者，并将他们早已遗失的非洲文化元素融入卡里普索音乐（calypso）以及后来的索卡音乐（soca）中。

图45›

马克·雅可布2019春夏，纽约时装周，公园大道军械库（Park Avenue Armory），2018年9月12日。

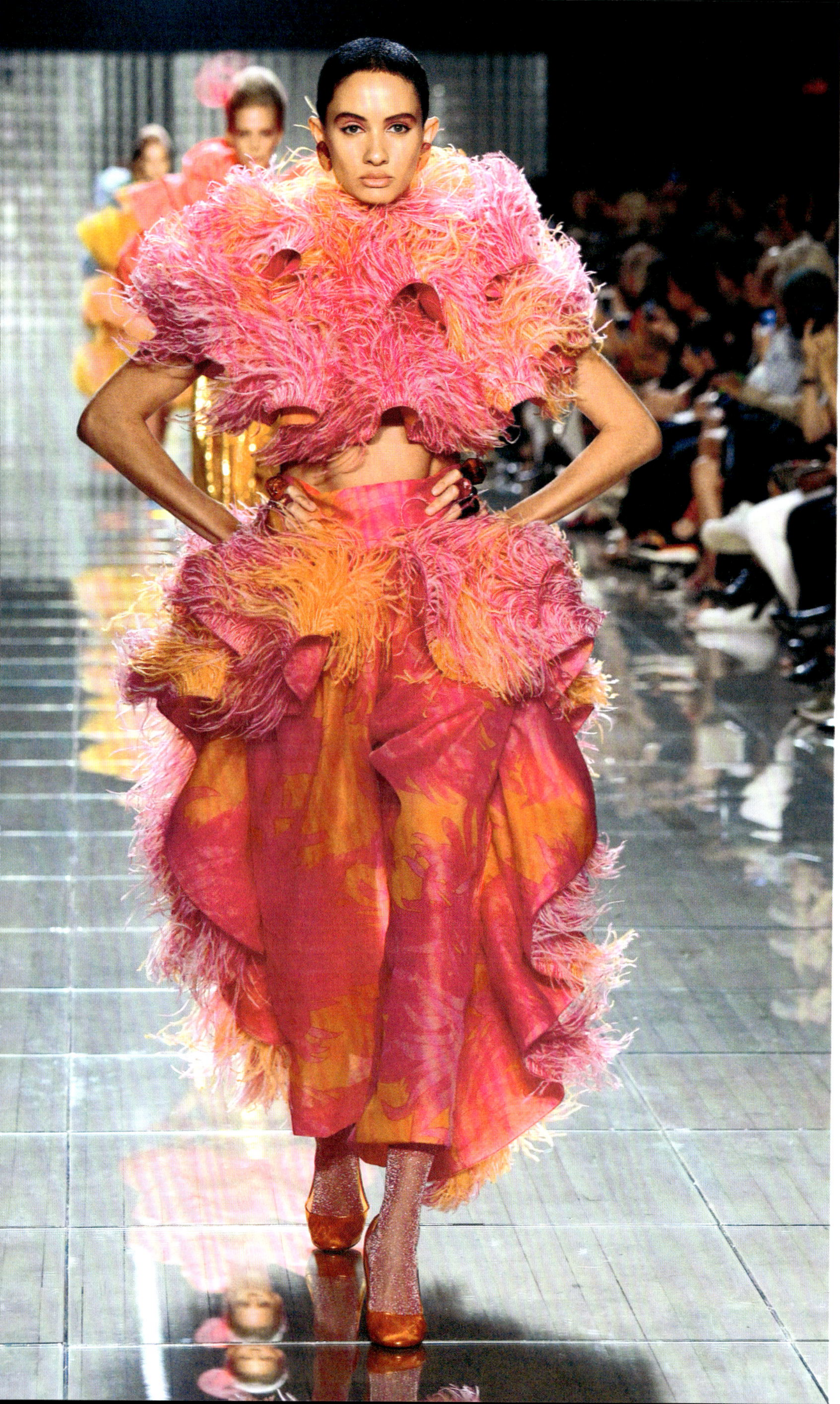

1814年拿破仑战争期间，特立尼达岛最终落入英国手中，19世纪30年代奴隶制废除后，狂欢节成为解放奴隶的重要节日。伦敦诺丁山狂欢节于1966年创立，借鉴了特立尼达和多巴哥狂欢节（Trinidad and Tobago Carnival）的狂欢节模式，庆祝加勒比文化，以应对伦敦所经历的种族关系与暴力冲突困境，自此成为每年8月最后一个周末在伦敦举行的世俗活动。

狂欢庆典着装分为两大阵营，即参加列队和花车游行的人群及外围观看人群的服饰风格。对于那些参加游行的人来说，他们的服装可能要花费数百英镑，具体取决于他们在列队中的位置：后面、前面、领队或作为个人。除了受威尼斯狂欢节影响的洛可可风格（257页）服饰和精致的面具，围观者多以色彩艳丽的紧身穿搭为主。对于旁观者而言，狂欢节上不应该出现剽窃他人文化以获得时尚灵感的装扮（见传承/传统风格，23页）。

突显舞者肢体动作的羽毛和流苏装饰，都是不错的装饰元素。运动鞋是必须的，腰包也是必不可少的配饰，让你得以解放双手跳舞（这也是音乐节上必备的重要物品；见音乐节风格，149页）。亮片在阳光的映照下闪闪发光，对于那些参加诺丁山狂欢节的人来说，查看天气预报看看是否需要雨衣总是必要的（见野外风格，88页）。

加勒比狂欢节开幕日的凌晨（俗称"J'ouvert"，源自法语"jour ouvert"，意为黎明）是传统"ole mas"（戏仿上流社会狂欢节风俗、服饰和人物的化妆舞会）开始的时间，狂欢者有机会第一次尝试"乔装自己"，暂时摆脱社会的常规束缚。通过诙谐的玩乐方式以评论政治、探讨时事，人们会装扮成许多从地狱深处出现的人物，重现奴隶制的故事及白人殖民者的罪恶故事。他们装扮成旋转的小恶魔、蝙蝠及全身涂成蓝色的魔鬼在街上游荡，吓唬路人，并向路人要钱。"jab molassie"（糖蜜魔鬼；"jab"源自法语"diable"，意为魔鬼）是化妆舞会中一个重要的角色，描述的是一个奴隶掉进了糖厂沸腾的糖蜜桶中的残酷故事，该角色的扮演者们会在身上沾满焦油、油彩或油脂，脖子上还戴着链子。

随着时间的推移，"ole mas"的角色逐渐演变成"肮脏"（dirty，或克里奥尔语中的"dutty"）装扮，包括在身体上泼洒油漆、水、巧克力、泥垢或油，有些狂欢节的角色扮演者甚至会在身体上使用难以擦除的物质。这与古老的葡萄牙传统忏悔节（葡萄牙语为"entrudo"，英语为"Shrovetide"）有关，忏悔节起源于异教的春季生育节，人们会打扮成魔鬼和恶魔，互相泼水、泼泥，有时甚至是泼尿。这是巴西狂欢节最早的一个重要仪式特色。

对于大多数人来说，在狂欢节上，除了最普遍且景象颇为壮观的多数扮演者会穿着装饰有珠子、羽毛和莱茵石的比基尼"华丽盛装"（pretty mas），还

3.11

有引人注目的好斗角色"jab jab",或称双魔(double devil),他们穿着用条纹缎制成的如同中世纪宫廷小丑的服装,胸前饰有盾牌图案,手臂两侧嵌有绒毛饰边,用以弱化手臂动作,衣身上的装饰镜面能够蒙蔽和分散对手的注意力,手中挥舞着可怕的鞭子,去寻找其他同样装扮的人进行争斗。

色彩与图案	红色、黄色、粉色、橙色、绿色、蓝色、热带图案印花、金色、豹纹
面料	牛仔布、钩编织物、尼龙、网眼织物
服装与配饰	紧身超短裤、运动鞋、比基尼、短裤、面具、腰包
细节	羽毛、亮片、各类服饰工艺装饰、水晶、钉珠、丝带、贝壳、闪亮装饰

4

装扮

Play

4.1 角色扮演风格 Cosplay / 4.2 乡村田园风格 Cottagecore / 4.3 游轮度假风格 Cruise / 4.4 甜蜜生活风格 Dolce Vita / 4.5 卡哇伊风格 Kawaii / 4.5.1 缤纷装扮可爱风格 Decora / 4.5.1.1 童趣可爱风格 Kidcore / 4.5.2 洛丽塔风格 Lolita / 4.6 家居服饰风格 Lounge / 4.7 舒适惬意风格 Hygge

当下工作与非工作性质服装之间的微妙差别比以往任何时候都更为显著。近年来许多人在家庭和工作的权衡中陷入了不安定的生活模式，正如许多处于混合工作环境的人所了解的那样，在办公室里工作、在摄像头前居家办公和非出镜居家办公之间的穿着有着天壤之别，着装的舒适度变得至关重要。

不上班的穿搭风格可以涵盖所有适合各类休闲活动的服装，既可以是适合在游轮甲板上穿着的、在微风中飘荡的真丝卡夫坦长袍，也可以是冬日的晚上居家穿着的舒适针织衫和厚实的袜子。下班后的着装选择充分展现了我们的个性风格。造型装扮最具创意的地方莫过于东京的原宿区，这个街区因其对街头造型风格及时装设计具有的持久影响力而闻名。在玻璃幕墙与混凝土构造的高楼林立的城市景观下，街道上布满了霓虹灯标志，出现了一种可爱显眼的、高饱和粉彩色系的卡哇伊风格。

在卡哇伊风格的基础上不断增加配饰，贴上心形和月亮形的贴纸，就像孩子们玩手工游戏一样，使外观更具装饰性。装饰有甜美褶边的洛丽塔风格，其灵感源于理想型的娃娃造型，而这类角色则迎合了那些喜欢角色扮演、沉浸在化妆打扮游戏中的尚未长大的人群。在西方，童趣风格逐渐演变，人们对卡通形象、塑料配件和明亮的蜡笔色调产生了根深蒂固的怀旧情结。

有趣的着装也可能是极为复杂巧妙的穿搭。甜蜜生活风格是从1960年的同名意大利电影《甜蜜的生活》(*La Dolce Vita*)中提炼出来的，为我们提供了一个永不过时的穿搭模板，既有适合夏季城市度假穿着的黑色小礼裙，也有剪裁完美的西服套装。

从城市到乡村，连绵起伏的田园的梦想、割干草的场景和新鲜出炉的面包的味道激发了乡村田园造型风格的灵感。它在疫情暴发初期开始流行，以长久不变的淳朴乡村特色和碎花连衣裙回归，多见于夏季的造型风格。就冬天而言，具有丹麦美感的舒适惬意风格是一种更强调温暖舒适的美学观念，是拥抱舒适生活的艺术。我们应当去尝试玩转时尚，以收获这些来之不易的乐趣。

角色扮演 COSPLAY 风格

4.1

≈	化妆 / 盛装舞会（Fancy Dress） 特定服装 / 戏服（Costuming） 装扮（Dressing Up）
→	数字化时尚风格（Digital Fashion） 狂欢节风格（Carnival） 前卫 / 先锋派风格（Avant-Garde） 变装风格（Drag）
+	未来主义风格（Futurism） 赛博朋克风格（Cyberpunk） 蒸汽朋克风格（Steampunk） 柴油朋克风格（Dieselpunk） 航海风格（Nautical） 卡哇伊风格（Kawaii）

特定服饰 / 戏服作为一种文化现象，在很大程度上起源于 17 世纪之后狂欢节期间在威尼斯举行的假面舞会（见狂欢节风格，152 页），到了 18 世纪，这种娱乐活动在欧洲各地的皇室中流行开来。虽然角色扮演风格与本书中列出的其他风格美学观念不同，但角色的选择和具体表现可以说比穿着季节性的时装能更加清晰地展现自我认同感。角色扮演风格还被人们应用于元宇宙中的虚拟形象（见数字化时尚风格，54 页），以向虚拟社区的其他成员清楚地表明其亚文化行为观念。

　　角色扮演者可以扮演科幻或奇幻文学、电视、电子游戏、动漫或漫画中的任何角色，角色扮演场景以角色扮演展会（conventions/ 'cons'）为中心。1939 年，在纽约举行的首届世界科幻大会（World Science Fiction Convention, Worldcon）上，作家经纪人兼杂志编辑、"科幻"（sci-fi）一词的创造者福里斯特·J. 阿克曼（Forrest J. Ackerman）曾穿过一套由他的女友默特尔·R. 道格拉斯（Myrtle R. Douglas）设计和创作的未来主义风格（33 页）服装。她也是科幻流派的狂热粉丝，并出版过自己的科幻爱好者杂志。他们的服装借鉴了插画家弗兰克·R. 保罗（Frank R. Paul）的作品，以及根据赫伯特·乔治·威尔斯的小说《未来之形》（*The Shape of Things to Come*, 1933）改编的同名电影（1936）。阿克曼在后来表示，每个人都会扮演自己的角色，尽管他和道格拉斯是当年唯一这样做的人，但这一风格趋势 [起初被简称为 "特定服装 / 戏服"（costuming）] 很快就流行起来。

　　"cosplay" 一词最早出现在日本记者兼漫画出版商高桥伸之（Nobuyuki Takahashi）于 1983 年在《我的动漫》（*My Anime*）杂志上发表的一篇文章中，该文章报道了东京同人志（Comiket）展会上的场景。他认为西方的 "化装 / 假面舞会"（masquerade）以当下认知来看暂已经过时了，并提出了几个近

图 46

，

动漫节上的

角色扮演女孩，

马来西亚吉隆坡，

2019 年。

THE STYLE THESAURUS: A definitive, gender-neutral guide to the meaning of style and for all fashion lovers

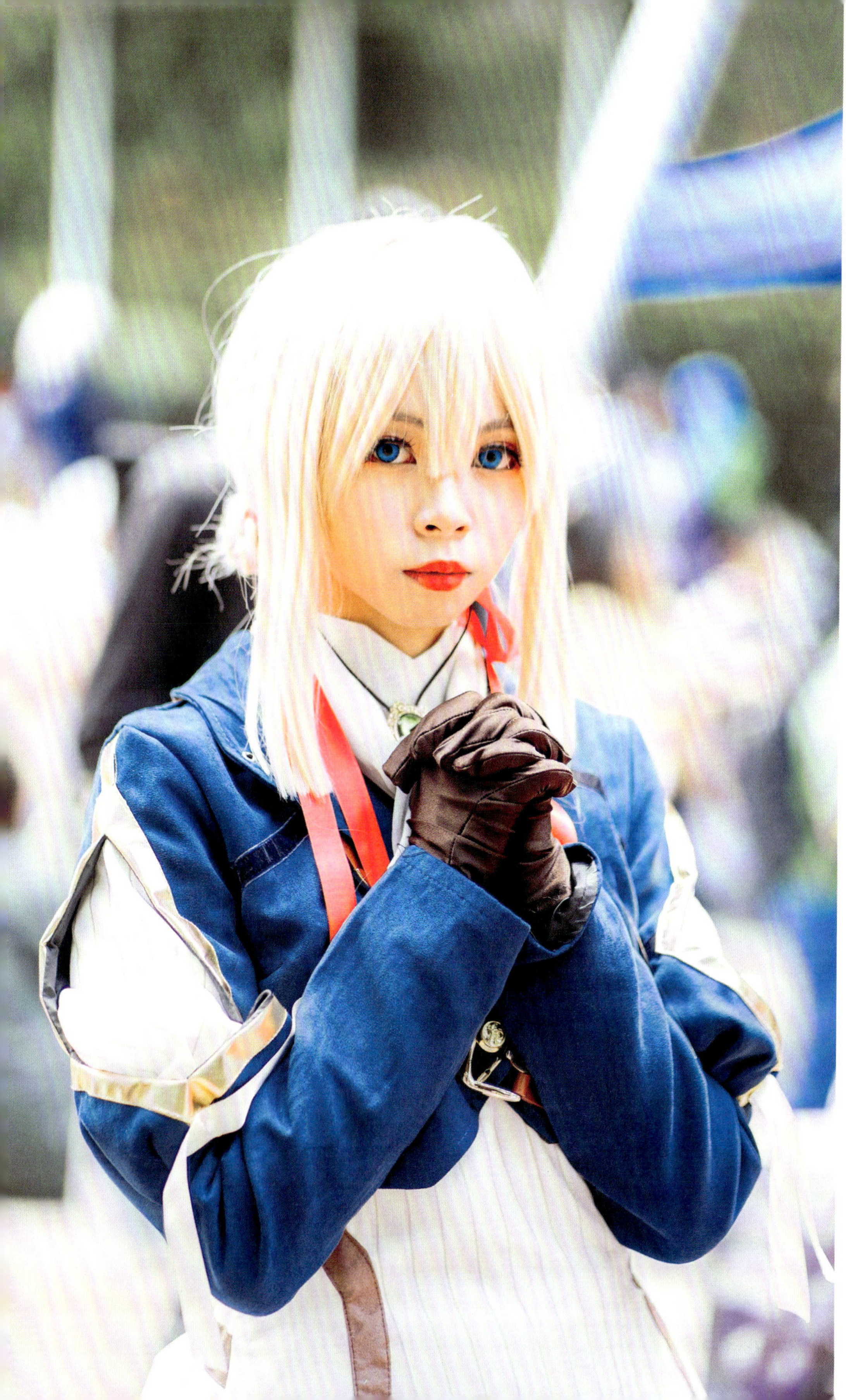

似的术语，如"costume show"和"hero play"等，最终选定了"cosplay"（日语为"kosupure"）一词。1992—1997 年，动漫《美少女战士》（*Sailor Moon*）热播，该动漫讲述了英雄公主转世为女学生的故事，它吸引了一大批青少年穿上卡哇伊风格（170 页）的角色服装，尤其是校服和水手服。

跨性别角色扮演（crossplay）属于角色扮演的一种形式，即扮演另一个性别角色。出于日本的社会压力，这种情况更常见于女性扮演男性角色，而在西方，男性扮演女性角色的比例更高。然而，跨性别角色扮演风格与变装风格（278 页）有所不同，后者侧重于对性别特征和原创角色的表达，而非流行文化中易于辨认的角色。

在 19 世纪的"化装 / 盛装舞会"（fancy dress）上，宾客们会穿着以昆虫、花朵和黑暗等抽象主题为设计元素的礼服，而这些创意元素偶尔会出现在当下时装秀场上发布的前卫 / 先锋派风格（244 页）时装系列中，其中一些超概念化的设计更像是艺术而非时装，不适用于日常生活，但莫斯奇诺 2018 春夏系列中引人注目的兰花与蝴蝶连衣裙的设计适合穿着。为了让角色服饰更具有实用性，曾有过几次动漫与街头服饰品牌的合作尝试，其中包括《阿基拉》× Supreme、MSGM ×《胜利女排》（*Attacker You*），以及 BAPE 与《海贼王》（*One Piece*）、《龙珠》（*Dragon Ball*）和《宝可梦》（*Pokemon*）的合作（见运动休闲风格，60 页）。

色彩与图案	任何颜色、毛皮、盔甲、鳞片
面料	涤纶
服装与配饰	假发、翅膀、隐形眼镜、盔甲、武器装备道具
细节	假体（人造的身体部分）、身体彩绘

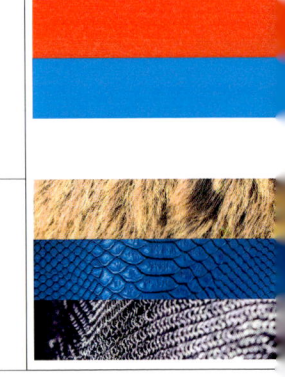

4.2

乡村田园 COTTAGECORE 风格

≈	新唯美主义（Neo-Aestheticism）
→	Z 世代电子男孩和电子女孩风格（E-Boy & E-girl）　舒适惬意风格（Hygge）
+	新维多利亚风格（Neo-Victoriana）　草原风格（Prairie）　洛丽塔风格（Lolita） 波西米亚风格（Bohemian）

乡村田园风格是互联网漩涡中涌现出来的较新的风格美学之一，于 2010 年左右首次出现在社交媒体平台 Tumblr 上，并于近年在 Instagram 和抖音上迅速走红。这种风格是新唯美主义的一个例证，受作家奥斯卡·王尔德引领的维多利亚时代（见新维多利亚风格，26 页）美学运动的影响。王尔德认为美高于一切，并对简单的时代抱有深深的怀旧之情。唯美主义与乡村田园风格有很多相似之处，无论是在造型方面，还是在烘焙、手工制作、缝纫、编织以及可持续消费等兴趣方面，二者都将英国乡村田园的生活方式理想化。与工艺美术运动一样，唯美主义试图在手工制品中寻找意义，以此作为对工业革命的评判——当然，想象中的中世纪乡村魅力与瘟疫肆虐的现实相去甚远。

近年来，许多人按下了生活的"重置"键，燃起了对乡村漫步和自给自足生活方式的新热情。原因在于，在前些年，FOMO（错失恐惧症，即害怕错过）转变为 FOGO（外出恐惧症），即害怕出门，人们去商店可能会面对一排排空货架。在这之后，如果商品供应链因战争、气候变化和人口爆炸式增长而继续成为世界性的严重问题，那就能很好理解为什么家庭自制产品会如此受欢迎了。

乡村田园风格的相关服饰包括由天然面料（如棉或亚麻）制成的缩褶绣印花挤奶女工连衣裙（milkmaid dress）、轻便的村姑衫（peasant blouse）、做工精细的背带式工装裤、马甲和老式浪漫系带式束身衣，总是搭配一篮新鲜采摘的玫瑰，再戴上一顶草帽。整体造型朴实无华，给人以逃避现实的感觉，就像冬日里的舒适惬意风格（183 页）。如果将美式风格融入其中，如将玛丽珍鞋、牛津鞋（oxford shoe）或布洛克皮鞋换成牛仔靴，那么乡村田园风格就变成了草原风格（85 页）。

与其他一些基于互联网的"核心"（core）系美学风格类似，如以精灵仙

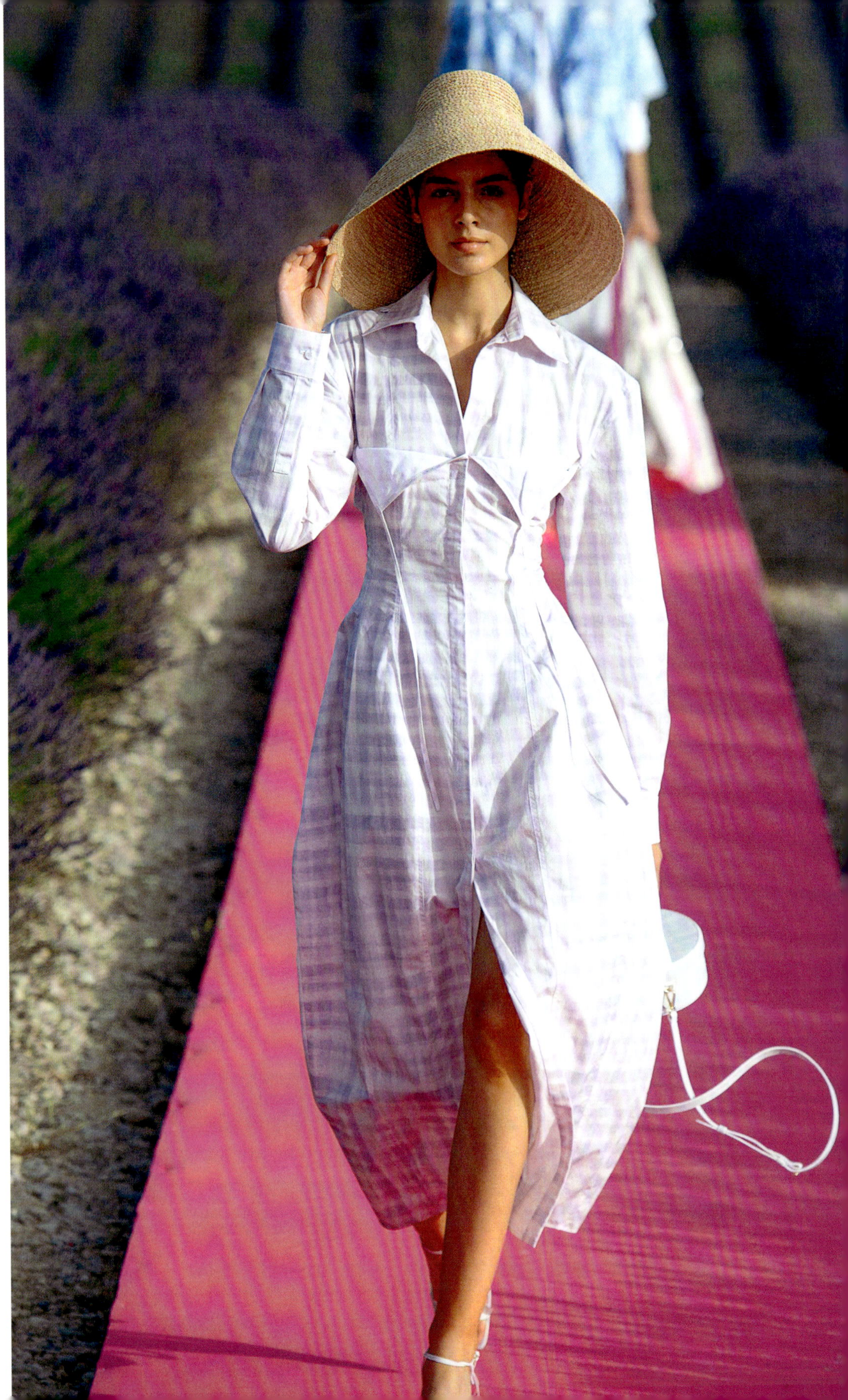

图 47

‹ Jacquemus 2020 春/夏，法国瓦伦索勒（Valensole），2019 年 6 月 24 日。

子和林地为主题的"仙境风格"（fairycore），其将农场生活理想化为"农场风格"（farmcore），以及关注丑陋的自然之美（以蘑菇、青蛙、蟾蜍和昆虫为代表）的"地精风格"（goblincore）。乡村田园风格的创作者经常使用图像编辑软件（如 Photoshop）或社交媒体应用程序提供的工具，通过使用滤镜、后期制作技术以及道具以塑造自己的网络形象。总的来说，呈现在网络上的图像多以单独个人形象为主，比如 Z 世代电子男孩和电子女孩风格（51 页）的群体发布的图像，而乡村田园风格的网络社区则为"喜欢女性的女性"和"喜欢非二元性别的女性"这样的酷儿（queer）群体提供了一个安全的空间。

乡村田园风格作为一种生活信条，倡导进步的自由主义价值观及可循环持续性的发展。时尚中的循环经济（circular economy）强调从生产和消费的线性模式转变为通过使用耐用面料、修补、升级再造、转售和租赁来延长服装使用周期的模式。在这种模式下，商品被制造、使用和处置，其中转售和租赁的理念，将在未来的几十年重塑时尚产业。

色彩与图案	花形印花、彩色格纹、灰绿色、暗粉色、矢车菊蓝
面料	棉布、亚麻布、手工绳结编织（macramé）、钩编织物、酒椰叶纤维织物、细剪孔绣织物
服装与配饰	挤奶女工式连衣裙、羊毛开衫、村姑衫、背带式工装裤、西装马甲、草帽、玛丽珍鞋/娃娃鞋、牛津鞋、束身衣
细节	荷叶边、编织、自己动手制作、刺绣、露肩/一字肩、甜心形领口（sweetheart neckline）、蘑菇、草莓、花环、系带

风格词库：时尚指南与穿搭手册

游轮度假 CRUISE
风格

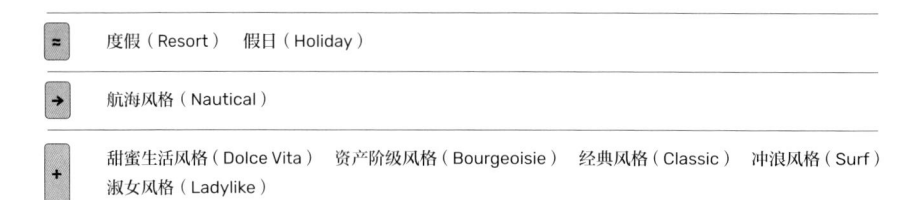

4.3

| ≈ | 度假（Resort）　假日（Holiday） |

| → | 航海风格（Nautical） |

| + | 甜蜜生活风格（Dolce Vita）　资产阶级风格（Bourgeoisie）　经典风格（Classic）　冲浪风格（Surf）
淑女风格（Ladylike） |

时尚界的游轮度假系列是时装公司在每年两次发布的季节性时装系列之外推出的跨季或早春系列 [注：时尚日历有四个主要季节，即春夏（SS）、秋冬（AW）、游轮度假（Cruise）/ 度假（Resort）和早秋（Pre-Fall）。前两个季节是时装周上展示的主要时装秀季节，后面的跨季系列是为了弥补两个主要季节之间的差距，以更频繁地推出新品]。女装春夏系列时装秀在业内人士所谓的"时装月"（fashion month，纽约、伦敦、米兰和巴黎的时装周加在一起的时间）期间发布，于 9 月在秀场上亮相，于次年 1 月进入店内销售，而秋冬系列时装秀于 2 月发布，于 8 月进入店内销售。这导致了一种奇怪的景象：当天气仍然像夏天一样炎热时，人们会穿着厚重的羊毛外套；当地面上有积雪时，人们会穿着超短裤。男装系列传统上在 6 月和 12 月发布，6 个月后进入店内销售，而男女装系列混合发布正日渐常态化。

　　从历史上看，6 个月的交付周期允许编辑有时间为报刊拍摄服装，并进行印刷和发行，而买家则会订购与目标客户相关的款式，让设计师有时间完成订单的生产。博柏利于 2017 年试行了"即看即买"模式，客户可以直接在秀场上购买时装，以利用社交媒体和秀场直播制造轰动效应，越来越多的品牌开始逐渐转向可持续性预售生产模式以最大限度地减少生产过剩，但并未形成常态化模式。

　　度假或游轮度假系列最初是为经常旅行的顾客设计的假日服饰，适于度假和回到气候炎热的家中穿着。如今奢侈品消费者遍布世界各地：巴西、澳大利亚和南非等地的南半球市场是反季销售；赤道附近如马来西亚等地属季风性气候；尼日利亚和肯尼亚等地的非洲市场变得越来越重要，拥有独特的气候，那里消费者的衣橱里多为功能性服饰，以适应北纬地区的温差。

　　可可·香奈儿于 1919 年以她的"游轮度假"系列开创了度假服饰风潮，她

图 48，香奈儿游轮度假系列，巴黎，2018 年 5 月 3 日。

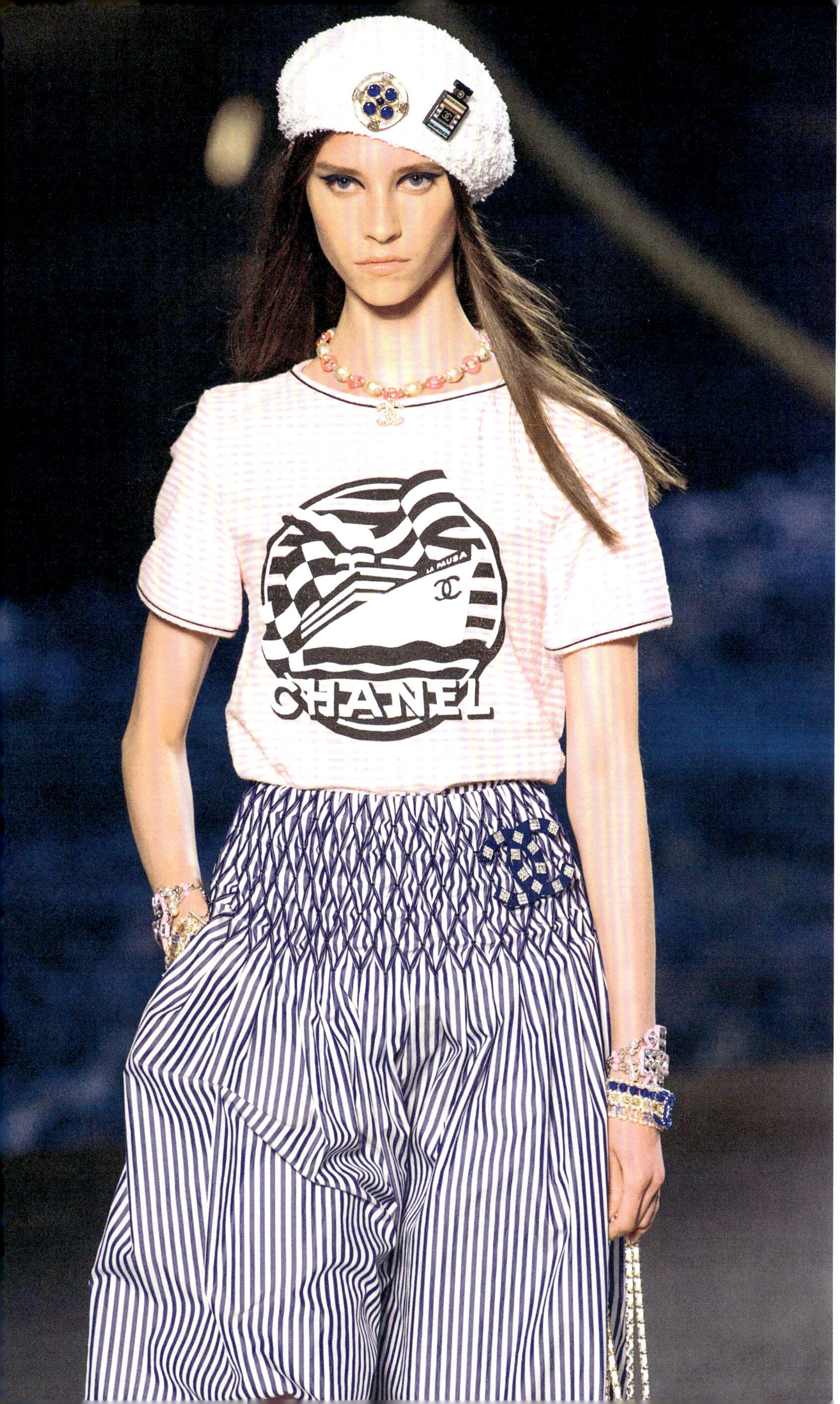
CHANEL

选择在沿海小镇多维尔而不是巴黎进行该系列的发布。这个系列还为<u>航海风格</u>（98页）度假服饰树立了风格标准，如绳索细节以及别致的海军蓝色拼白色的主色调（见<u>经典风格</u>，209页）。

如今，游轮度假系列可能会包含各种跨季节性服装，如大衣、工装单品、牛仔服、晚礼服及晚宴礼服，以及常见的比基尼、沙滩短裤、泳衣和凉鞋。品牌会利用跨季系列以销售更多的商业化单品，因为这些单品不太适合参与品牌概念主线的销售，且这些服装与特定季节无关，降价幅度空间较小，因此可以全价销售更长时间。一些品牌中有高达60%的收入来自其游轮度假系列。

标有"度假"或"游轮度假"的时装系列会在5月或6月的时装周之外的时间进行发布，10月下旬至12月在店内销售。这些系列并非仅限于在主要的时尚之都进行宣传发售，其如今已成为奢侈品牌的一种营销手段，路易威登的2017度假系列远征里约热内卢进行发布，香奈儿为其2019度假系列的发布在巴黎大皇宫安装了一艘全尺寸远洋客轮，古驰为2019年游轮度假系列接管了普罗旺斯的一座罗马墓地，而迪奥的2023游轮度假系列则选择在塞维利亚举行一场安达卢西亚盛宴般的发布会，展示了110套造型，秀上还邀请了著名的弗拉门戈舞者和40名伴舞。

时尚周期的加速促进了消费，但在业内却备受争议。许多知名设计师，如曾在纪梵希任职的里卡多·提西（Riccardo Tisci）——于12年后的2017年离职，他们都表示时装系列的截止日期所带来的巨大压力令他们身心俱疲。2010年，即亚历山大·麦昆自杀后的第二年，克里斯托夫·德卡宁（Christophe Decarnin）和约翰·加利亚诺精神崩溃，当时他们分别担任巴尔曼和迪奥的创意总监，时装设计师的心理健康问题成为人们关注的焦点。已故突尼斯时装设计师阿瑟丁·阿拉亚（Azzedine Alaïa）注意到了这一点，率先推出了无季节性时装系列，他拒绝陷入永无止境的新品轮换循环中。阿拉亚的品牌时装公司现在提供冬季/春夏季/秋季时装系列，以及永恒经典的品牌主推的"黑色连衣裙"系列。

色彩与图案	白色、海军蓝、热带图案印花、粉色、黄色、天蓝色
面料	棉布、真丝、亚麻布、蕾丝
服装与配饰	比基尼、连体泳衣、渔夫鞋 / 帆布鞋、凉鞋 / 拖鞋（sliders）、太阳镜、遮阳帽、行李
细节	绳索、酒椰叶纤维织物

风格词库：时尚指南与穿搭手册

甜蜜生活 DOLCE VITA 风格

4.4

≈	电影明星（Movie Star） 意大利式女性魅力（Italian Glamour）
→	定制西装风格（Tailoring） 摩德风格（Mod）
+	游轮度假风格（Cruise） 经典风格（Classic） 浪漫主义风格（Romantic） 淑女风格（Ladylike） 海报女郎风格（Pin-Up）

在费德里科·费里尼（Federico Fellin）执导的电影《甜蜜的生活》（1960）中担任服装兼艺术总监的皮耶罗·盖拉迪（Piero Gherardi）凭借该电影获得了奥斯卡最佳服装设计奖，人们谈论这部电影的风格多于谈论情节。这部电影讲述了由马塞洛·马斯楚安尼（Marcello Mastroianni）饰演的主人公——八卦专栏作家马塞洛·鲁比（Marcello Rubini）在罗马的故事，在那里，人们的生活信仰从天主教转向了名望和享乐主义。在一周的时间里，他的风流韵事涉及瑞典一线演员西尔维娅[Sylvia，由安妮塔·埃克伯格（Anita Ekberg）饰演，几乎是本色出演]、社交名媛玛达莱纳[Maddalena，由阿诺克·艾梅饰（(Anouk Aimée）饰演]和长期受苦、自怜自艾的马塞洛的未婚妻艾玛[Emma，由伊冯娜·弗诺克斯（(Yvonne Furneaux）饰演]。

　　从时尚的角度来看，这部电影是对衣橱中最常备服饰的颂歌：小黑裙和剪裁完美的黑色西装（见经典风格，209 页）。马斯楚安尼所饰角色的穿搭必须能够在白天和夜晚的各种场合间无缝切换，因此在电影中他穿着一套单排扣黑色西装（见定制西装风格，195 页），内搭清爽的白色衬衫，其设计有优雅的法式袖口并配有超大袖扣，最后，一副经典款玳瑁镜框的 Persol 太阳镜完美地完成了整套造型——日夜佩戴太阳镜的造型（其至今仍被视为名人的象征，要归功于这部电影）。电影中的西尔维娅的晚装是一件下摆轻盈的无袖黑色礼服，她白天则身穿一件纯黑色蕾丝衬衫；女继承人玛达莱纳穿着两款优雅的圆领长袖黑色直裁连衣裙；而对于艾玛，盖拉迪则为其设计了简洁的黑色长款吊带连衣裙和设有盖肩袖的黑色深圆领连衣裙。

　　费里尼借鉴并改进了西班牙时装设计师克里斯托巴尔·巴伦西亚加（Cristóbal Balenciaga）于 1957 年推出的黑色后袋式连衣裙（sack dress）

图 49，

安妮塔·埃克伯格出演电影《甜蜜的生活》的剧照，1960 年。

的设计，该连衣裙让穿着者行动自由，款式简洁大方且极具现代感。这种简约的轮廓影响了 20 世纪 60 年代的摩德风格（228 页）的简洁几何形、A 形和迷你裙摆的设计。这部电影中的其他设计亮点是印有波尔卡圆点或黑白宽条纹的无袖连衣裙（sundresse），在与电影的黑白摄影相结合时，高对比度的单色调为该片增添了标志性的美学特质。

"甜蜜生活"已成为永恒的意大利风格的代名词，唤起了人们在风景如画的罗马胜地周围度过的浪漫夏日的回忆。对于那些寻找永恒度假服装设计灵感的人来说，它仍然是最持久的风格参考之一（见游轮度假风格，164 页）。

色彩与图案	黑色、白色、波尔卡圆点、宽条纹
面料	羊毛、蕾丝
服装与配饰	黑色西装、针织款真丝领带、大号袖扣、猫眼框架太阳镜
细节	甜心形领口、猫眼眼线

风格词库：时尚指南与穿搭手册

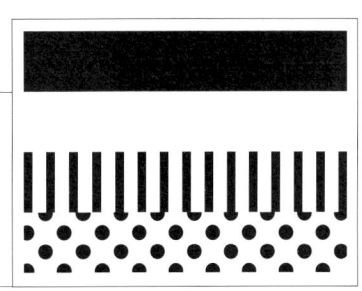

卡哇伊 KAWAII 风格

4.5

≈	原宿（Harajuku）

→	Z 世代电子男孩和电子女孩风格（E-boy & E-girl）　角色扮演风格（Cosplay） 缤纷装扮可爱风格（Decora）　洛丽塔风格（Lolita）

+	学院派风格（Academia）　极繁主义风格（Maximalist）

日语中的"卡哇伊"（kawaii）一词已经渗透进了全球消费文化中，充斥着甜美的柔和色调和拟人化的动物形象，如 Hello Kitty 和《宝可梦》中的皮卡丘。这个词也可以翻译成"可爱"，用来形容一切讨人喜爱、天真无邪的事物。

　　这种可爱的美学风格始于 20 世纪 60 年代末，当时日本大学生对规定的学习内容和传统日本教育的严苛要求进行了反抗。他们会逃课去看漫画，而且在当时还出现了一种包括环形字符和心形图案的童真书写风格，这是当今表情符号的前身。玩具公司三丽鸥（Sanrio）顺应了这一可爱美学风格，于 1974 年推出了 Hello Kitty。从那时起，这只用简单的童真线条绘制出来的猫咪形象便出现在从文具到商用航空飞机涂装（airline livery）等各种物品上，甚至还有 Hello Kitty 主题公园。

　　卡哇伊风潮兴起于 20 世纪 70 年代和 80 年代日本女性在职场环境中权力的解放和增强时期，对于那些勤奋的办公室女性来说，卡哇伊风潮是一种轻松的方式，用以反抗社会的保守传统。她们会表现出可爱气质，采用极其女性化的做作（burikko）举止，如女孩般的声音、笑时捂住嘴巴以及孩子般的欢呼声，这些行为与西方的女性主义观念相悖，但值得注意的是，在日本，"卡哇伊"通常被认为是一种赞美，这个词也适用于男性。这些女性获得经济独立可以使她们沉迷于物质主义并参与街头的"卡哇伊"亚文化。

　　在举世闻名的东京原宿区，可爱风融入了街头时尚。那里的女孩们会穿上饰有蝴蝶结和兔耳朵的洋娃娃裙或围裙式连衣裙（pinafore dress）、过膝长袜和精致的玛丽珍鞋。这种美学观念逐渐发展为特定的风格，如缤纷装扮可爱风格（173 页）和洛丽塔风格（177 页），以及 kogal 风格，即穿着高中制服（真的或假扮成学生），用褶裥迷你裙搭配向下推叠的长袜或针织护腿。kogal 女孩称

图 50，

LEAF XIA（夏乙旗）

2019 秋冬，

纽约时装周，

2019 年

2 月 13 日。

THE STYLE THESAURUS: A definitive, gender-neutral guide to the meaning of style and for all fashion lovers

自己为 gyaru，即"辣妹"（gal），尽管这个词也适用于日本版的加州山谷女孩千禧风格造型，其特点是炫耀性消费、晒黑的皮肤、漂染的金发和长长的水晶指甲，浓妆艳抹，与卡哇伊风格的清纯天真的面容形成鲜明的对比。一些 kogal 女孩在二三十岁甚至年龄更大的时候都会与父母同住（社会科学家们相当不友好地称她们为"单身寄生虫"），且其中的许多人会从父母那里得到充足的零用钱。

卡哇伊风格在 Z 世代的社交媒体平台上广为流传，因其源自日本，因而对 Z 世代电子男孩和电子女孩风格（51 页）产生了重大影响。还有其子流派性感可爱风格（Erokawa），这是一种色情版的卡哇伊风格，呈现了高潮时的红润面容和做作姿态。其他的风格变体还包括梦幻可爱风格（Yumekawaii），融合了幻想和独角兽元素，以及仙女系风格（Fairy Kei），带有怀旧的 20 世纪 80 年代风格，参考了热门卡通形象小马宝莉（My Little Pony）、彩虹仙子（Rainbow Brite）和爱心小熊（Care Bears），以及 20 世纪 80 年代的印花，如波尔卡圆点。

更前卫的风格变体包括 Yamikawaii（可爱中带有黑暗主题，如精神疾病）和 Gurokawaii（恐怖、血腥、可爱）。卡哇伊风格还影响了软女孩和软男孩的美学观念中的柔和色调和文弱气质。虽然卡哇伊造型本质上属于极繁主义风格（254页），并且看起来像戏服的造型穿搭，但其还达不到角色扮演风格（158页）的动漫或漫画角色完整的妆造效果。

色彩与图案	白色、粉色、淡紫色、淡蓝色、水仙黄色、淡彩格纹、珠光色、彩虹色、彩虹条纹
面料	蕾丝、真丝网纱、棉布、罗缎（grosgrain）
服装与配饰	褶裥超短裙、膝盖/过膝长袜、玛丽珍/娃娃鞋、背带式工装裤、及膝厚底靴、饰有动物耳朵款式的发带/发夹、T恤、女士衬衫、连衣裙
细节	彩虹、草莓、云朵、蝴蝶、星星、凯蒂猫、心形、小熊软糖、彼得潘领、甜心式领口、丝带、便当盒及咖啡杯式快餐主题图案

4.5.1

缤纷装扮 DECORA
可爱风格

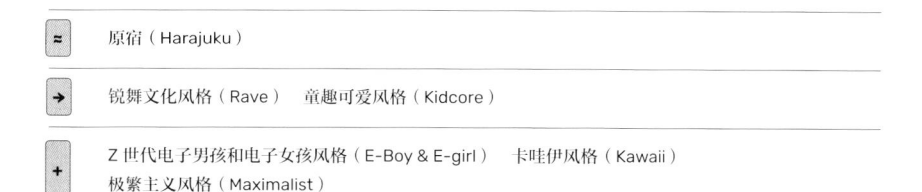

≈	原宿（Harajuku）
→	锐舞文化风格（Rave）　童趣可爱风格（Kidcore）
+	Z 世代电子男孩和电子女孩风格（E-Boy & E-girl）　卡哇伊风格（Kawaii） 极繁主义风格（Maximalist）

20 世纪 90 年代中期，在东京原宿街区的年轻人中兴起的卡哇伊风格（170 页）被推向了最为极端的极繁主义风格（254 页），并在时尚摄影师青木正一（Shoichi Aoki）的宣传推动下，于千禧之际达到顶峰。青木正一在 1997 年创办了 *FRUiTS* 杂志，他走上街头进行街拍，捕捉东京各种亚文化中最独特、最不拘一格的瞬间。当时的青少年偶像筱原友惠（Tomoe Shinohara）尝试了最早期的缤纷可爱装扮风格，她的粉丝们（被称为"Shinora"）会模仿偶像的这种造型风格，其中的许多造型都曾登上了 *FRUiTS* 杂志。21 世纪头十年中期，这种可爱风格造型通过竹村桐子（Kyary Pamyu Pamyu）等时尚博主在国际上取得了突破性的影响力，之后竹村被一位音乐制作人发掘，成为国际知名的日本流行乐歌手。

"多多益善"的心态让这种街头风格爱好者们堆积了越来越多的塑料玩具，将网纱蓬蓬裙与印有卡通图案的连帽衫和不成对的袜子搭配在一起。配饰在缤纷装扮可爱风格中尤为重要：头上别着好几个发夹，脸颊上点缀着心形和星形贴纸、闪粉、闪亮的碎钻，双臂戴着塑料手镯，鼻梁上有时还贴有小号创可贴。自制的串珠手链和项链在缤纷装饰可爱风格和锐舞文化风格（146 页）中都有出现。在锐舞风格中，这类串珠手链和项链是"kandi kids"的标志性配饰。

缤纷装扮可爱风格的色调通常比原始的卡哇伊风格更加鲜艳，霓虹色调和明亮的彩虹条纹让人联想起 20 世纪 80 年代的复兴主义情绪，因此人们常会将这种风格与童趣可爱风格（175 页）混淆。然而，缤纷装扮可爱风格仅专注于外观的装饰，除缤纷的色调外，这种风格装扮还可以创建出一种单色系的装饰造型

（monochrome decora）。

　　虽然时装设计师们很少从缤纷装扮可爱风格中寻找创意灵感，但在川久保玲（Rei Kawakubo）Comme des Garçons 2018 春夏系列时装秀场造型中就曾出现用玩具零件制成的如雕塑般的配饰。装饰叠戴的发夹在社交媒体上传播开来，成为 2018 秋冬季美妆的流行趋势，奢侈品牌纷纷将这类装饰性配饰作为品牌的入门级产品并持续推出，以从中获利。

图 51

‹

伦敦街头的

缤纷装扮可爱风格

造型的女孩，

2019 年

9 月 17 日。

色彩与图案	霓虹粉色、紫色、亮绿色、亮黄色、粉色拼黑色条纹、紫色拼黑色条纹、彩虹条纹、蓝绿色
面料	针织面料、真丝网纱（tulle）、塑料、人造毛皮
服装与配饰	卡通印花卫衣、塔层裙（tiered skirt）、玛丽珍 / 娃娃鞋、运动鞋、花形不对称式连裤袜或袜子（mismatched tights）、厚底鞋
细节	贴纸、发夹、发带、塑料玩具、毛绒玩具、层叠穿搭、塑料珠、塑料链条、彩色绒球（pom-poms）

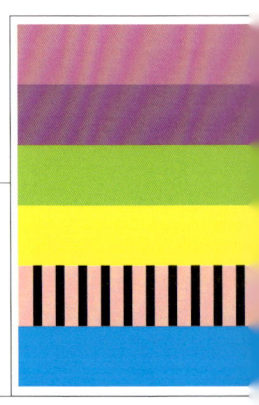

童趣可爱 KIDCORE 风格

≈	怀旧（Nostalgia）
→	缤纷装扮可爱风格（Decora） 极简主义风格（Minimalist） 淑女风格（Ladylike）
+	怀旧／复古风格（Retro） 嬉皮士风格（Hippy） 极繁主义风格（Maximalist） 坎普风格（Camp）

虽然缤纷装扮可爱风格（173 页）和童趣可爱风格都融合了怀旧、儿童玩具和电视剧角色等主题，运动鞋、背包到脸颊苹果肌等各处都贴满了贴纸，但两者之间仍存在一些微妙之处，足以区分它们的外观。缤纷装扮可爱风格发源于 20 世纪 90 年代的东京街头，而童趣可爱风格则是发源于 21 世纪 10 年代西方千禧一代的服饰造型美学观念，他们的穿着像 90 年代的孩童装扮。童趣可爱风格在当下仍然存在，Z 世代会在旧货店里搜寻迪士尼商品和小狗、小猫、独角兽等旧时卡通印刷品。缤纷装扮可爱风格通常会加入一些卡哇伊风格（170 页）的基本款，穿着高饱和度的粉红色、紫色和粉蓝色服饰，双臂戴着手镯。另一方面，童趣可爱风格的穿搭中经常会加入一些年轻化的牛仔单品，如原色和亮色背带工装裤，可能也会配有一两个手镯，但比缤纷装扮可爱风格要简化得多。

品牌莫斯奇诺的创意总监杰瑞米·斯科特（Jeremy Scott）一次又一次地证明，没有哪个主题会因为太过俗气而无法出现在他的时装系列中。在他的 2022 春夏系列时装秀上，他以多个儿歌角色（nursery-rhyme characters）为灵感，设计了一个极具淑女风格（281 页）优雅气质的童趣装扮系列。童趣可爱风格有别于穿着品味，对于那些热衷于全黑装束和极简主义风格（252 页）的业内人士来说，童趣装扮属于一种无聊的逃避主义行为，但也提醒着我们时尚的多姿多彩，并且充满趣味。

图 52

^

温妮·哈洛（Winnie Harlow）为莫斯奇诺品牌走秀，纽约时装周，2021 年 9 月 9 日。

色彩与图案	原红色、黄色和蓝色、彩色条纹、豹纹印花、扎染
面料	牛仔布、人造毛皮、运动卫衣织物、针织面料、钩编织物、亮片面料
服装与配饰	连帽衫、背带式工装裤、卡通印花 T 恤、芭蕾款平底鞋（ballet pumps）、匡威鞋、友谊手链（friendship bracelets）、睡衣、男士背带（吊袜带）、短袜、塑料链条
细节	卡通形象、塑料玩具、迷你手包、一次性文身、贴纸、荷叶边/褶饰、彼得潘领、扇形边缘（scalloped edges）、动物耳朵形装饰

THE STYLE THESAURUS: A definitive, gender-neutral guide to the meaning of style and for all fashion lovers 　176

洛丽塔 LOLITA
风格

≈	原宿（Harajuku） 甜系洛丽塔（Sweet Lolita）
→	新维多利亚风格（Neo-Victoriana） 卡哇伊风格（Kawaii） 适度时尚风格（Modest）
+	蒸汽朋克风格（Steampunk） 草原风格（Prairie） 航海风格（Nautical） 乡村田园风格（Cottagecore） 哥特风格（Goth） 洛可可风格（Rococo）

对于很多人来说，"洛丽塔"这个名字会让人联想到弗拉基米尔·纳博科夫（Vladimir Nabokov）在 1955 年发表的备受争议的同名小说中令中年主人公痴迷的 12 岁少女形象。小说描绘了一种童真式审美，但东京原宿区的洛丽塔风格是基于维多利亚时代淑女风格（281 页）的美丽优雅和适度时尚风格（284 页）的服饰穿搭。洛丽塔风格是从 20 世纪 90 年代的卡哇伊风格（170 页）中提炼出来的，其服饰灵感源自新维多利亚风格（26 页）的褶饰立领、长袖及褶饰裙，还融入了水手领等设计细节（另见航海风格，98 页）。

洛丽塔风格融合了亚洲和欧洲的美学情感，还借鉴了洛可可风格（257 页）的元素，与玛丽·安托瓦内特王后有着千丝万缕的联系，她在时尚和其他领域的过度挥霍促成了 1789 年的法国大革命。宽大的塔层裙摆像婚礼蛋糕一样，内附有华而不实的巨大裙撑。女孩们在完美的洋娃娃般的头发上装饰着蝴蝶结，精致的帽子用丝带固定在下巴上，她们戴着精致的蕾丝手套，拿着褶饰阳伞或扇子。马卡龙色调的洛丽塔风格装扮通常被称为甜美洛丽塔，而全黑色调外观则成为哥特洛丽塔的象征（见哥特风格，220 页）。

归根结底，洛丽塔风格与其他可爱风格一样，都植根于当代的日本文化，这种文化鼓励年轻人赞美童年，而不是跨年龄超前扮演成年人。这种微妙的偏好可能在一定程度上解释了为什么美泰公司（Mattel）出品的身材姣好的芭比娃娃会在日本市场销量欠佳。

图 53

‹

第四届

个人时尚博览会

（The Individual

Fashion Expo. IV）

会场外洛丽塔风格

造型的女性，东京，

2008 年

9 月 3 日。

色彩与图案	粉色、奶油色、白色、黑色
面料	蕾丝、真丝网纱
服装与配饰	A 字裙、衬裙、玛丽珍鞋 / 娃娃鞋、遮阳伞、女士衬衫、珍珠项链、扇子
细节	蝴蝶结、荷叶边 / 装饰褶边、泡泡袖、丝带、心形装饰、水手领

THE STYLE THESAURUS: A definitive, gender-neutral guide to the meaning of style and for all fashion lovers 178

家居服饰 LOUNGE 风格

=	家居服（Homewear）
→	传承/传统风格（Heritage） 新维多利亚风格（Neo-Victoriana） 摩登女郎风格（Flapper） 马术服饰风格（Equestrian） 军装风格（Military） 定制西装风格（Tailoring） 花花公子风格（Dandy） 兼有两性特征风格（Androgynous）
+	运动休闲风格（Athleisure） 舒适惬意风格（Hygge） 常规服饰穿搭风格（Normcore）

家居服饰似乎是为满足现代生活方式而发明的，但事实上，将居家穿着的服装应用于公共场合，这在17—19世纪是很常见的事。不过，居家放松时所穿的衣服与睡衣截然不同，当时的人们绝不会想到在公共场合穿睡衣。

荷兰东印度公司在17世纪将名为"banyan"（源自泰米尔语"vaaniyan"，意为"商人"。17世纪和18世纪的欧洲人在提到日本和服时使用了这个词。和服是由荷兰东印度公司商人带到欧洲的，在他们的母语中被称为"banyan"，指开襟上衣搭配长裙的款式，外形类似于传统的日本和服）的服装从东方带入欧洲，由此产生了最早的家具服饰。这种宽松的真丝家居服以波斯长袍和日本和服为原型，因商人坐在树下做生意而得名。18世纪，美国开国元勋之一、医生本杰明·拉什（Benjamin Rush）曾谈论过，在图书馆里常会出现穿着飘逸长袍学习哲学的人，这种舒适穿着不会阻碍他们的思维。

摄政时代的花花公子博·布鲁梅尔（Beau Brummell）开创了休闲西装夹克（lounge jacket）搭配正装裤的潮流（见花花公子风格，247页），这是当今休闲西服套装的前身（见定制西装风格，195页）。休闲西装夹克的后背比晨礼服（见马术服饰风格，70页）裁剪得更短、更直。在休闲西服套装款式的演变过程中，美国市场创新并发明了更宽松的"普通/袋型西装"，西装后面由两片直裁裁片缝制而成。休闲西服套装从家庭娱乐转向公共休闲活动，现已演变成为整洁考究的商务正装。

在19世纪（见新维多利亚风格，26页），克里米亚战争令土耳其香烟成为一种时尚，而"吸烟夹克"（smoking jacket）则演变为一种新的款式，融合

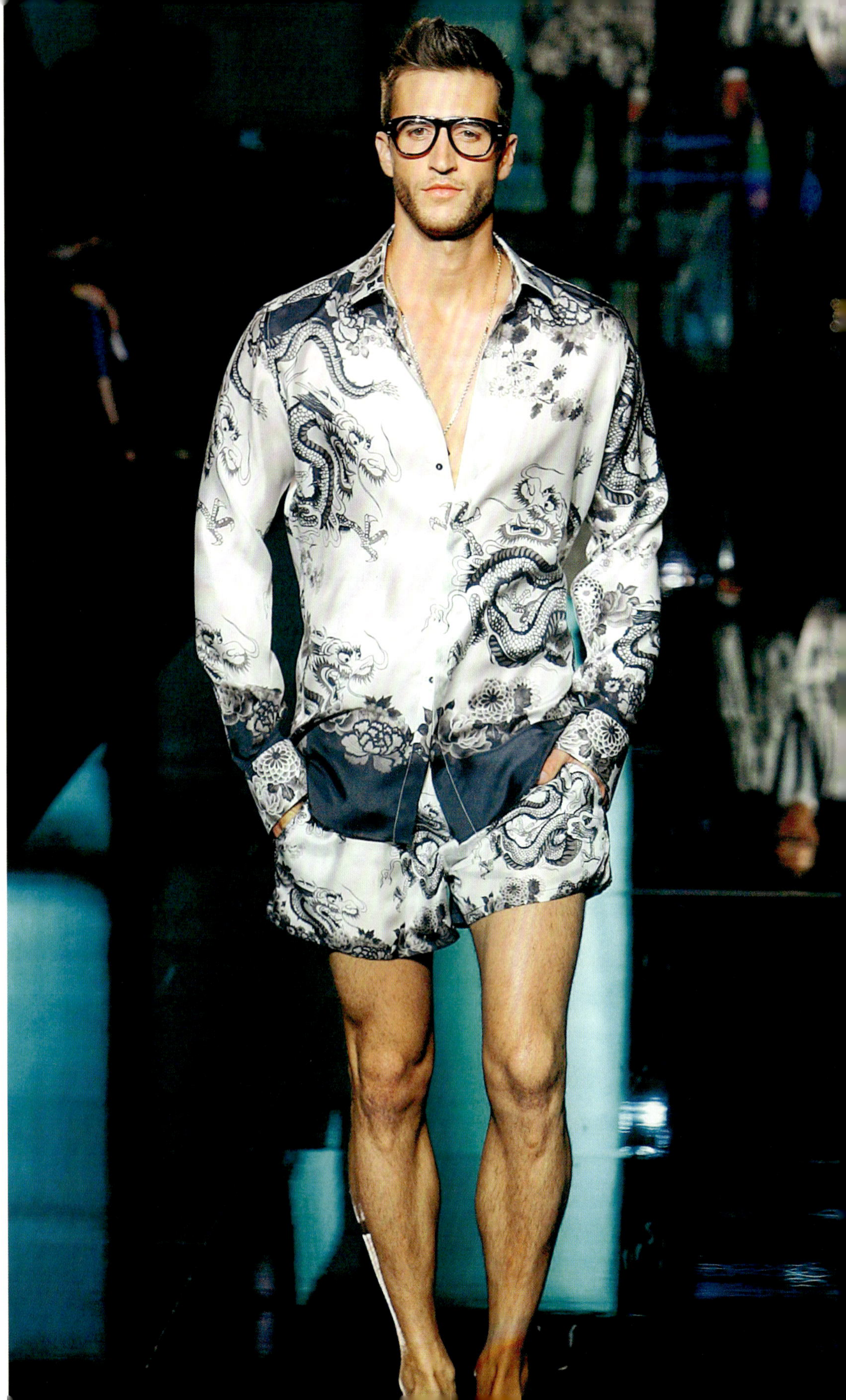

图 54

杜嘉班纳 2009 春夏男装系列，米兰时装周，2008 年 6 月 21 日。

了 banyan 家居袍的舒适性及定制休闲夹克的高品质。男士们会换上吸烟夹克，在独立的房间里吸烟或抽烟斗，这样他们的日装就不会沾染烟味。吸烟夹克设计有真丝缎面青果领，可以防止烟灰粘在上面，吸烟后男士们会换回原有的装束，再回到女士身边。

吸烟夹克催生了无尾晚宴礼服（tuxedo/dinner suit）。1865 年，未来的爱德华七世国王，即当时的威尔士亲王阿尔伯特·爱德华（Albert Edward），要求他的萨维尔街的裁缝亨利·普尔（Henry Poole）为其制作一款新式的晚宴礼服，借鉴了吸烟夹克的真丝缎面青果领。这款礼服给美国咖啡贸易中间商兼金融家的詹姆斯·布朗·波特（James Brown Potter）留下了深刻的印象，他也为自己定做了一件，并在纽约的名为"Tuxedo Park"的乡村私人俱乐部的秋季舞会上穿着这款晚宴礼服首次亮相，无尾晚宴礼服就此诞生。

在一些国家，晚宴礼服夹克（dinner jacket）也被称为吸烟夹克，在语言学中属于"伪友/假同义词"（false friend，属于不同语言，书写形式相同或非常相似但涵义不同的一对词语），但晚宴礼服和无尾晚宴礼服是指同款礼服，通常由黑色或午夜蓝色羊毛面料制成，配有真丝缎制的翻领领面，而吸烟夹克的翻领领面除缎面之外，还可以是绗缝及宝石色调的，如蓝绿色、酒红色或祖母绿色的天鹅绒面。伊夫·圣罗兰于 1966 年为女性设计的标志性无尾晚宴礼服被他称为"Le Smoking"，这又进一步混淆了吸烟装与晚宴礼服的概念。

1858 年至 1947 年，在英国王室直接统治印度期间，印地语中的"paijama"（指腿部覆盖物）一词被引入英语中，指代款式简单的睡衣裤（pyjamas）。从农民到出身高贵的人，所有阶层和性别的人都穿着这种睡衣裤，其在 1870 年左右成为英国男士中流行的家居服（外加一件与之相配的衬衫）。第一次世界大战后，引领时尚潮流的设计师可可·香奈儿让睡衣裤在女性中流行起来，早在 1918 年，她就曾穿过一套"沙滩睡衣裤"。尽管这种兼有两性特征风格（270 页）的款式在当时很令人震惊，但其造型风格很快就在贵族圈中成了一种流行趋势。

红色和黑色真丝睡衣裤的设计灵感源自中南半岛的风格，装饰有龙、花和蝴蝶图案，在咆哮的 20 年代，东方风尚和所谓的异国文化品味（见摩登女郎风格，30 页）风靡一时。在电影审查制度开始实施之前，克劳黛·考尔白（Claudette Colbert）在喜剧电影《一夜风流》（Happened One Night，1934）中穿着的撞色真丝缎睡衣套装推动了这一趋势。

当代对"休闲"的理解与之前不同，很少触及精心策划的晚宴活动。近年，我们比以往任何时候都更需要家居服。当代家居服通常以运动休闲风格（60 页）的服装为主，如运动套装和连帽衫，有时还会选择穿着由更具有舒适触感的面料

风格词库：时尚指南与穿搭手册 181

制成的家居服，如羊绒和天鹅绒。床上睡衣也可用于休闲穿着，有些设计师品牌，如杜嘉班纳推出将真丝睡衣作为日装穿着的概念，正如该品牌在 2009 春夏系列时装秀上所展示的那样。

色彩与图案	奶油色、紫色、深红色、午夜蓝色、黑色、金色
面料	平绒织物、真丝缎、天鹅绒、运动套装针织面料
服装与配饰	睡衣、运动套装、连帽衫、羊毛开衫、套头衫、凉鞋 / 拖鞋、室内鞋 / 拖鞋（slippers）、长袍 / 睡袍（robe）
细节	松紧式腰带、腰部抽绳（drawstring waist）、无结构式（unstructured）简易剪裁

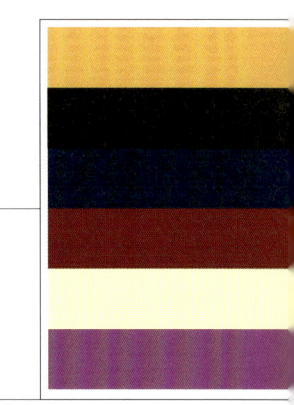

舒适惬意 HYGGE 风格

≈	温暖安逸（Cosy）
→	波西米亚风格（Bohemian） 多层穿搭风格（Lagenlook）
+	家具服饰风格（Lounge）

随着北纬地区夜幕降临，气温开始下降，人类的本能就是筑巢，然后盖上被子睡觉。"hygge"（发音为"hyoo·guh"）是丹麦人和挪威人根深蒂固的生活方式。概括地说，"hygge"蕴含着"舒适"和"满足"之意，意味着在点亮烛光的氛围中，有可口的食物和甜品，大家团聚围坐在熊熊炉火旁，身着舒适保暖的衣服。近年来，人们开始积极探寻生活中的应对之策，这种舒适惬意风格通过社交媒体迅速进入全球意识。

从时尚的角度来看，舒适惬意风格服装采用冬日色调和不饱和的中性色，以厚重的羊毛编织、羊皮和毛皮（当然，现在都换成了人造毛皮）为主。"hugge"源自古挪威语的"hugga"，意为"安慰"，"hug"一词便由此而来。用层层的衣物包裹住躯干，形成一个头重脚轻的廓形，这种舒适惬意风格的造型就算成功了一半。

在层层穿搭与舒适性方面，舒适惬意风格与多层穿搭风格（250页）有着相似之处，身穿的宽松、非结构化的服装又融合了波西米亚风格（217页）。然而，多层穿搭造型中通常会穿着几层面料轻薄的长款、中长款或超长款且表面有褶皱的解构主义服装，而舒适惬意风格的服装通常舒适贴身，面料朴素（令人困惑的是，夏季版的舒适惬意风格几乎与多层穿搭风格相似且难以分辨）。

鉴于舒适惬意风格是丹麦人不可或缺的生活方式，他们屡次在《全球世界幸福报告》（United Nations World Happiness Report）中位居前两名（与芬兰竞争激烈）也就不足为奇了。尽管在隆冬时节，丹麦的夜晚长达17个小时，丹麦人的寿命也比斯堪的纳维亚半岛的邻国居民短。关于最后一点，哥本哈根幸福指数研究机构（Happiness Research Institute）的首席执行官、全球畅销书《舒适惬意之书：丹麦人的美好生活方式》（The Little Book of Hygge:

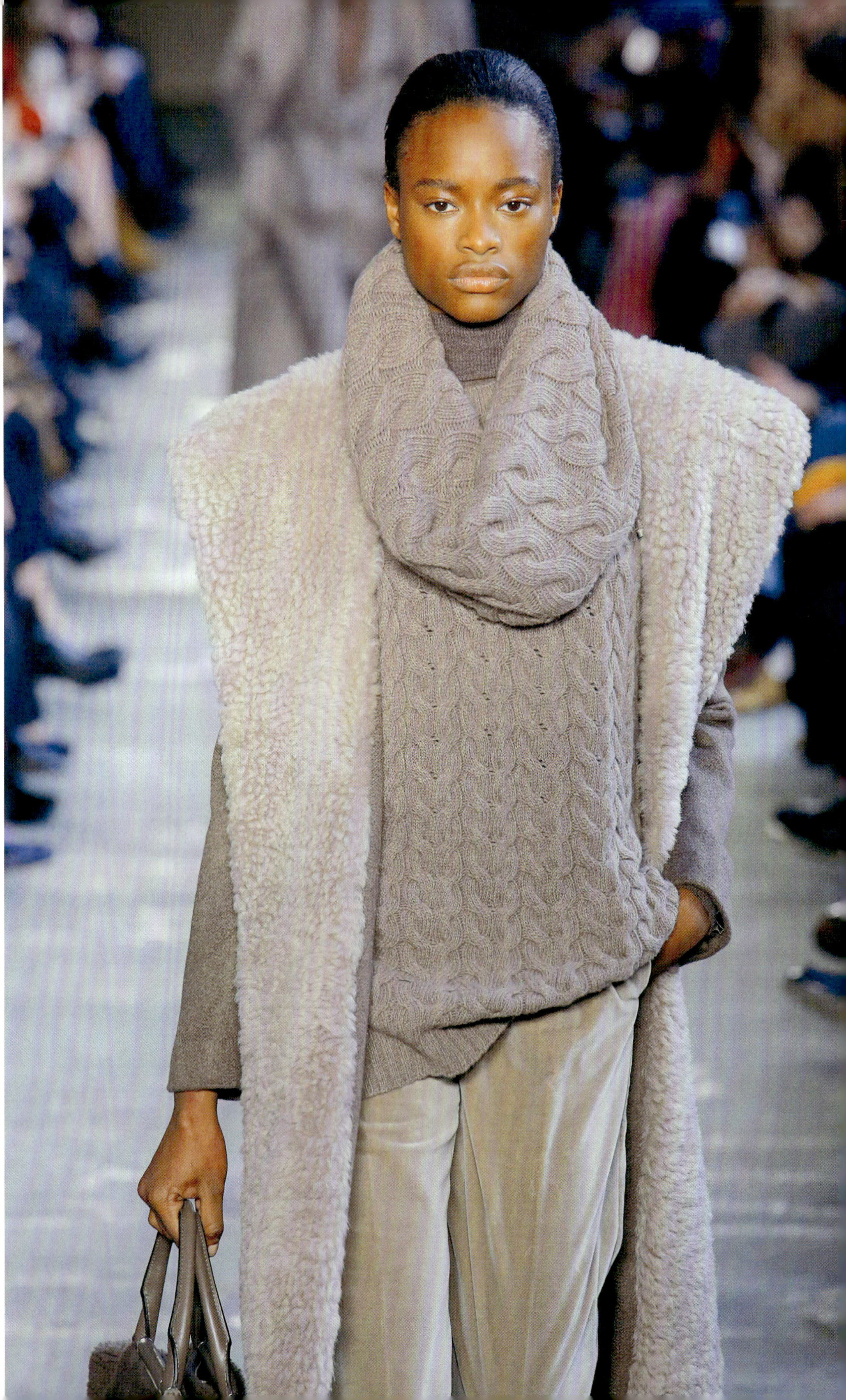

图 55

‹
Max Mara
2017 秋冬，
米兰时装周，
2017 年
2 月 23 日。

The Danish Way to Live Well, 2016）的作者梅克·维金（Meik Wiking）在接受采访时曾开玩笑称，也许所有这些美味的糕点和热红酒最终都会对他们产生负面的影响。

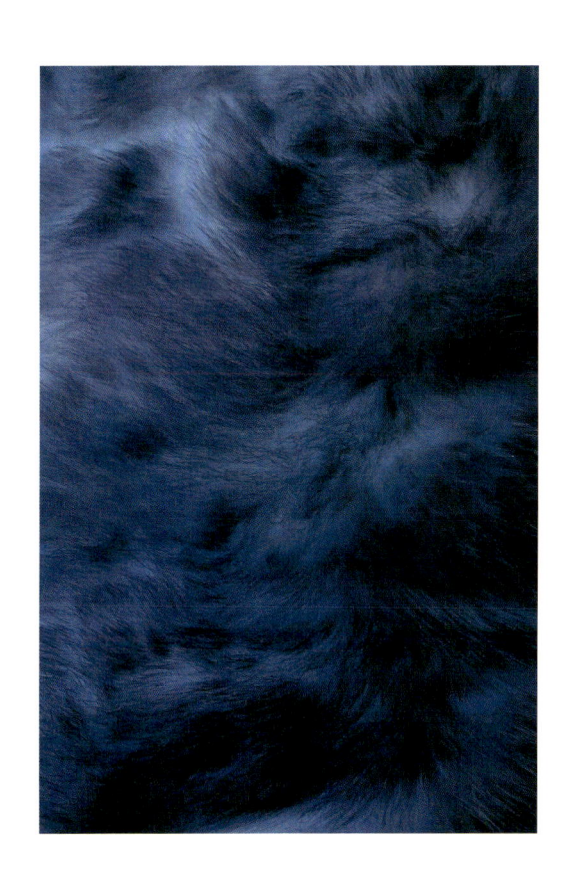

色彩与图案	黑色、北极/极地白、石青色（stone）、水貂色（mink）、鸽子灰（dove grey）、冰蓝色（ice blue）、浅灰褐色（putty）、泥土色系格纹、石楠紫色（heather purple）
面料	羊绒、羊毛、人造毛皮、剪毛羊皮/皮毛一体（shearling，刚剪过一次毛的羊羔皮）、天鹅绒、绞花/辫子编织物、针织面料、亚麻、抓绒/泰迪绒（teddy fleece）
服装与配饰	羊毛开衫、阔腿裤、大衣、羽绒服、毛织套头衫、袜子、围巾、无檐针织帽、手套、半指针织袖套
细节	层叠穿搭、不对称式、可持续性概念、超大码、无结构式简易剪裁

风格词库：时尚指南与穿搭手册

5

墨守成规者

Conformists

5.1 学院派风格 Academia / 5.1.1 名校校服风格 Preppy / 5.1.2 大学校队风格 Varsity / 5.2 定制西装风格 Tailoring / 5.3 常规服饰穿搭风格 Normcore / 5.4 资产阶级风格 Bourgeoisie / 5.4.1 上流社会风格 Sloane / 5.4.2 法国上流社会／老钱风格 BCBG / 5.5 经典风格 Classic

尽管多数情况下我们很不愿意妥协，但我们最终还是会选择墨守成规。我们要保住稳定的工作，要在学习机构探求知识，与团队合作，努力改善自己及家人的生活。此外，我们的穿着还需要经得起时间的考验，且不会受到他人评判。

每日最安全的穿搭组合可能是白色 T 恤配蓝色牛仔裤，头戴低调的棒球帽，脚上穿一双舒适的运动鞋。对于更正式的场合，可以选择剪裁得体的西服套装配擦得光亮的牛津鞋。定制西装运用的是一种高品质的服装裁制技术，数百年来一直在使用纸质样板进行裁剪，再将二维面料裁片缝制成三维立体的服装。而真正定制的意义在于，面料裁片长短与缝制要求都是基于客户的量体尺码。出于西装的特定结构方式，即使是成衣类西装也具有一种固有的正规体面的感觉。定制西装的剪裁风格已经渗透融入到许多其他的服装风格中，说明其外观可以在任何场合被接受。

还有一些风格，比如资产阶级风格，人们会专注于个人的社会流动性，以及他们被阶级中其他成员接受的程度。20 世纪 80 年代的伦敦流行上层阶级人士的着装风格，即上流社会风格，常以羊毛针织套装搭配珍珠首饰，展现高傲的形象气质。而在海峡对岸的巴黎，与英国上流社会风格美学相呼应的是象征着法国贵族阶级出身的老钱风格（BCBG）。即使是铁杆的潮流追随者，他们的衣橱里也会有一些经典的单品，即一些无季节性或无年代感的值得购入的单品，如白色棉质衬衫、米色风衣、卡其色斜纹棉休闲裤、驼绒大衣、普通款的白色运动鞋和黑色机车靴。然而，人们的穿搭并不只会受到风格的影响。二手商品和转售市场正在快速增长，其交易额预计在 2026 年将会达到 2180 亿美元，远远超出 2021 年的 960 亿美元。人们的集体心态已经从快时尚转向了更具有穿着性价比的服装，护理和修补这些服装将有利于地球的环保，并缓解个人的财务状况。

学院派 ACADEMIA 风格

5.1

≈	图书管理员（Librarian） 时髦书呆子（极客/奇客）（Geek Chic）
→	运动休闲风格（Athleisure） 乡村田园风格（Cottagecore） 名校校服风格（Preppy）
＋	怀旧/复古风格（Retro） 卡哇伊风格（Kawaii） 定制西装风格（Tailoring） 经典风格（Classic） 披头族风格（Beatnik）

西方博学多才的教授风格形象根植于近千年的大学教育体系（最古老的大学是博洛尼亚大学，成立于1088年，紧随其后的是牛津大学，成立于1096年）。在当代文化运动的进程中，学院派风格人士崇尚知识与哲学，偏爱图书馆内堆满了红木书架的田园诗歌、文学作品和描绘真实生活的书籍。

这种风格造型的典型特征是由粗花呢制成的西装外套和马甲、熨烫整齐的白衬衫和领带、深V领毛衣、剪裁合体的长裤或褶裥网球裙、抛光的布洛克皮鞋或牛津鞋，再搭配一个斜挎皮书包（satchel），里面装满翻阅过多次的书籍。伪知识分子披头族/垮掉一代（见披头族风格，214页）所钟爱的纯黑或海军蓝色圆翻领套头衫也是学院派衣橱中的必备单品，穿着者还会选择不同年代的怀旧/复古风格（20页）造型穿搭来诠释学院派的美学风格，特别是20世纪30年代、40年代、60年代和70年代的服饰造型。

互联网兴起的新唯美主义学院派风格试图从怀旧情怀中获得灵感，就像乡村田园风格（161页）一样。在数字领域，这种曾经代表着精英主义的着装方式，象征着私立教育的特权与财富[类似于北美常春藤联盟的名校校服风格（191页）]，其因提倡瘦、白人专属和顺性别的观点而受到批评。但这种美学观念正被日益多元化的受众所颠覆，经社交媒体和博客的传播，其被呈现为黑暗的学院派风格，代表更具哥特式色调的秘密团体，如电影《死亡诗社》（*Dead Poets Society*，1989）中的秘密俱乐部和唐娜·塔特（Donna Tartt）的谋杀悬疑小说《秘史》（*The Secret History*，1992）中的文学团体；以及光明的学院派风格，在色调和主题上都更加明亮。以定制西装风格（195页）为主导地位的学院派风格赋予了其造型兼有两性特征风格（270页）的包容性，学院派风格的西装常使用英国传承/传统风格（23页）的面料裁制，如柔和的粗花呢，它与炭灰色、黑色

图56
›
Wales Bonner
2020—2021秋冬
男装系列，
伦敦时装周，
2020年
1月5日。

THE STYLE THESAURUS: A definitive, gender-neutral guide to the meaning of style and for all fashion lovers　　188

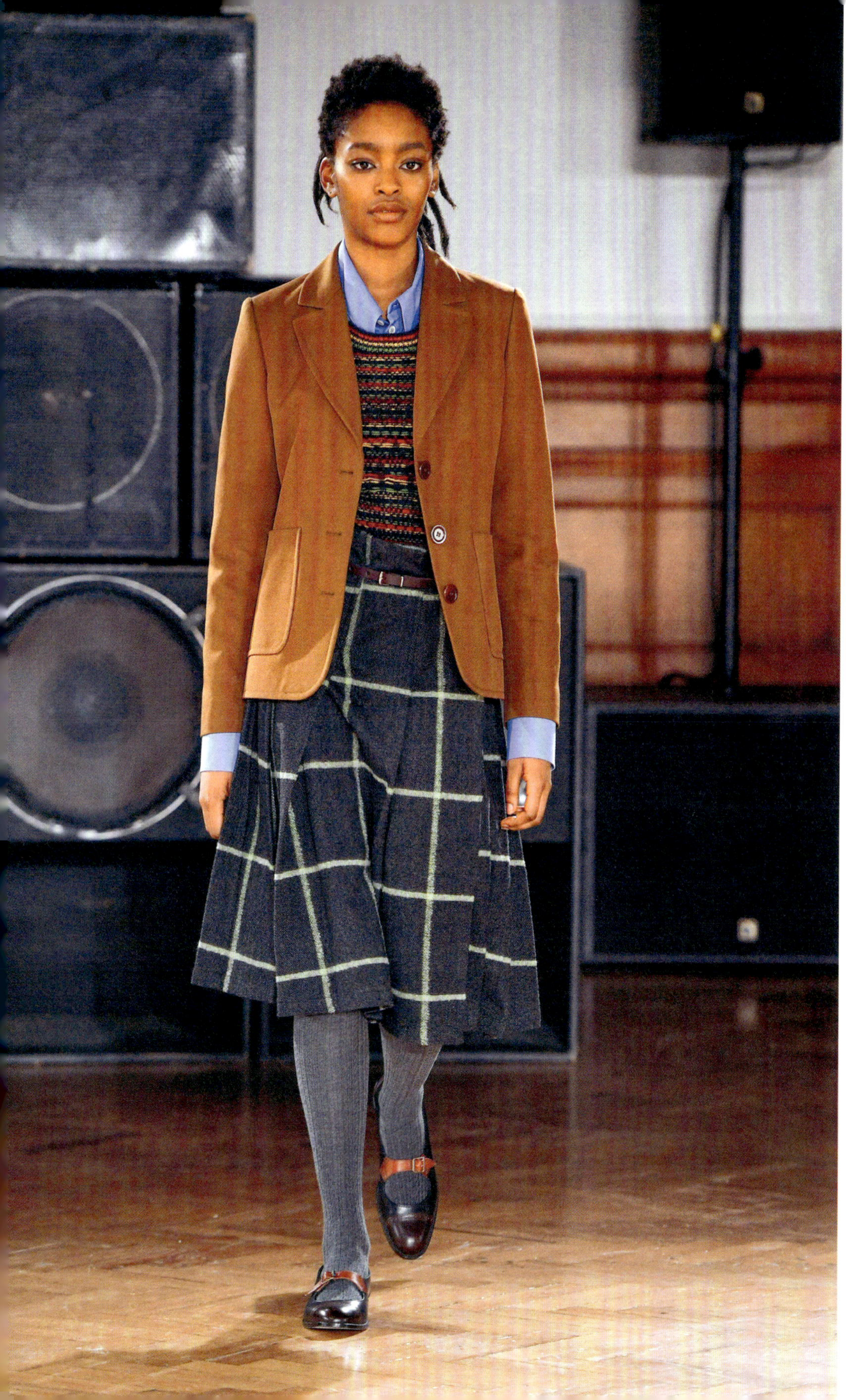

和细条纹羊毛法兰绒不同，后者更适用于行政风格造型。总体而言，学院派风格本质上属于一种<u>经典风格</u>（209 页），常被用于各种保守类造型，还可以将正装鞋换成运动鞋，并搭配运动衫使其风格更加年轻化，再将它带入"校园核心风格"（schoolcore）群体，这就成了在 Z 世代中流行的辣妹校服造型（没有被过度性化的造型），这是从<u>卡哇伊风格</u>（170 页）的服饰中衍生出来的一种造型风格。

因受英国作家 J.K. 罗琳（J.K. Rowling）笔下年轻巫师故事的影响，学院派的风格造型打动了众多读者。令人欣慰的是，大学校园生活、老式图书馆的舒适惬意和纸质书页的触感并没有让人们失去兴趣，学生们现在仍可以轻松地在混合式教学（hybrid learning）环境中学习。

色彩与图案	黑色、灰色、棕褐色、棕色、白色
面料	粗花呢、棉布、羊毛、羊绒、绞花 / 辫子编织
服装与配饰	牛津衬衫、西装外套、圆翻领 / 高领套头衫（turtleneck jumper）、羊毛开衫、格纹长裤、风衣、饰有绳襻和棒形扣的连帽粗呢大衣、布洛克皮鞋、乐福鞋、切尔西短靴、马丁靴、及膝袜、领带、褶裥超短裙、单肩 / 斜挎皮书包、西装马甲、毛织背心、板球毛衣（cricket sweater）、围巾、贝雷帽、苏格兰裙
细节	框架眼镜、胸针、雨伞、腕表、肘部贴片、V 字形领口、彼得潘领、中长款

5.1.1

名校校服 PREPPY 风格

≈ 常春藤联盟（Ivy League） 预备生（Prep）

→ 田园风格（Rural） 学院派风格（Academia） 上流社会风格（Sloane） BCBG 风格

+ 马术服饰风格（Equestrian） 马球服饰风格（Polo） 航海风格（Nautical） 嘻哈风格（Hip Hop）

图 57
›
肯达尔·詹娜
（Kendall Jenner）
为范思哲
2020 秋冬系列
发布会走秀，
米兰时装周，
2020 年
2 月 21 日。

你是否渴望收到哈佛大学、普林斯顿大学或耶鲁大学的录取通知书？你的名字是 Blair、Skip 还是 Chase，后面有没有跟着罗马数字？你的家人在汉普顿或玛莎葡萄园岛上有度假屋吗？如果你对其中任何一个或所有问题的回答都是肯定的，那么你可能已经对名校校服风格有所了解了。在美国，预科学校是一所私立中学，专为学生升入名牌大学而设立，而学生们在从私立中学升入大学乃至更远阶段的过程中所形成的"名校校服"风格外观，无论有意还是无意，都吸引着年轻人争相模仿，成了各式各样的炫富穿搭风格。这些风格造型中包括许多运动服饰元素，如帆船运动（见航海风格，98 页），这些学生偏爱带有航海条纹、饰有闪亮金色纽扣的双排扣水手短大衣和甲板鞋；还有马术服饰风格（70 页）细节，如裤子被塞进及膝长靴，英国贵族骑马时穿着的粗花呢短夹克（hacking jacket；另

风格词库：时尚指南与穿搭手册

见田园风格，74 页）。

名校校服风格比学院派风格（188 页）的知性审美更为张扬，偏爱深红色、海军蓝、柠檬黄、鸭蛋蓝、天蓝色等大胆色调及波尔卡圆点印花。20 世纪 80 年代末和 90 年代，学院派风格服饰在喜爱嘻哈风格（142 页）的群体中盛行，特别是经典的拉尔夫·劳伦的马球衫、米色斜纹棉布裤与运动鞋的首次搭配。

1980 年，丽莎·伯恩巴克（Lisa Birnbach）、乔纳森·罗伯茨（Jonathan Roberts）、卡罗尔·华莱士（Carol Wallace）和梅森·威利（Mason Wiley）合著的《官方预科生手册》（*The Official Preppy Handbook*，1980）将美国预科生文化推向顶峰，当时的美国正拥抱新十年的财务乐观主义情绪。这本讽刺性的指南指导人们应如何在美国上层阶级中游刃有余，内容涵盖了从大学面试到年轻高管的生活，再到退休后去当地乡村俱乐部等方方面面。该指导手册引发了类似手册的出版热潮，其中包括安·巴尔（Ann Barr）的《上流社会青年指南》（*The Official Sloane Ranger Handbook*，1982）。事实上，作为一种与上层阶级相关的老钱风格美学，名校校服风格与英国的上流社会风格（205 页）和法国的 BCBG 风格（207 页）有相似之处。

色彩与图案	马德拉斯格纹（Madras check）、暗红色（crimson）、海军蓝、鸭蛋蓝、天空蓝、柠檬黄、波尔卡圆点、蓝白相间条纹 / 水手服条纹
面料	真丝、棉布、珠地棉针织布
服装与配饰	马球衫、牛津衬衫、甲板鞋（deck/boat shoes）、乐福鞋、网球裙、领带、领结、羊毛开衫、风衣、双排扣短大衣、太阳镜、图章戒指（signet rings）
细节	毛衣披挂围绕在肩上、字母组合 / 交织字母图案（monograms）、不穿袜子

5.1.2

大学校队 VARSITY 风格

≈ 大学学院（Collegiate）

→ 飞行家风格（Aviator） 马球服饰风格（Polo）

+ 运动休闲风格（Athleisure） 牛仔风格（Cowboy）

尽管与学院派风格（188 页）和名校校服风格（191 页）类似，但大学校队风格造型（"varsity"是"university"的缩写）更具有运动感。美国大学田径竞技运动校队队服采用的是经典的棒球夹克，该款式源自飞行员（见飞行家风格，63 页）紧腰短款夹克的剪裁风格；而英国大学校队队服则根据特定的运动而选择队服，包括深 V 领的由白色绞花编织的传统板球毛衣、宽条纹橄榄球衫、竖条纹赛艇运动西装外套。经典的网球衫（见马球服饰风格，76 页）是大学校队风格的主流款，还有高尔夫运动中菱形图案的针织衫也是非常受欢迎的款式。

人们经常将西装外套与其他类型的夹克混淆，它是一件独立的上装，下身通常搭配颜色鲜艳或有垂直条纹的长裤，对比鲜明。西装外套最初是在 19 世纪 50 年代为牛津大学和剑桥大学（这两所大学合称为"Oxbridge"）的赛艇队设计的，目的是为参加一年一度亨利皇家赛艇日的身处寒冷的泰晤士河岸的运动员起到保暖作用。这款经典的运动西装外套通常装饰有对比鲜明的纽扣，前胸口袋上饰有俱乐部或大学的贴标，可以是双排或单排扣的设计。这些西装外套采用独特的颜色和图案，以便观众可以轻松区分不同的校队，剑桥大学的玛格丽特夫人赛艇俱乐部是首次以酷热的深红色的"西装外套"队服形式进入人们视线的。

牛津大学也不甘被其老对手赶超，声称其是条纹校服领带（striped school tie）的创造者，据说始于 1880 年牛津埃克塞特学院赛艇俱乐部的队员，他们将平顶草帽上的缎带取下来系在脖子上，以示对大学的忠诚。

可以说，学院运动健将（在校园小圈子用语中被称为"jocks"，意为男性运动员）和高材生（书呆子）的服饰风格韦恩图交汇形成了大学校队的美学风格。其他与校园相关的美学风格，请参阅哥特风格（220 页）、嬉皮士风格（226 页）、滑板文化风格（231 页）、冲浪风格（234 页）和波西米亚风格（217 页）的艺术感性元素。

风格词库：时尚指南与穿搭手册　　　　　　　　　　　　　　　　　　　　　　　　193

图 58

范思哲 2022 春夏,

米兰时装周,

2021 年

9 月 24 日。

色彩与图案	红色、白色、蓝色、深蓝色、深红色、学院式条纹（collegiate stripes）
面料	绞花 / 辫子编织、羊毛
服装与配饰	西装外套、棒球夹克、马球衫、橄榄球衫（rugby shirt）、网球衫、短袜、棒球帽、运动鞋、乐福鞋、超短裙
细节	V 字领、褶裥、中长款、金色纽扣

THE STYLE THESAURUS: A definitive, gender-neutral guide to the meaning of style and for all fashion lovers

定制西装 TAILORING 风格

≈ 西装（Suits） 行政主管（Executive） 商务（Business）

→ 马术服饰风格（Equestrian） 军装风格（Military） 迪斯科风格（Disco）
甜蜜生活风格（Dolce Vita） 家居服饰风格（Lounge） 波西米亚风格（Bohemian）
摩德风格（MOD） 花花公子风格（Dandy） 洛可可风格（Rococo）

+ 怀旧/复古风格（Retro） 传承/传统风格（Heritage） 乡村摇滚风格（Rockabilly）
泰迪男孩和泰迪女孩风格（Teddy Boys & Teddy Girls） 经典风格（Classic）
兼有两性特征风格（Androgynous）

当下随处可见的商务西服套装在历史的进程中经历了数次变革。在1789年法国大革命期间，洛可可风格（257页）奢华的时尚风潮在整个欧洲逐渐消退，英国出现了一种新的风格，其被归因于乔治·博·布鲁梅尔的完美品味，其丰富多彩的生活对男装时尚产生了持久的影响。

布鲁梅尔是花花公子风格（247页）的美学先驱，其风格造型并非如人们所认为的那般轻佻浮夸，部分灵感甚至源自具备实用功能的军装风格（91页）。花花公子风格夹克是一款朴素的深色燕尾服，款式类似于晨礼服（见马术服饰风格，70页），后开衩的设计便于骑马时左右后片可悬于马鞍两侧，下身搭配正装长裤，这是历史上第一次出现的男士正装套装，长裤为白色或黑色（款式与马裤截然不同）。在当时中央供热还未曾出现时，这款套装为三件式设计，包括穿在夹克内的西装马甲，主要是为了保暖。

到了维多利亚时代，夹克搭配长裤的套装被称为"ditto"，之后又出现了一种新的、更休闲的家居服饰风格（179页）的休闲西装，其取消了不切实际的燕尾，后片是一片式剪裁，并裁有修身省道，其款式不同于设计有腰部接缝的男士长款礼服大衣。到了爱德华时代，休闲西装在更多公共场合中被接受，而晨礼服则被用于正式场合。在北美，布鲁克斯兄弟推出了袋型西装，这是第一款量产的西装，没有收腰省道，采用宽松直身剪裁。之后，西装（suit，西服套装）开始被视为白领专业人士的制服，成了体面着装的代名词。

当然，并非所有的男装剪裁都只适合循规蹈矩的人，剪裁方式也可以从一个极端走向另一个极端。一个很好的例子是，20世纪20年代至50年代在大学生中流行一种被称为"Oxford Bags"的阔腿裤，其与20世纪60年代摩德风格（228页）的意大利式修身剪裁形成了鲜明对比。

　　20世纪30年代末，阻特西装开始流行，尤其是在非裔美国人中，其被作为一种表达形式，展示非裔美国人对爵士乐的热爱，让他们可以暂时摆脱工作机会缺失和微薄收入所带来的枯燥乏味。之后，美国墨西哥裔男性和女性分别称自己为"帕丘科斯"（pachucos）和"帕丘卡斯"（pachucas），他们也穿着华丽的长夹克搭配宽松裤的阻特西装。男士们戴着时髦的猪肉派帽（pork-pie hat，又称平顶卷边帽），穿着厚底鞋，而女士们则内搭透明衬衫，穿着高跟鞋，化着浓妆，梳着蓬松的蓬帕杜发型（见泰迪男孩和泰迪女孩风格，115页）。

　　1941年12月珍珠港事件发生后，美国加入第二次世界大战，布料定量配给制度规定男式西装所用的羊毛面料用量需减少26%。在这期间，穿着用料较多的宽松阻特西装被认为是不爱国的行为，因此种族矛盾不断升级，虽然帕丘科斯和帕丘卡斯被媒体贴上了麻烦制造者的标签，但事实上，1943年发生在洛杉矶的阻特西装暴动（Zoot Suit Riots）的肇事者是美国士兵、白人平民和警察。在三天的暴力事件中，墨西哥裔美国人遭到殴打并被剥光衣服，他们最喜爱的西装被象征性地烧毁。此次暴动事件不仅与西装本身有关，而且对西装发展史来说也是一个历史性时刻。

　　与此同时，女式西服套装则由英国的骑行习惯演变而来，即"redingote"（源于女士侧鞍骑马服）。在20世纪10年代，"妇女参政套装"（Suffragette Suit）成为解放宣言的象征。该套装在20世纪20年代受到自由的摩登女郎青睐（见摩登女郎风格，30页），可可·香奈儿推崇的套装夹克可任意与裙装和裤装搭配，推动了女士套装潮流的发展。

　　20世纪30年代和40年代是女式西服套装发展的关键时期，银幕偶像玛琳·黛德丽在她主演的电影《摩洛哥》（Morocco，1930）、《金发维纳斯》（Blonde Venus，1932）和《七宗罪》（Seven Sinners，1940）中身着裤装西服套装和无尾晚宴礼服套装，开创了兼有两性特征风格（270页）的造型，该造型风格是二十年后圣罗兰设计的著名的"吸烟装"的前身。1939年，法国设计师马萨尔·罗莎（Marcel Rochas）为女性设计了第一款量产的成衣西服套装。20世纪40年代，凯瑟琳·赫本对这种慵懒剪裁的偏爱又为该套装增添了女性魅力。

　　在当代社会，穿着定制西装的着装规范及规定的礼节要求越来越少。西装被视为超越场合的经典风格（209页）服装。作为自我认同的表达，西装总是给人一种权威和精致的印象。

图59
›
伊德瑞斯·艾尔巴（Idris Elba）出席于2018年11月18日在伦敦举行的英国旗帜晚报戏剧奖（Evening Standard Theatre Awards）颁奖典礼。

THE STYLE THESAURUS: A definitive, gender-neutral guide to the meaning of style and for all fashion lovers

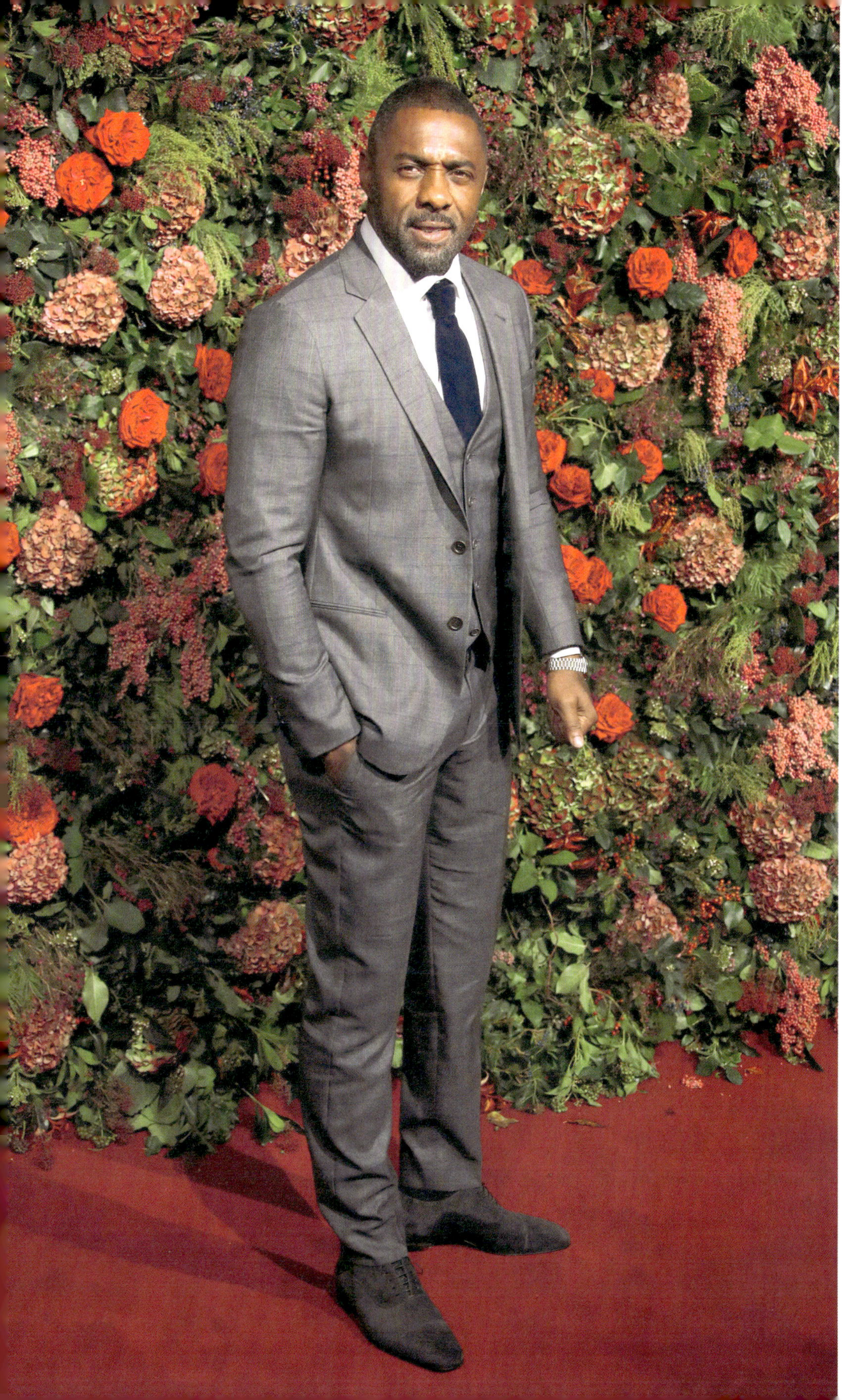

色彩与图案	黑色、灰色、海军蓝色、粉笔条纹（chalk stripe）、细条纹、窗格纹、人字纹、犬牙纹/千鸟格、威尔斯亲王格纹、鸟眼花纹（birds eye）
面料	羊毛、法兰绒、棉布
服装与配饰	两件或三件式西服套装、领带、口袋方巾（pocket square）、西装马甲、衬衫、袖扣、男士领巾、阔领带、布洛克皮鞋、牛津鞋、孟克鞋、僧侣鞋（monk strap shoes）、乐福鞋、腕表、腰带
细节	单排扣、双排扣、戗驳领/尖翻领（peak lapels）、平驳领（notch lapels）

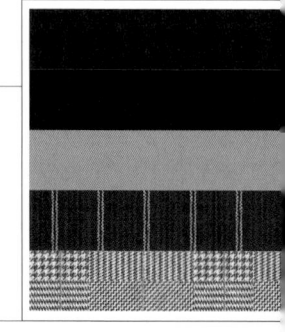

常规服饰穿搭风格   NORMCORE

≈	老爹装/妈妈装风格（Dadcore/Momcore）
→	运动休闲风格（Athleisure）　嬉普士风格（Hipster）
+	野外风格（Gorecore）　极简主义风格（Minimalist）

常规服饰穿搭风格于 21 世纪头十年中期兴起，与遍布各地的身穿紧身牛仔裤搭配骷髅印花围巾、梦想成为乐队主唱的独立音乐风格（131 页）造型形成强烈反差。常规服饰穿搭风格定义了一种身着基本款、如美国游客装扮的普通造型外观。"normcore" 一词源自纽约潮流预测机构/艺术项目团体 K-Hole（K-Hole 这个名字源自精神药物氯胺酮引起的麻痹状态），其在关于消费文化的讽刺性报告《青年时尚：关于自由的报告（2013 年 10 月）》[*Youth Mode: A Report on Freedom (October 2013)*] 中使用了这个词，大品牌会为这种报告付出真金白银，以让自己领先于时代思潮。随后，该机构展示了一份简短的可供下载的 PDF 文件形式的报告，其中充满了这样一些妙语，如"从前，人们出生在群体中，必须找到自己的个性特征。而今天，人们生来就是独立的个体，必须找到自己的群体"和"具有 normcore 意识行为的人不会假装自己高高在上，不认为自己属于某个群体"。

　　这种风格的穿着者并不害怕成为大众中的一员，演员兼脱口秀喜剧演员杰瑞·宋飞（Jerry Seinfeld）在 20 世纪 90 年代他的同名热播情景喜剧中穿着运动束腰短夹克（sports blousons）、宽松外套衬衫、白色运动鞋、净色 T 恤和石洗牛仔裤，成为一位意想不到的时尚偶像。苹果创始人史蒂夫·乔布斯（Steve Jobs）也在这种风格的发展中起到了关键作用，他经常穿着黑色高领套头衫，搭配直筒蓝色李维斯（Levi's）401 牛仔裤和新百伦（New Balance）992 运动鞋。

　　鉴于普通游客的装扮和常规服饰穿搭风格造型中都包括大口袋工装短裤、扣领式（button-down）牛津衬衫内搭 T 恤、袜子配凉鞋或者丑陋的运动鞋、尼龙背包和拉链摇粒绒衫，那么这两种造型之间有什么区别呢？关键在于其风格和意图的不同。根据菲奥娜·邓肯（Fiona Duncan）在 2014 年为纽约数字杂志 The Cut 撰写的关于美学的文章来解释，常规服饰穿搭与其他如嬉普士风格（226 页）的趋势一样具有自我意识，但常规服饰穿搭风格中的自我意识认识到自己并不特别，仅仅是七十亿人中的普通一员。

在最初 K-Hole 的报告中，normcore 一词描述了一种人格的转变，赞美包容性（比如即使你不是足球迷，但你仍然可以从世界杯观众的欢呼声中获得刺激）而非着装规范，并在报告中将其归类为"Acting Basic"（一种表演式的艺术实践）。之后邓肯在热门文章中将 normcore 与 Acting Basic 混为一谈，随着时尚群体的追随及无数的网络迷因的误用，normcore 开始指代一种常规服饰着装风格，其真正含义也变得无关紧要了。

normcore 本质上是一个玩笑式的艺术项目，后来却发展成 21 世纪最具文化影响力的风格趋势之一。

不久之后，这一风格趋势便登上了时装秀场。唯特萌在 2016 春夏系列中推出了 DHL T 恤，然后在 2019 春夏系列中推出了一套由牛仔裤、T 恤和长款夹克构成的匿名制服，重新诠释了这种风格理念。设计师德姆纳·格瓦萨里亚将常规服饰穿搭造型的想法带入巴黎世家，在为品牌设计的 2019 春夏系列中将这种风格造型进行了完善，搭配了一款棕色纸质购物袋。普拉达在其 2022 秋冬系列中为无袖白色圆领棉织背心的回归打下了基础，随后这款背心又出现在葆蝶家（Bottega Veneta）2023 春夏系列中，超模凯特·摩丝身穿这款背心外搭一

色彩与图案	蓝色、白色、红色、黄色、黑色拼红色条纹、竖条纹
面料	蓝色牛仔布、针织面料、棉布、尼龙、涤纶、戈尔特斯、抓绒 / 摇粒绒、软壳面料
服装与配饰	斜纹棉休闲裤、运动鞋、T 恤、连帽衫、卫衣、勃肯鞋、白色运动袜、棒球帽、黑色圆翻领套头针织衫、蓝色牛仔款卡车司机夹克（trucker jacket）、束腰短夹克（blouson jacket）、羽绒夹克、外套式衬衫（overshirt）、设计有大口袋的工装裤、腰包、牛津衬衫、圆形眼镜、球衣 / 足球衫、哈灵顿夹克、马球衫、渔夫帽、圆领棉织背心（tank top）
细节	拉链、石洗牛仔、腰包被斜背穿搭在身上、裁短 / 由长裤裁成的短裤（cut-off shorts）

THE STYLE THESAURUS: A definitive, gender-neutral guide to the meaning of style and for all fashion lovers

图60

‹唯特萌2019春夏›，巴黎时装周，2018年7月1日。

件方格纹外套式衬衫（这件衬衫实际上由错综复杂的印花皮革制成），下身搭配一款被称为"mom jeans"的高腰女士牛仔裤。拥有英国和牙买加血统的伦敦设计师玛蒂娜·罗斯（Martine Rose）经常在这座城市的时尚部落中汲取灵感，常规服饰穿搭风格是她的设计特色，其在2023春夏系列中推出了斜纹棉休闲裤搭配运动夹克、牛仔套装（double denim，一身牛仔穿搭）内搭格纹衬衫，以及牛仔裤配T恤外搭一件米色雨衣的造型，当然这些造型中都配有一双白色运动鞋。

着装"正常"朴素也是邻家女孩/男孩的专属造型风格，但却缺少了一些秀场上的矫揉造作；时装周期间，随处可以拍摄到这种朴素穿搭，四肢修长的美女模特们在秀场外的造型将这种常规服饰穿搭风格提升为一种令人向往的街头潮流趋势。

资产阶级 BOURGEOISIE 风格

5.4

≈	资产阶级（Bourgeois*） Bourgie** Bougie*** Bouji/Boujee****
→	新维多利亚风格（Neo-Victoriana） 迪斯科风格（Disco） 大学校队风格（Varsity）
+	嘻哈风格（Hip Hop） 名校校服风格（Preppy） 经典风格（Classic） 花花公子风格（Dandy）

* 资产阶级（法语单词，指老牌上层资产阶级）。

** 在现代文化俚语中概括了一种自命不凡的中上层到下层阶级，形容那些来自下层阶级、表现得好像很富有、过着奢侈、富有生活的人。

*** 在现代文化俚语中指在教育、文化和审美方面具有独特品味的城市黑人个体，表现得比实际更富有。

**** 追求时尚，沉溺于奢华生活方式的资产阶级新贵（俚语，嘻哈乐队 Migos 曾制作过一首歌曲 Bad and Boujee，其中故意将这个词拼写错误为 boujee，被非裔美国人用来指代美国非裔下层或中层阶级自命不凡的活动及行为，表现出上层阶级的矫揉造作）。

在当代俚语中，"bougie"一词有着丰富的正面和负面含义。从时尚的角度来看，它意味着这个人很有品味，看起来很有气质，也可以暗示其穿着已超越自身的阶层。黑人流行文化至少从 20 世纪 80 年代就开始使用这个词了，当时葛蕾蒂丝·奈特（Gladys Knight）与种子合唱团（The Pips）录制了迪斯科风格（139 页）的歌曲 Bourgie, Bourgie，讲述了一个原本身处错误轨道的人现在成了一位成功人士的故事。时间快进到 2016 年，美国嘻哈三人组合三小只（Migos）的陷阱音乐单曲 Bad and Boujee 获得了四重白金销量认证，其叙述的内容与许多嘻哈风格（142 页）的歌曲"从无到有"的故事相呼应。在该曲的音乐视频中，乐队成员们都佩戴着闪闪发光的钻石，女士们造型华丽，身着莫斯奇诺牌连衣裙、蕾丝上衣和剪裁合身的西装外套，佩戴珍珠首饰，吃着仿造的香奈儿快餐包装盒里的炸鸡，喝着水晶香槟。

无论你如何拼写"bougie"一词，都会想起古法语中的"burgeis"（城镇居民）和"burg"，burg 在古法兰克语中指设防的定居点 [因此有约翰内斯堡（Johannesburg）、汉堡（Hamburg）、爱丁堡（Edinburgh）、匹兹堡（Pittsburg）、威廉斯堡（Williamsburg）等]。镇上的"资产阶级"（bourgeois）主要是商人和手艺人，他们充当着农民和农民为之辛勤劳作的富裕地主之间的中间人。法国剧作家莫里哀（Molière）的喜剧芭蕾舞剧《贵人迷》（Le Bourgeois Gentilhomme，1670）和卡尔·马克思的《共产党宣言》（The Communist Manifesto，1848）都曾讽刺了这一新贵群体。马克思的论点是，工业革命后，拥有生产资料和资本的中产阶级剥削无产阶级（农民和城市工人）以牟取私利。维多利亚时代的资产阶级热衷于炫耀性消费，他们试图通过商店文

图 61，说唱歌手萨维蒂（Saweetie）出席杜嘉班纳的活动，威尼斯，2021年8月29日

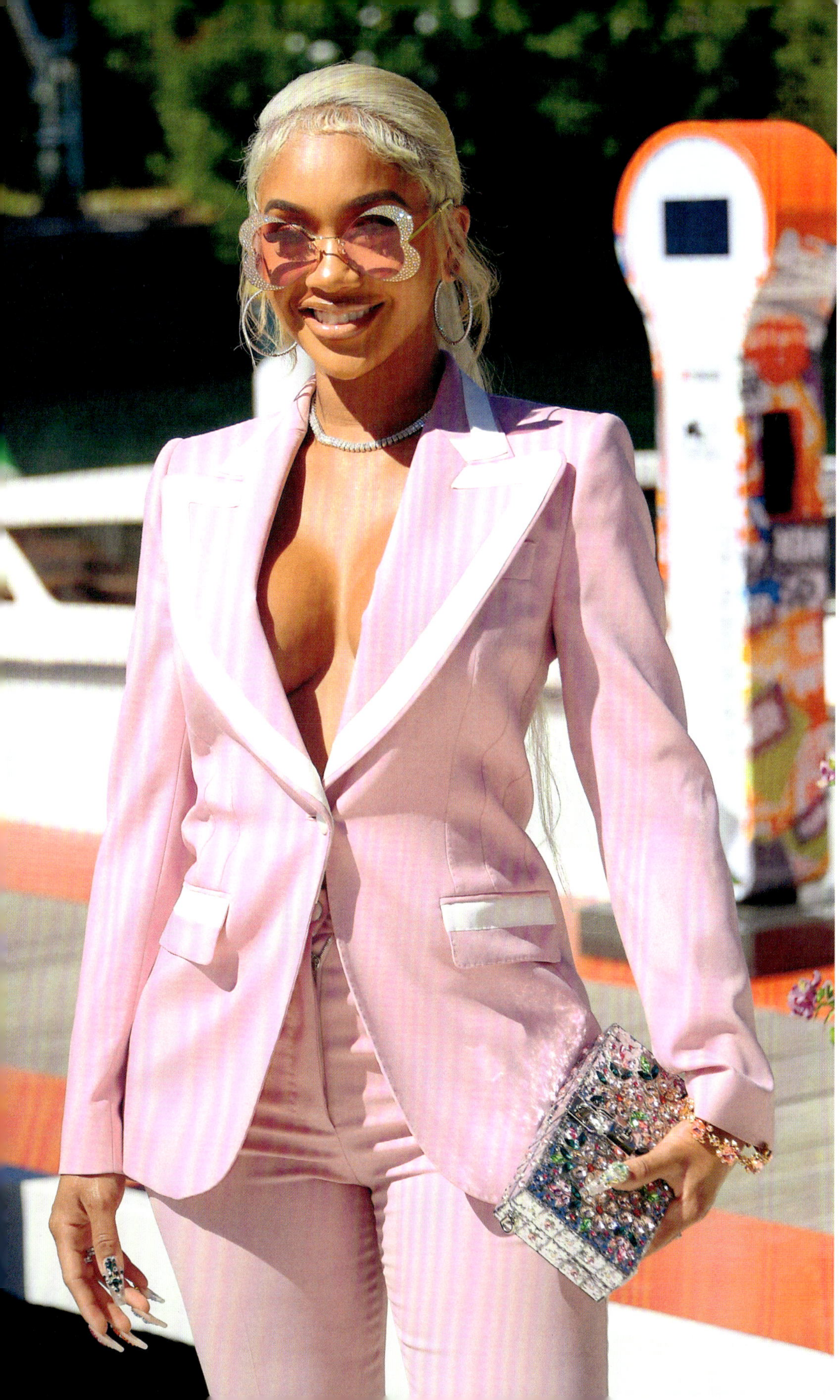

化和装饰配饰来提高自己的社会地位，影射了"资产阶级"一词的当代含义。

在街头，资产阶级风格的女装造型特征是外露的奢侈品牌标志和手提包、黄金耳环和链式项链，她们佩戴真丝围巾、身着剪裁合身的西装外套（见<u>大学校队风格</u>，193页）或<u>淑女风格</u>（281页）的开襟羊毛衫搭配铅笔裙；男装造型则倾向于<u>定制西装风格</u>（195页），搭配做工精良的正装鞋或乐福鞋，或穿搭设计师品牌的<u>运动休闲风格</u>（60页）服饰，他们经常佩戴令人印象深刻的奢华腕表。

多纳泰拉·范思哲（Donatella Versace）曾打趣说，在20世纪80年代和90年代，人们都想变成时髦、优雅的资产阶级，可能你对"bougie"一词的多层含义持有不同看法，但穿成这种风格就意味着昂贵，就意味着它一定是最好看的造型风格。

色彩与图案	金色、银色、犬牙纹/千鸟格、驼色、黑色、白色
面料	天鹅绒、平绒、人造毛皮、真丝、粗纺花呢（bouclé，表面有突出线环或绳结，由至少两股或以上纱线编织而成的织物，为香奈儿经典外套的常用面料）
服装与配饰	裙裤（culottes）、及膝长靴、黄金首饰、女士衬衫、长直裁大衣（longline coat）、太阳镜、设计师品牌手提包、设计师品牌鞋、人造毛皮夹克、手套、珍珠、腕表
细节	女士衬衫领口蝴蝶结（pussy bow）、褶裥、褶边/荷叶边、及膝长度、双排扣、钻石和精品珠宝首饰、品牌标识

THE STYLE THESAURUS: A definitive, gender-neutral guide to the meaning of style and for all fashion lovers

204

5.4.1

上流社会 SLOANE 风格

≈	斯隆游侠（Sloane Ranger） 男性斯隆（Hooray Henry）
→	田园风格（Rural） 狩猎风格（Safari）
+	名校校服风格（Preppy） 经典风格（Classic）

在伦敦，从中上层到上层阶级也有属于自己的风格群体，她们来自切尔西与贝尔格莱维亚交会处的斯隆广场附近，是人们刻板印象中穿着富贵得体、戴着爱丽丝珍珠发夹的年轻女士们。上流社会风格从资产阶级风格（202 页）衍生而来，她们通常拥有相当可观的经济实力，尽管很少有人出身于真正的贵族，就像戴安娜·斯宾塞女士（Lady Diana Spencer）在 1981 年嫁给查尔斯王子之前，便是上流社会风格的典型代表人物。

上流社会风格抵制季节性（甚至是一个年代）趋势的细微差别，是坚定的反时尚风格，因此这种风格天生即属于经典风格（209 页）。这种风格永远停留在 1982 年左右，当时的新闻记者安·巴尔（Ann Barr）曾出版了一本有趣的《斯隆游侠官方手册》（*The Official Sloane Ranger Handbook*），其中讨论了上流社会女性对褶饰立领、彼得潘领的偏爱，以及在父母的田园风格（74 页）住所度过周末时会穿着保暖背心和巴伯品牌的棉布涂层夹克，搭配古驰马衔扣饰乐福鞋，头戴爱马仕围巾并固定系于下颌处（因而得到了游侠的绰号）。在天气较暖时，上流社会的斯隆风格偏向于狩猎风格（105 页）。

与美国名校校服风格（191 页）的追随者一样，上流社会青年也就读于精选的私立中学。凯特·米德尔顿（Kate Middleton，现在的威尔士王妃）在某些圈子里私下被人称为"王座上的斯隆"，在成为王室成员之前，她确实就读于优秀的学校，唐屋女中（Downe House）、马尔伯勒学校（Marlborough

图 6 2

戴安娜·斯宾塞女士在英国青年幼儿园（Young England Kindergarten），伦敦，1980 年 9 月 17 日。

College），以及圣安德鲁斯大学（University of St Andrews），她不止一次被拍到身穿经典的上流社会风格棉质衬衫外搭射击背心，将紧身牛仔裤塞进雨靴里，戴着一顶饰有漂亮羽毛的特里比帽。2000年初，她在城市中的经典造型穿搭还包括漂亮的淡色开衫搭配碎花中长裙，身披羊绒披肩，脚穿一双猫跟鞋。

上流社会男青年或男性斯隆，也被称为"Hooray Henry"[俚语，用来形容爵士小号手汉弗里·利特尔顿（Humphrey Lyttelton）于20世纪50年代获得的来自上流社会青年的热烈欢呼声]，通常是指律师、银行家或对冲基金经理人。周一到周五，他们会穿着粗粉笔条纹或细条纹西装，裤腿较宽松，可能是从他们父亲那一代传承下来的西装，搭配擦得光亮的牛津鞋，佩戴着整洁时髦的真丝领带；到了周末，人们会发现他们在帕森斯格林（Parsons Green）的白马酒吧[The White Horse，也称"斯隆尼小马"（The Sloaney Pony）]里看橄榄球比赛，穿着浅橙色斜纹棉布裤，脚穿棕褐色绒面革查卡靴（chukka boot），上身穿着正装衬衫（collared shirt，也称有领衬衫），外搭一件棉衬保暖背心，一手牵着拉布拉多犬，一手拿着一品脱（pint，品脱是容量单位，主要于英国、美国及爱尔兰使用）杯啤酒。

色彩与图案	海军蓝色、金色、花呢格纹、奶油色、淡紫色、利伯提（Liberty）印花、花形印花、深红色、射击俱乐部格纹（gun check）
面料	羊毛、蜡涂层棉布（waxed cotton）、羊绒、绒面革/麂皮
服装与配饰	女士衬衫、羊毛开衫、棉衬衫、珍珠、腕表、真丝围巾、半裙、射手夹克（shooting jacket）、发箍（Alice band）、饰有流苏的及膝长靴、查卡靴、图章戒指
细节	女式衬衫领口蝴蝶结、褶饰立领、褶裥、褶边/荷叶边、及膝长度、中长款

5.4.2 法国上流社会／BCBG 老钱风格

≈	好的款式（Bon Chic） 好的仪态（Bon Genre）
→	名校校服风格（Preppy） 上流社会风格（Sloane）
+	经典风格（Classic）

在巴黎，也出现了一种与英国上流社会风格（205 页）的斯隆游侠相似的高雅美学风格，即 BCBG 风格（bon chic, bon tradition，法语，意为"好的款式、好的仪态"）。1985 年，蒂埃里·曼图（Thierry Mantoux）出版了他的《BCBG 指南》（*BCBG: Le Guide du Bon Chic Bon Genre*）专属风格手册。在法国，资产阶级（bourgeoisie）一词描述的是中产阶级和上层阶级，历史上的法国资产阶级曾分为五个社会阶层：小资产阶级（真正的中产阶级）、中资产阶级（moyenne bourgeoisie）、大资产阶级（grande bourgeoisie）、高级资产阶级（haute bourgeoisie，被认为是贵族，其家族可以追溯到法国大革命时期）和旧资产阶级（ancienne bourgeoisie，法国大革命之前的地方地主王朝）。BCBG 的典型风格特征出自法国的大资产阶级或高级资产阶级，他们在巴黎第 7、16 或 17 区拥有家族财产，从不谈论自己的出身 [这点与名校校服风格（191 页）的美国人完全不同]，举止优雅，一生都穿着相同尺码的衣服。

BCBG 属于一种经典风格（209 页），类似于英国上流社会的斯隆风格，造型中包括西装外套、系结的真丝围巾（仅限爱马仕）或领巾，以及英国粗花呢狩猎套装；还有时髦的九分烟管裤、伪知识分子高领衫、袖扣衬衫，以及常戴着标有家族徽章的印章戒指。

美国品牌 BCBG Max Azria 由在突尼斯出生、在巴黎长大的设计师麦克思·阿兹里亚（Max Azria）于 1989 年在洛杉矶创立，他用 BCBG 结合了自己的名字命名了品牌名称。该品牌的创立缓解了 20 世纪 80 年代的过度高消费的问题，并在 20 世纪 90 年代取得了成功。该品牌以中产阶级价格出售品质上乘的设计，推出的商业女装售价比竞争对手低得多，却具备秀场标准的高端品质，但真正的 BCBG 人群是否会选择穿着这些会暴露肌肤的时装还存在争议。

图 63

‹

卡罗·拉茨科斯卡（Karo Laczkowska）为思琳 2019 秋冬成衣系列走秀，巴黎时装周，2019 年 3 月 1 日。

色彩与图案	海军蓝色、金色、花呢格纹、奶油色、淡紫色、利伯提（Liberty）印花、花形印花、深红色、射击俱乐部格纹（gun check）
面料	羊毛、蜡涂层棉布（waxed cotton）、羊绒、绒面革 / 麂皮
服装与配饰	女士衬衫、羊毛开衫、棉衬衫、珍珠、腕表、真丝围巾、半裙、射手夹克（shooting jacket）、发箍（Alice band）、饰有流苏的及膝长靴、查卡靴、图章戒指
细节	女式衬衫领口蝴蝶结、褶饰立领、褶裥、褶边 / 荷叶边、及膝长度、中长款

经典 CLASSIC 风格

≈	时髦（Chic） 品味高雅（Sophisticated） 优雅（Elegant）
→	运动休闲风格（Athleisure） 飞行家风格（Aviator） 摩托/机车骑手风格（Biker） 马术服饰风格（Equestrian） 田园风格（Rural） 牛仔风格（Cowboy） 作战服风格（Combat） 经典摇滚风格（Classic rock） 名校校服风格（Preppy） 大学校队风格（Varsity） 资产阶级风格（Bourgeoisie） 上流社会风格（Sloane） BCBG 风格 披头族风格（Beatnik） 兼有两性特征风格（Androgynous）
+	传承/传统风格（Heritage） 航海风格（Nautical） 定制西装风格（Tailoring） 淑女风格（Ladylike） 极简主义风格（Minimalist）

潮流趋势稍纵即逝，但经典风格是持久不变的。由优质面料制成的款式优雅、经久不衰的服装装满了经典风格衣橱，这些服装可以搭配任意配饰，适用于从白天到晚上的任何场合。经典风格通常可以被解读为极简主义风格（252 页），甚至是反时尚的风格，服装上没有季节性的特定装饰细节，因为这会使它们显得老气，但情况并非总是如此，例如，领口饰有蝴蝶结的衬衫属于经典但并非极简主义的设计款式。一般来说，经典风格倾向于保守的着装，但也有例外。例如，摩托/机车骑手风格（67 页）夹克搭配明星喜爱的经典摇滚风格（118 页）黑色皮裤也属于经典风格造型。经典还可以是齐膝裙搭配开襟羊毛衫的端庄淑女风格（281 页）造型；可以是凯瑟琳・赫本穿着宽腿高腰裤的兼有两性特征风格（270 页）的造型；或是唤起昔日性感象征的波尔卡圆点泳衣造型（见摩登女郎风格，290 页）。

　　大多数风格服饰中至少会有一件具有代表性的经典单品，如作战服风格（95 页）的米色风衣和斜纹棉布裤、航海风格（98 页）的水手条纹上衣和双排扣短大衣、飞行家风格（63 页）的飞行夹克和太阳镜、传统西部牛仔风格（79 页）的蓝色直筒牛仔裤和牛仔靴、大学校队风格（193 页）的时髦考究的西装外套，以及受史蒂夫・乔布斯影响的披头族风格（214 页）的黑色高领衫，其也属于常规服饰穿搭风格（199 页）；经典的鞋类有运动休闲风格（60 页）的主打纯白色的运动鞋，马术服饰风格（70 页）的马靴或切尔西短靴；白色棉质衬衫几乎是可以与任何风格搭配的必备经典单品。

　　对于许多人来说，经典的小黑裙（The Little Black Dress，LBD）是永恒风格的代表。这件无处不在的单品可以追溯到 1926 年，当时美国版 *Vogue* 刊

图 64

香奈儿
1991 春夏成衣系列，
巴黎时装周，
1990 年 10 月。

色彩与图案	黑色、白色、海军蓝色、奶油色、英国赛车绿（British racing green，墨绿色）、深红色、棕褐色、驼色、蓝白相间横条纹、波尔卡圆点
面料	羊毛、真丝、粗纺花呢、粗花呢、羊绒
服装与配饰	风衣、长裤、两件或三件式西服套装、白衬衫、V 字领套头衫、连衣裙、半裙、女士衬衫、开衫、牛津鞋、船鞋 / 瓢鞋（court shoes）、孟克鞋 / 僧侣鞋、西装外套、直筒蓝色牛仔裤、简约款白色运动鞋、切尔西短靴、机车夹克、水手 / 条纹上衣、斜纹棉休闲裤
细节	简约款、及膝长度、中长款、直裁 / 直筒、一字形 / 船形领口、高腰线、珍珠

THE STYLE THESAURUS: A definitive, gender-neutral guide to the meaning of style and for all fashion lovers 210

登了可可·香奈儿的一款简约的新设计插图，这款小黑裙设计有船形领口、长袖、低腰，下摆长度刚好至膝盖之下，能和珍珠项链和耳钉搭配。Vogue 杂志将其称为"香奈儿的福特"，暗示这款小黑裙就像当时的家庭用福特车一样，用途广泛，人人都能买得起。银幕偶像奥黛丽·赫本在电影《蒂凡尼的早餐》（Breakfast at Tiffany's，1961）中身穿纪梵希黑色紧身连衣裙，搭配多层珍珠项链，成为永恒的银幕经典。珍珠通常被定义为"经典"珠宝，常出现在中产阶级和上层人士的资产阶级风格（202 页）、名校校服风格（191 页）、上流社会风格（205 页）和 BCBG 风格（207 页）的造型中，在 2020 年成为一种新的中性潮流趋势并重新出现在男性的珠宝配饰中。贵族的田园风格（74 页）乡村造型通常也被奉为经典，为能够抵御城市时尚兴衰的风格。

与经典小黑裙地位相当的是剪裁完美的黑色西装，它们都是经久不衰的经典风格款式。从高中舞会到婚礼和葬礼，黑色西装内搭白色衬衫及佩戴黑色领带的组合被社会广泛采纳（但请注意，在企业环境中通常不建议穿黑色西装，海军蓝或深灰色是首选色）。定制西装风格（195 页）的大多数形式和色调，尤其是海军蓝、驼色、黑色、深灰色或传承/传统风格（23 页）的格纹两件或三件式西装、西装外套和户外外套，也是代代相传的经典风格款式。

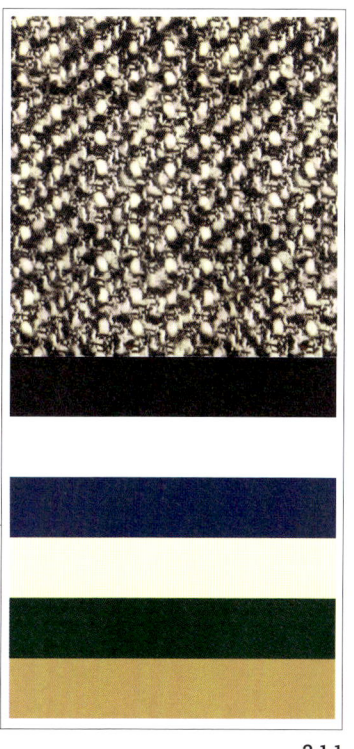

6

亚文化与反主流文化

Subculture & Counter-culture

6.1 披头族风格 Beatnik / 6.2 波西米亚风格 Bohemian / 6.3 哥特风格 Goth / 6.4 嬉皮士风格 Hippy / 6.5 嬉普士风格 Hipster / 6.6 摩德风格 Mod / 6.7 滑板文化风格 Skate / 6.8 冲浪风格 Surf / 6.9 光头族风格 Skinhead / 6.10 萨普协会风格 La Sape

人类服从权威的要求，无论是法律上的还是政治上的，本质上都是带有压迫性的。如同机器齿轮般的主流观念在运转中遭到了信奉反唯物主义和反资本主义的反主流文化人群的反对，比如垮掉的一代（Beat Generation）诗人和最初的嬉皮士。自 18 世纪末的法国大革命以来，被称为贫穷、流浪的艺术类型，即波西米亚风格，一直是西方社会中较为引人注目的一种文化风格。不是所有的波西米亚人士都是嬉皮士，但几乎所有的嬉皮士都推崇波西米亚风格。

当代的革命支持者们因他们推崇的风格而被定义，如推广无政府主义的朋克运动，就因其代表的音乐风格而被定义为朋克摇滚，本书的第 3 章"音乐与舞蹈"也针对该风格进行了探讨。哥特摇滚在朋克摇滚的黑暗阴影中诞生，并发展出了自成一派的精神内核。

还有一些亚文化群体因其特定的生活方式或兴趣而团结在一起，比如冲浪和滑板运动群体，这两个群体看淡生活中的规则，过着悠然自得的生活。

酷的概念通常被归因于亚文化和反主流文化的行为观念。奇怪的是，它虽然很难被定义，却总被用以宣传营销，成功的公司会精准地将酷的观念传递给亚文化群体，或者塑造出该群体希望效仿的酷的形象。嬉普士是下一个能够传达酷观念的知名亚文化群体，而垮掉的一代青年（披头族）作为最初的嬉普士，引领了垮掉的一代的视觉风格。后来，亚文化审美开始分裂，到了 20 世纪 60 年代末，出现了一个喜爱迷幻文化的群体，被称为"嬉皮士"。

在英国，另一个群体摆脱了父辈们严格的管教，预示着时代开始发生变化，该群体转向了现代主义美学的观念。他们被称为摩德族，并在后来的发展中演变为摇滚族的敌对派，摩德族推崇 20 世纪 50 年代的美国摩托／机车骑手风格（67 页）和摇滚风格（110 页）。在他们之后兴起的是展现工人阶级自豪感的光头族亚文化群体，该群体的整体观念被后来的内部的极右翼派系牵制而变得混乱不堪。

通过全球社交网络媒介的传播，潮流风格已逐渐趋于全球化，但还是会有一些亚文化的行为观念仅源于某个特定的地方。如出自非洲大陆的格调营造者及优雅的人群，萨普协会（La Sape），便是其中之一。这是一个分布在刚果河两岸城市中的群体，他们将精致的风格上升为一种意识形态，推崇衣着时髦考究的花花公子风格（247 页）。

披头族 BEATNIK 风格

≈	垮掉的一代（Beat Generation） 欢腾/乐观（Beat）
→	航海风格（Nautical） 摇滚风格（Rock & Roll） 嬉皮士风格（Hippy） 嬉普士风格（Hipster） 摩德风格（Mod）
+	学院派风格（Academia） 波西米亚风格（Bohemian） 极简主义风格（Minimalist）

"二战"后的美国出现了拒绝主流文化消费主义的"垮掉的一代"（Beat Generation），这是20世纪最早兴起的反主流文化青年运动。以作家艾伦·金斯堡（Allen Ginsberg）的著作《嚎叫》（*Howl*, 1956）、威廉·S. 巴勒斯（William S. Burroughs）的长篇小说《赤裸的午餐》（*The Naked Lunch*, 1959）和杰克·凯鲁亚克（Jack Kerouac）的小说《在路上》（*On the Road*, 1957）为主要代表的创作定义了垮掉的一代。

1948年，凯鲁亚克首次使用垮掉的一代来形容这场在纽约兴起的地下运动，这场运动最初出现在哥伦比亚大学的大厅，后来蔓延至格林威治村（纽约市曼哈顿下城西侧的一个街区）的自由主义街道。"beat"一词最初被垮掉的一代作家解释为具有疲惫和被击垮的感觉，具有天主教"beatitude"（死者的极乐状态）的含义，还与音乐术语中的"beat"（节拍）联系在一起。他们都是对哲学感兴趣的叛逆的知识分子，他们倡导存在主义、活在当下及自由选择人生目标的理念，且喜欢消遣性毒品；他们广泛阅读让-保罗·萨特（Jean-Paul Sartre）、弗里德里希·尼采（Friedrich Nietzsche）、阿尔贝·加缪（Albert Camus）、西蒙娜·德·波伏娃（Simone de Beauvoir）和索伦·克尔凯郭尔（Søren Kierkegaard）的作品，对东方哲学、神秘主义和神秘学也很感兴趣。

当时在垮掉的一代中盛行的"酷"的理念与现代理解相似，既有道家的简朴和顺其自然之意，也有非洲和西方的自我控制、客观和冷静之意，该词的使用起源于20世纪30年代的非裔美国爵士音乐家，而赋予该词积极的肯定之意则归功于爵士乐高音萨克斯演奏家莱斯特·杨（Lester Young），他也是舒缓冷爵士乐（cool jazz）曲风最具影响力的演奏家之一 [顺带一提，他是颠覆性别规范的先驱，他身穿兼有两性特征风格（270页）的服装，喜欢称他的男性朋友为"女士",被认为是第一个用"面包"一词来指代"金钱"、用"婴儿床"表示家乡的人]。

垮掉的一代运动反对消费主义,其追随者们购买的大部分服饰都是二手的,他们倾向于法国时尚的造型风格,喜欢穿着水手条纹上衣(见航海风格,98页)并头戴贝雷帽,这类穿搭也深受艺术家和伟大思想家们的喜爱。女性穿着长度在膝盖以上的画家罩衫(painter's smock),搭配连裤袜,这种穿搭令公众大为震惊(迷你裙在十年后才流行起来)。这些"垮掉的一代"成员被称为"hepcats"或"hepsters",他们成了初代嬉普士风格(226页)的群体。他们听比波普(bebop)和爵士乐,吸食大麻,提倡性自由,并参与自发的表演艺术和诗歌活动,即所谓的"偶发艺术"(happenings)。

专业舞蹈服饰中的连裤袜和紧身连体服,还有修身九分黑色长裤搭配芭蕾款平底鞋,都是非常受垮掉的一代女性欢迎的款式。奥黛丽·赫本在电影《甜姐儿》(Funny Face,1957)里就塑造了这类风格的造型形象,她身着黑色圆翻领套头衫搭配七分裤,脚穿白色袜子配黑色便士乐福鞋。垮掉的一代男性留着胡须或山羊胡,戴着角质框架眼镜(horn-rimmed spectacles),模仿爵士小号演奏家迪齐·吉莱斯皮(Dizzy Gillespie)的造型风格。而且,无论男女,只要穿鞋,他们都会选择穿凉鞋。

垮掉的一代偏爱沉闷的黑色系、朴素的极简主义风格(252页)设计。简洁的现代主义款式的珠宝(见摩德风格,228页),如雕塑吊坠或珠串,通常是他们身上佩戴的唯一配饰。此外,他们还推动了在室内佩戴太阳镜的风潮(嬉普士至今仍保留着这种装扮习惯)。

"beatnik"(披头族)一词直到20世纪60年代初才被创造出来,被用来形容这场运动的大批追随者,他们受到大众媒体的嘲讽,与20世纪头十年嬉普士受到的待遇大致相同。据说后缀"nik"是旧金山记者兼幽默作家赫伯·卡恩(Herb Caen)引入的意第绪语(Yiddishism),也有对1957年俄罗斯人造卫星斯普特尼克1号(Sputnik 1)的致敬之意。艾伦·金斯堡讨厌"披头族"这个词,因为它描述的是时尚风格,而不是这场运动的艺术理想,但其作为对垮掉的一代的美学概括,仍流传至今。

从文化角度来看,垮掉的一代运动与废除种族隔离相联系,极大地影响了后来的摇滚风格(110页)音乐家们,如披头士乐队和鲍勃·迪伦(Bob Dylan),他们将流行音乐升华为一种艺术形式。如果没有最初的垮掉的一代和随后的披头族,同样具有反建制、反军事和反资本主义理想的嬉皮士运动就不会出现(见嬉皮士风格,223页)。

图 65

‹

美国演员兼模特维基·杜根（Vikki Dougan）在洛杉矶的摆拍照片，1956 年。

色彩与图案	黑色、白色、灰色、黑白相间色条纹
面料	牛仔布、斜纹棉、美丽诺绵羊毛（merino wool）、棉针织
服装与配饰	圆翻领套头衫、卡普里裤、芭蕾款平底鞋、画家式罩衫、连裤袜、紧身；紧身连体服／练功服、打底裤、乐福鞋、格纹运动夹克、斜纹棉休闲裤、超大号毛衫、长款项链、贝雷帽、凉鞋、太阳镜、牛仔夹克、铅笔裙、绵羊毛皮大衣
细节	编绳款腰带

THE STYLE THESAURUS: A definitive, gender-neutral guide to the meaning of style and for all fashion lovers

波西米亚 BOHEMIAN 风格

≈	放荡不羁（Boho） 民俗（Folk）
→	新维多利亚风格（Neo-Victoriana） 摩登女郎风格（Flapper） 独立音乐风格（Indie） 资产阶级风格（Bourgeoisie） 极繁主义风格（Maximalist） 浪漫主义风格（Romantic）
+	牛仔风格（Cowboy） 南美牧人／高乔人风格（Gaucho） 草原风格（Prairie） 音乐节风格（Festival） 嬉皮士风格（Hippy） 冲浪风格（Surf） 多层穿搭风格（Lagenlook）

"波西米亚"已然成为一个含义宽泛的术语，涵盖任何与波西米亚有关的自由奔放的流浪者、艺术家及任何过着非传统生活的人，以及他们不拘一格的着装风格。从词源上讲，它源自法语"bohemian"，这个词在历史上原指身着色彩鲜艳的服装四处漂泊的罗姆人（Romani，即吉普赛人），他们在中世纪时从波西米亚王国（现在是捷克共和国的一部分）来到法国。事实上，罗姆人散居于印度北部，在欧洲各地游荡，却不受欢迎，除了波西米亚王国的国王——同时也是卢森堡王朝神圣的罗马帝国皇帝——西吉斯蒙德（Zikmund Lucemburský）于1423年授予了他们一项保护令，并允许他们享有相应权利。据了解，正是此项保护政策导致了人们误以为罗姆人来自波西米亚。

在1789—1799年法国大革命之后，许多艺术家因失去了富有的赞助人而陷入贫困，与罗姆人有着相似的困境。在19世纪的西方绘画和文学中，波西米亚主义成为艺术启蒙亚文化的代名词，与通俗平庸和没有文化的资产阶级风格（202页）截然不同。印象派画家皮埃尔-奥古斯特·雷诺阿（Pierre-Auguste Renoir）的画作《波西米亚人》（*The Bohemian*，1868）中描绘的长卷发女孩身着白色露肩上衣和飘逸长裙的形象至今仍是经典的波西米亚风格造型。维多利亚时代的拉斐尔前派在他们以亚瑟王传说为主题的画作中推广了身着飘逸礼服搭配长款串珠装饰的缪斯女神形象（另见浪漫主义风格，263页，以及新维多利亚风格，26页），随后摩登女郎风格（30页）的时代为波西米亚风格增添了新意，人们热衷于异国情调的印花、精致的刺绣、哈伦裤和饰有流苏的直裁连衣裙，这些流苏突显了穿着者舞动时的动作。

从哲学角度来看，波西米亚主义与披头族风格（214页）的相似之处都是反物质主义，专注于创造力和活在当下的理念，不同的是波西米亚风格的着装

图 66

‹

香奈儿江诗丹顿
（Métiers d'Art）
2023 早秋系列
时装秀，达喀尔，
2022 年
12 月 7 日。

更加"随意"，且偏好极繁主义风格（254 页）穿搭。波西米亚主义在 20 世纪 60 年代和 70 年代反主流文化的嬉皮士运动中找到了它的知音（见嬉皮士风格，223 页），民谣音乐家们也穿着与这种风格相似的飘逸服饰。男性都喜欢穿不系扣衬衫，女性则喜欢穿设计有肥大主教袖（bishop sleeve）和缩褶绣的低胸露肩领村姑衫，这种显露出胸部的设计暗示着自由的恋爱和潜在的性欲。层层叠叠的项链、钩编或绒面革马甲、胯部腰带、宽松的长裤，还有花冠在两性的服饰造型中都很常见。

20 世纪头十年中期，随着独立音乐风格（131 页）统治广播电台，融合了

6.2　　　　波西米亚与嬉皮风格的"boho chic"风格成为一种不容忽视的名人造型趋势，也是音乐节风格（149页）的首选服饰风格，狂欢者们穿着飘逸的手帕式下摆上衣、饰有镜面刺绣的马甲、塔层荷叶边长裙或裁短的牛仔短裤搭配堆褶短靴、宽边软帽和垂在胯部上的硬币款式宽腰带。这种风格的夏季穿搭中常常会出现飘逸轻盈的草原风格（85页）连衣裙，而冬季则是牛仔风格（79页）的牛仔裤和靴子搭配南美牧人／高乔人风格（82页）的羊毛斗篷与飞行家风格（63页）的附有保暖层的剪毛羊皮夹克。

　　千禧年代的波西米亚风格美学在21世纪20年代卷土重来，并带来了颇具争议的连衣裙配牛仔裤的穿搭趋势，正如香奈儿在2023早秋系列时装秀上所呈现的那种造型。一些时装设计公司如艾绰（Etro）、蔻依、乌拉·约翰逊（Ulla Johnson）、Sea New York和齐默曼（Zimmermann）等都将波西米亚主义风格作为品牌发展理念的一部分。这种风格美学与全球数字游民群体一起不断地发展壮大，因为他们可以选择在任何地方自由地工作，只要那里有Wi-Fi信号。

色彩与图案	土红色、白色、绿松石色、自然主义风格印花、赭石色、佩斯利图案、伊卡特（ikat）扎染图案、扎染图案（tie-dye）
面料	针织面料、汉麻、棉布、粗编毛织物、蕾丝、钩编织物、羊毛、皮革、绒面革／麂皮、绵羊毛皮
服装与配饰	女士衬衫、长裙、西装马甲、凉鞋、环形耳环、女士内衣背心／吊带背心（camisole top）、牛仔短裤、牛仔靴、短靴、阔腿裤、喇叭裤、长款开衫、长款项链、身体装饰首饰（body jewellery）、渔夫鞋、帆布鞋、莫卡辛鞋（moccasins）、发带、花冠、围巾、手帕裙、人字拖、斗篷、裹身／缠绕式上衣（wrap top）、绵羊毛皮大衣
细节	编绳款腰带、露肩式／一字肩、银首饰、敞开／无扣式、皱褶、喇叭形、主教袖、流苏装饰、刺绣、脚踝长度、绒球、流苏穗、拼贴／拼缝工艺

风格词库：时尚指南与穿搭手册　　　　　　　　　　　　　　　　　　　　　　219

哥特 GOTH
风格

6.3

≈	哥特式（Gothic） 积极朋克（Positive Punk） 暗潮/黑暗浪潮（音乐流派）（Darkwave）
→	新维多利亚风格（Neo-Victoriana） 定制西装风格（Tailoring） 极简主义风格（Minimalist）
+	赛博朋克风格（Cyberpunk） 蒸汽朋克风格（Steampunk） 摇滚风格（Rock & Roll） 朋克风格（Punk） 情绪硬核风格（Emo） 洛丽塔风格（Lolita） 嬉皮士风格（Hippy） 花花公子风格（Dandy） 浪漫主义风格（Romantic）

人们在探寻哥特风格起源的过程中产生了一些误解，认为哥特风格所具有的历史意义可能与中世纪欧洲流行的华丽建筑风格有关，这种建筑风格以屋顶上阴森恐怖且富有表现力的石像怪兽（滴水兽）为特色；另一种误解认为，哥特风格可能起源于哥特式建筑复兴时期（Gothic Revival），贯穿了浪漫主义风格（263 页）的时期，再融入恐怖小说盛行的维多利亚时代，这就可以解释为什么哥特风格着装偏爱黑色，钟情于蕾丝、束身衣、垂顺的长裙和披肩的穿着（见新维多利亚风格，26 页）。

而事实上，哥特风格的诞生并没有那么久远，作为一种亚文化，它与 20 世纪 70 年代末在英国后朋克音乐中发展出来的音乐风格有着千丝万缕的关联。然而，也曾过英国之外的原始哥特音乐艺术家，如德国创作歌手、演员兼模特的妮可 [Nico，原名为克里斯塔·帕夫根（Christa Päffgen）] 在其音乐专辑 *The Marble Index*（1968）中展示了她那令人难忘的嗓音、幽灵般的面孔、乌黑的头发及阴郁的服装造型，显现出哥特音乐风格的早期雏形。

"第一支哥特摇滚乐队"这个标签属于实践性的英国包豪斯乐队（Bauhaus），该乐队于 1979 年发布的忧郁单曲 *Bela Lugosi's Dead* 被认为是哥特摇滚乐先驱代表之一。苏可西与女妖乐队（最后几支真正与唱片公司签约的朋克乐队之一；见朋克风格，125 页）创作的以巫术为主题的歌曲 *Spellbound*（1981）推动了哥特摇滚乐的发展，而乐队主唱苏可西则以浓重的黑色眼妆、夸张的粉底和乌黑的后梳发型的哥特造型示人。后朋克新浪漫主义风格（266 页）乐队对褶饰花花公子衬衫的偏好为哥特风格造型增添了戏剧性效果，而仁慈姐妹乐队（Sisters of Mercy）也将其墨黑色调的哥特摇滚推向了大众。

在美国出现的哥特比利（Gothabilly）风格从 20 世纪中期的视觉艺术与

图 67
›
Wales Bonner
2020—21 秋冬
男装系列，
伦敦时装周，
2020 年
1 月 5 日。

音乐中汲取灵感，融合了哥特风格、乡村摇滚风格（113 页）和海报女郎风格（290 页），其风格造型特点包括桶状卷发、手臂文身、对超自然现象和低成本 B 级电影的迷恋、挂颈/绕颈领式露背上衣、圆裁裙和后中缝长筒袜。

在 20 世纪 80 年代末和 90 年代流行文化中的锐舞文化风格（146 页）场景和千禧年代的赛博朋克风格（38 页）主题潮流催生了赛博哥特（Cybergoth）亚文化，其造型特点是霓虹色调的俱乐部/夜店舞蹈服饰、身体改造、厚底鞋、人造毛皮靴子、网眼织物和合成编发发辫，搭配后世界末日式的面具和护目镜。

2007 年左右在东京的原宿区出现了一种融合了哥特与洛丽塔风格（177 页）的街头造型风格，这种风格的爱好者们会身着整洁的塔层裙、黑色蕾丝和束身衣，搭配玛丽珍鞋或厚底鞋，用血红色和深紫色装饰点缀全身黑色的穿搭。

20 世纪 90 年代，一种以哥特美学为主导、被称为"新哥特"（Nu-Goth，对传统哥特美学的当代演绎）的哥特子流派开始受到追捧，这类风格的人群有自己的兴趣爱好，如异教和神秘学，喜欢时尚前卫的服装，如 20 世纪 90 年代流行的饰有五角星、十字架、月亮和星座图案的配饰与服装，以及贴颈项链、露脐装、圆形太阳镜、身体装饰绑带（body harness；另见恋物癖风格，293 页）、系带马丁靴（厚底平台款），他们嘴上还涂着墨黑色口红。新哥特风格也会与嬉皮士风格（223 页）的哥特元素相融合，新哥特人群也会模仿佛利伍麦克乐队（Fleetwood Mac）的史蒂薇·尼克斯（Stevie Nick）的造型，穿着天鹅绒厚底鞋搭配雪纺连衣裙。

社交媒体时代带来了比新哥特更年轻的"粉彩哥特"（Pastel Goths）风格，这一类群体与伤感男孩和伤感女孩有一些共同点（见 Z 世代电子男孩和电子女孩风格，51 页），他们喜欢的朋克元素与柔和的粉红色和淡紫色调混合在了一起。哥特风格通过购物中心品牌（其中包括美国的 Hot Topic 快时尚品牌）融入消费文化中，衍生出传统哥特风格人群所说的的"商场哥特"（Mall Goths）风格。该风格的人群聚集在他们的新金属（nu-metal）音乐场景中，因此其被普遍认为属于金属摇滚风格（120 页）亚文化。

哥特主义的时尚风格一直活跃于时装秀场之上，被时尚作家称为"高级哥特"（Haute Goth），亚历山大·麦昆的黑色主题时装系列和骷髅装饰图案将这种风格体现得淋漓尽致，前卫/先锋派风格（244 页）设计师瑞克·欧文斯（Rick Owens）、加勒斯·普和山本耀司，以及俏皮的设计师安娜·苏、蒂埃里·穆格勒、让-保罗·高缇耶和克里斯蒂安·拉克鲁瓦（Christian Lacroix）都曾在其设计系列中展现过这种风格。还有较新的品牌，如The Vampire's Wife品牌的苏西·凯夫，让高级哥特成为好莱坞的趋势风格。

与普遍认知不同的是，并非所有哥特人都陷入抑郁消沉或沉迷于毁灭，并非所有哥特人都穿黑色；在哥特美学基础上会衍生出无数子流派风格。许多身处专业环境中的哥特人会将他们的着装风格调整为所谓的"Corporate Goth"（企业哥特）或"Corp Goth"（公司哥特），其中包括乌木色或细条纹的定制西装（见定制西装风格，195页），上面装饰有巧妙的蜘蛛或骷髅细节图案。处于哥特风格实践阶段的年轻人和青少年在哥特人群中被称为"蝙蝠宝宝"（Baby Bats）。

色彩与图案	黑色、暗紫色、血红色、枪灰色
面料	蕾丝、真丝缎、天鹅绒、PVC、皮革、雪尼尔（chenille）
服装与配饰	束身衣、脚踝长度长裙、西装、褶饰立领、厚底鞋、手套、衬衫、高顶礼帽、褶饰领巾（ruffled cravat）、身体装饰首饰、垂坠剪裁结构西装
细节	骷髅、十字架、铆钉、尖状装饰、蝙蝠、蜘蛛、蜘蛛网、月亮、星星、安卡符号/生命之符、链条
妆发	纯黑头发、齐刘海（blunt fringe）、幽魂粉末、深色口红

THE STYLE THESAURUS: A definitive, gender-neutral guide to the meaning of style and for all fashion lovers

嬉皮士 HIPPY 风格

6.4

≈	嬉皮士（Hippie） 迷幻文化（Psychedelia）
→	怀旧/复古风格（Retro） 作战服风格（Combat） 嬉普士风格（Hipster）
+	音乐节风格（Festival） 波西米亚风格（Bohemian） 政治风格（Political）

20世纪60年代和70年代，嬉皮士运动在嬉普士和垮掉的一代（hepcats）追随垮掉的一代运动之后得到蓬勃发展（见披头族风格，214页）。嬉皮士运动主要因反主流文化的政治理想（见政治风格，260页）而兴起，并反对美国参与越南战争（1955—1975年），随着年轻人对父母那一代的保守价值观以及不容置疑的道德观的拒绝，嬉皮士运动席卷了全世界。

嬉皮士们拿着新发明的避孕药，宣扬和平与自由恋爱的理念，并使用迷幻药和大麻以增强他们的意识。披头族们忧心忡忡，身着深色衣服，在烟雾缭绕的爵士酒吧里讨论哲学，而嬉皮士则愉快地听着摇滚乐，身穿各种颜色的衣服，尤其是紫色和靛蓝色居多，据说这两种颜色分别与第三只眼上方的顶轮和第三眼脉轮（眉心轮）有关。这两种反主流文化运动都主张性解放，都支持群体性行为、开放式关系及同性恋。

从"垮掉派"诗人转型为嬉皮士的艾伦·金斯堡于1957年在加利福尼亚州高等法院赢得了一场具有里程碑意义的诉讼，法官裁定支持他的露骨作品《嚎叫》，认定其具有社会重要性，并非淫秽作品。金斯堡赞同哈佛大学心理学教授蒂莫西·利里（Timothy Leary）的研究成果，利里在墨西哥体验了迷幻蘑菇后对自己的意识有所顿悟，开始鼓励人们去"开启、融入和放飞"，接受迷幻药物。之后，嬉皮士对迷幻药和其他致幻物质的实践通过鲜艳的色彩、令人迷幻的漩涡印花在服装上展现出来。

嬉皮士蔑视大批量生产的商品和消费主义文化，他们身着独特的条纹扎染面料，表明了他们对非洲和亚洲手工艺和文化的欣赏，他们佩戴的珠宝也是手工制作的，通常是用他们在音乐节之间的旅途中发现的水晶、珠子、木材和羽毛制成的，包括1969年在纽约州北部举行的声势浩大的伍德斯托克音乐节（另见音乐节风格，149页）。与其他波西米亚风格（217页）人群一样，嬉皮士明确地将自己定位为主流中的"异类"，他们穿着宽松飘逸的长袍、长裙或哈伦裤，以及浪漫风格衬衫，搭配露趾凉鞋，长而蓬乱的头发上戴着花环。主流的嬉皮士群体多选择穿着时髦的喇叭裤搭配绒面革流苏马甲，这种造型在现在被视作具有独特的怀旧/复古风格（20页）。

嬉皮士偶像约翰·列侬和小野洋子（Yoko Ono）以他们著名的"静卧抗议"（bed-ins）活动代表了非暴力行动的实践性测试，并通过他们的着装表达其反对越南战争的立场。列侬穿着重新设计的军队剩下的作战服风格（95页）夹克，而小野洋子则全身白色的穿搭以传达和平的信息。

这个反主流文化群体特别关注美国原住民的困境，并受到他们的差异性、与自然和谐相处的方式和与生俱来的部落生活方式，以及他们对大麻和佩奥特碱（peyote，又称仙人球毒碱，是从佩奥特掌花球中分离出来的一种迷幻药）的使用习惯的启发。嬉皮士成为红色权力运动（Red Power，又称印第安人权利运动）的有益盟友，尽管他们大多出于善意，但对原住民图案，如串珠羽毛饰品和羽冠头饰（羽冠战帽）的挪用却存在很大的问题，这会有碍于人们对574个美国原住民部落和加拿大第一民族文化多样性的认知，进而演变成一种刻板印象。

不久之后，时尚界就抓住了嬉皮士的美学观念，使其转变为高级的时尚风格。1969年，候斯顿尝试了扎染真丝天鹅绒，而奥塔维奥（Ottavio）和罗西塔·米索尼（Rosita Missoni）夫妇设计出大胆的锯齿形和波浪图案的机织服装，并在20世纪70年代初赢得了时尚媒体的关注度。后来，周游世界的设计师吉莫·埃特罗（Gimmo Etro）将佩斯利花纹作为艾绰品牌的标志性印花图案。佩斯利花

图 68

‹米莱什卡（Mileshka）›在安娜·苏2018春夏系列中亮相，纽约时装周，2017年9月11日。

纹曾是披头士乐队最喜欢的印花图案，也成了嬉皮士风格的代表性花纹。佩斯利花纹独特的弯曲泪珠形状又被称为"boteh jegheh"（波斯语，意为古代装饰图案），起源于波斯，是用于伊朗国王王冠上的装饰图案，对此人们有着不同的解读，一些人认为它是一棵弯曲的象征着力量的雪松树，而成熟的种子荚则象征着生命。这种图案被用于高价出口的克什米尔披肩（Kashmir shawls）上，后来在苏格兰西南部的佩斯利镇进行大规模的纺织生产，因此而得名佩斯利花纹。

到20世纪70年代初，一些嬉皮士派系已经变成了令人无法忍受的资产阶级风格（202页），他们的下一代变得比前辈们更加愤怒和急躁，因此朋克风格（125页）从地下渗出，摧毁了那些和平与爱的讯息。

色彩与图案	白色、扎染色、紫色、红色、橙色、绿色、佩斯利图案、螺旋形图案
面料	牛仔布、汉麻、棉布、钩编织物、灯芯绒
服装与配饰	凉鞋、T恤、脚踝长度长裙、女士衬衫、喇叭裤、沙滩款宽帽檐软帽（floppy hat）、印花头巾、圆领棉质背心、长围巾、哈伦裤（harem pants）、长款大衣、休闲马甲（vest）、西装马甲（waistcoat）
细节	花冠、流苏装饰、流苏穗、丝带、手工珠宝首饰、和平符号
妆发	长发、蓬松/蓬乱的发型、无妆容

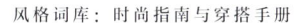

风格词库：时尚指南与穿搭手册

嬉普士 HIPSTER
风格

≈	资产阶级 - 波西米亚主义，简称波波族或布波族 BOBO*（Bourgeois-Bohèmes）
→	怀旧/复古风格（Retro）　摇滚风格（Rock & Roll）　披头族风格（Beatnik）
+	野外风格（Gorecore）　航海风格（Nautical）　独立音乐风格（Indie）　童趣可爱风格（Kidcore） 常规服饰穿搭风格（Normcore）　波西米亚风格（Bohemian）　嬉皮士风格（Hippy）

千禧之际，在世界各地的高档社区中，随处可见嬉普士青年，他们聚集在手工咖啡店外，身旁停放着他们的固定齿轮自行车。他们梳着男士发髻，留着小胡子，穿着破洞紧身牛仔裤，搭配复古图案印花衬衫，还配有色彩鲜艳的吊裤背带。

在20世纪40年代，最初的嬉普士指的是美国的非裔爵士乐爱好者（又称"hepcats"），他们以松弛的态度及吸食娱乐性大麻的行为影响了20世纪50年代的"垮掉的一代"（见披头族风格，214页）。到了20世纪60年代，"嬉普士"（hipster）一词被转换成"嬉皮士"（Hippy）（见嬉皮士风格，223页），开始被用来描述一种过着波西米亚风格（217页）生活的特定类型人群。

虽然"嬉普士"一词经常带有轻蔑的含义，但事实上正是这些时尚和音乐的早期狂热分子促进了全球时尚趋势的发展。嬉普士运动与独立音乐风格（131页）美学相融合，专注于选购当地的纯手工消费品。当代潮人开创了二手旧货购

---

* 这个复合词因出现在美国记者大卫·布鲁克斯（David Brooks）在2000年出版的《天堂中的波波族：新上层阶级及其如何到达那里》（*Bobos in Paradise: The New Upper Class and How They Got There*）一书中而流行起来，指的是那些拥有较高学历、收入丰厚、追求生活享受、崇尚自由解放、积极进取且具有较强独立意识的那类人。布鲁克斯创造了这个词来描述20世纪80年代的雅皮士，他们的资产阶级生活方式与20世纪60年代反主流文化的波西米亚价值观混合在一起。

图 69

留着胡须的

嬉普士青年，

2019年

4月8日。

物的潮流，这种消费习惯赋予了嬉普士亚文化一种怀旧/复古风格（20页）的外观特征，他们甚至会选用复古款的电子产品，如卡西欧手表。

在21世纪第一个十年初期，嬉普士的造型风格发展先后经历了不同的阶段，曾短暂地与情绪硬核风格（129页）和场景文化保持一致，然后进入到流行佩戴具有讽刺意味的卡车司机帽（trucker hats，21世纪初，卡车司机帽成为一种主流时尚潮流，获得了与嘻哈、流行朋克和滑板亚文化相关的美国郊区青年的青睐。由于卡车司机帽与农村或蓝领有关，并且佩戴者通常是老年人，因此这种帽子的流行带有一种讽刺意味）、身穿童趣可爱风格（175页）的卡通衬衫、搭配破旧的匡威运动鞋的阶段。接着又受到20世纪中期文化风格的强烈影响，嬉普士们在逛当地唱片店选购黑胶唱片时流行佩戴宽厚的巴迪·霍利式框架眼镜，穿着斜纹棉布裤、菱纹针织衫及碎花茶歇裙（另见摇滚风格，110页）。

嬉普士风格中还曾衍生出一种常见的子流派风格，即"假波西米亚"（fauxhemian），他们是追求波西米亚生活方式但仍然生活舒适的创意人士。在法国，这类人群被称为"Bobo"（Bourgeois-bohèmes，资产阶级-波西米亚主义；见资产阶级风格，202页）。

从21世纪第二个十年中期开始，嬉普士风格开始更趋于粗犷。随着野外风格（88页）的兴起和攀岩运动的普及，都市精英人群在全食超市（Whole Foods）内寻找有机农产品时会身穿格纹衬衫，配工装短裤，外搭由可持续性面料制成的连帽式防寒上衣，脚穿登山靴。还有一群服饰造型超越了水手风格（另见航海风格，98页）、喜好精酿啤酒的嬉普士们身着绞花编织毛衣配卷边牛仔裤，外搭黄色橡胶雨衣，头戴小巧的无檐针织帽。

色彩与图案	棕褐色、方格纹、佩斯利图案、碎花印花
面料	纯棉、牛仔、软壳面料、竹纤维面料、帆布、灯芯绒、人造革（vegan leather）
服装与配饰	紧身牛仔裤、无檐针织帽、格纹衬衫、男士背带（吊裤带）、背包、V领套头衫、T恤、开衫、西装外套、男士领巾、运动套装、登山靴、茶歇裙、裁短式牛仔短裤、圆形框架眼镜、角质框架眼镜、无镜片眼镜、百叶窗眼镜（shutter shades）、卡车司机帽、乐福鞋、卡骆驰鞋（Crocs）、渔夫鞋/帆布鞋
细节	撕裂/破洞、翻卷式设计、文身、耳鼻或身体穿孔、阔大/拉长耳洞、中式立领、头戴式耳机
发型	长发、男士发髻/男版丸子头（man bun）、胡须、胡子

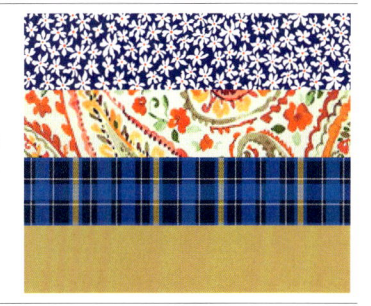

摩德 MOD 风格

≈	现代主义者（Modernist）
→	泰迪男孩和泰迪女孩风格（Teddy Boys & Teddy Girls）　朋克风格（Punk）　光头族风格（Skinhead）
+	甜蜜生活风格（Dolce Vita）　定制西装风格（Tailoring）　极简主义风格（Minimalist）

英国在第二次世界大战结束后的几年里，国内生活条件十分艰苦，毫无生气。从 1940 年开始实施的配给制度一直持续到 1954 年，大大限制着人们的日常生活。到了 20 世纪 60 年代初，婴儿潮一代人正处于青少年期，他们迫切希望摆脱父母的压迫性的文化习俗，并受到披头族风格（214 页）的影响，他们还是现代爵士乐和灵魂乐迷，同时拒绝接纳泰迪男孩和泰迪女孩风格（115 页）的浮夸元素，他们想成为干脆利落的"现代主义者"（modernists），后被简称为"摩德或摩登族"（mods）。

随着英国经济逐渐繁荣，失业率降到 1% 到 2% 的历史最低点，摩德风格的男性可以尽情穿着他们喜爱的意大利修身定制西装（见定制西装风格，195 页），这些纯净的深色套装受《甜蜜的生活》（见甜蜜生活风格，168 页）等电影的影响，内搭浅色衬衫，配有窄领带。他们会省下钱购买韦士柏（Vespa）踏板式摩托车，这样便可以在公共交通路线之外自由地骑行，且不存在摩托车机油弄脏裤子的问题。摩德族会将从剩余军用物资商店购得的夹克穿在最外面，以保护里面的套装。他们特别中意朝鲜战争时期的美国陆军 M51 派克大衣（见军装风格，91 页），此款大衣是连帽款，饰有漂亮的肩章和羊驼毛衬里。

摇滚青年是摩德族的天敌，他们以美国青年文化为榜样，喜欢听摇滚乐（见摇滚风格，110 页），以摩托/机车骑手风格（67 页）造型及所骑行的摩托车为特色。他们与那些装扮讲究、西装笔挺及对待女性自主权利持积极态度的摩德文化格格不入，并将对手珍贵的踏板摩托车嘲笑为"吹风机"。摩德族则对大男子主义的摇滚青年和他们老旧的思想态度表示痛恨。1964 年，摩德族与摇滚青年之间的相互厌恶最终演变成在马盖特海滨、克拉克顿和布莱顿等度假胜地发生的骚乱。

图 70，从左至右：特雷弗·莱尔德（Trevor Laird）、托亚·威尔科克斯（Toyah Willcox）、菲尔·戴维斯（Phil Davis）、斯汀（Sting）、莱斯利·艾什（Leslie Ash）、菲尔·丹尼尔斯（Phil Daniels）、加里·希尔（Gary Shail）、盖瑞·库珀（Garry Cooper）以及马克·温格特（Mark Wingett）在电影《四重人格》中的剧照，1979 年。

同样在1964年，谁人乐队在伦敦西部的牧羊丛地区（Shepherds Bush）成立。乐队的标志性红、白、蓝三色圆形标志设计灵感来自第一次世界大战期间英国喷火式战斗机（British Spitfire）上防止友军误伤的三色圆形标志[该标志源自法国盟军飞机上的三色帽章（cockade），这又令人回想起法国大革命]。这个三色圆形标志随着乐队音乐的传播也成了亚文化中的流行符号。摩德亚文化对主流文化产生过两次冲击，第一次是20世纪60年代与摇滚青年之间发生的文化暴力冲突，第二次是20世纪70年代的摩德复兴（mod revival）。于摩德复兴期间上映的根据谁人乐队的同名摇滚歌剧专辑改编的电影《四重人格》（*Quadrophenia*, 1979）重现了摩德族在布莱顿的骚乱景象。英国果酱乐队（The Jam）的核心人物保罗·韦勒（Paul Weller）在他们的音乐创作中融入了朋克风格（125页）元素，成了摩德复兴时期的时代之声，韦勒也因此获得了"摩德之父"的绰号。

尽管英国存在性别薪酬差距（英国直到1970年才出台《同酬法》），但摩德族女性越来越独立，开始拥有自己的收入来源。女性权利的解放还体现在迷你裙、眼线妆和兼有两性特征风格（270 页）的精巧短发上，其灵感来自她们的时尚偶像崔姬（Twiggy，一位超模），她们还会采用清爽利落的波波头造型。摩德族与未来主义风格（33 页）对简约和干净线条的喜爱是一致的，但摩德族专注于当下，而未来主义者却仰望天空。没有什么比抽象派画家皮特·蒙德里安（Piet Mondrian）的原色块更能体现出现代主义感。1965 年，伊夫·圣罗兰将其画作中的色块图形应用在他的连衣裙上，现已成为 60 年代设计美学转变的象征，也成就了艺术与时尚关联的重要时刻。20 世纪 60 年代末，现代主义风格的犀利造型逐渐消失，转向悠闲的嬉皮士风格（223 页）和波西米亚风格（217 页），而一些硬派的摩德族则转向光头族风格（237 页）。

事实证明，摩德风格经久不衰，并持续影响着秀场的时装造型。路易威登在 2013 春夏系列中展示了令人瞠目结舌的黑白棋盘图案，而普拉达在 2011 秋冬系列中展示了强烈的 20 世纪 60 年代的潮流趋势，还在 2023 春夏系列中采用了 20 世纪 60 年代贴合身形的剪裁风格。

色彩与图案	黑色、白色、奶油色、灰绿色、黑白相间犬牙纹 / 千鸟格、黑白小格纹、蓝白相间格纹
面料	羊毛、棉布、绒面革 / 麂皮
服装与配饰	衬衫、细领带、派克大衣、马球衫、长裤、哈灵顿夹克、切尔西短靴、乐福鞋、沙漠靴、超短裙、及膝长靴、go-go 靴〔go-go boots，长及小腿的白色平跟靴，于 20 世纪 60 年代中期由安德烈·库雷热首次推出。这种特殊款式有时也被称为"Courrèges boots"，之后 go-go 靴这个词被用来指代 20 世纪 60 年代至 70 年代流行的及膝方头粗跟靴以及小高跟靴或白色以外的同款女靴〕、无袖上衣、保龄球鞋、风衣
细节	下摆圆角剪裁、修身款、裤腿偏短、裤脚无翻边
妆发	短发、凯撒式男式短发（Caesar cut）、法式男士短发（French crop）、眼线妆（graphic eyeliner）、白色眼影、浅色 / 苍白的口红色、多层涂抹睫毛膏（layers of mascara）

滑板文化 SKATE 风格

≈	玩滑板的人（Skater） 街头滑板（Sidewalk Surfer）
→	金属摇滚风格（Metal） 朋克风格（Punk） 嘻哈风格（Hip Hop）
+	运动休闲风格（Athleisure） 独立音乐风格（Indie） 大学校队风格（Varsity） 冲浪风格（Surf）

20 世纪 50 年代，冲浪热潮席卷加州，冲浪爱好者们渴望在海浪平静的时候可以做点儿什么，于是他们采取了激进的解决方案——在人行道上冲浪，这就是最初的滑板运动。滑板者被禁止进入许多公共广场，因为他们会"碾压"壁架和长椅，从而对其造成破坏，这让早期的滑板文化带有一丝反叛的色彩。

无论是在驾驭滑板的方式上，还是在骑行滑板时的服饰穿搭上，风格一直在滑板亚文化中发挥着重要的作用。首先，滑板服装必须具备功能性，许多专业滑板运动员会选择穿着如迪凯思（Dickies）或卡哈特（Carhartt）等品牌用厚棉布生产的宽松耐用的工装裤，在短袖 T 恤内套穿一件长袖上衣以保暖，同时在摔倒时还可以防止擦伤。鞋子也是滑板运动的关键，为了保持在滑板上的稳定性，鞋底坚固的运动鞋要比跑鞋更受欢迎。范斯品牌出品的鞋子在滑板初学者和专业人士中广受欢迎，该品牌最初出售的是会起到额外保护作用的高帮鞋，后来又推出将高帮裁短至脚踝处的鞋款，提高了滑板运动员在做技巧动作时的灵活性。沙滩短裤（board short）也被设计出来，用于冲浪和滑板运动，这种短裤长度剪裁至膝盖。

从美学角度来看，滑板文化氛围在很大程度上源于冲浪风格（234 页）文化，滑板者喜欢穿着带夏威夷图案印花和色彩明亮的服装，以及印有当地独立滑板团体和冲浪用品商店标志的连帽衫或 T 恤（见独立音乐风格，131 页）。还有一些在商场闲逛却从未踏上过滑板的"装腔作势的滑板手"（poster）喜欢穿着滑板品牌的服饰，但却只为炫耀。一个具有突破性的滑板文化媒体于 1981 年推出了 *Thrasher* 杂志，这是一本将滑板文化与朋克风格（125 页）和金属摇滚风格（120 页）的音乐文化融合在一起的刊物。玩滑板的人具有朋克文化中原创的 DIY 精神，会自己动手打造自己的风格,他们会利用坡道和栏杆表演滑板技巧。该杂志大力推崇年轻的托尼·霍克(Tony Hawk),并于 1990 年将他评为首位年度最佳滑板运动员。后来,这个奖项被 Instagram 上的名人盗用,这让编辑团队大为懊恼。

弗兰克·纳斯沃西(Frank Nasworthy)发明了聚氨酯滑轮,于 1972 年创立了 Cadillac Wheels 滑板轮公司。他们开发推出的聚氨酯轮子使滑板的滑行变得更加灵敏,更易于操控,从而改变了这项运动,使其变得更具吸引力。20 世纪 80 年代,滑板运动在青年文化中传播开来,由迈克尔·J. 福克斯(Michael J. Fox)在电影《回到未来》(*Back to the Future*,1985)中饰演的马蒂·麦佛莱(Marty McFly)一角也推动了滑板运动在青年文化中的传播,激励了一代年轻人去尝试这项运动。20 世纪 90 年代,滑板文化受到了嘻哈风格(142 页)影响,版型宽松的工装裤成为最受滑板群体青睐的必备单品。

法国奢侈品牌路易威登与纽约酷炫滑板品牌 Supreme 之间的终极高低合作(ultimate high-low collaboration,指奢侈品牌与平价或主流的零售商合作,如果合作得好,就可以带来高额利润,使奢侈品牌能够在不贬低其品牌价值的情况下融入时代精神)推出令人期待的 2017 秋冬合作系列,将亚文化引向时尚聚光灯之下。早在 2000 年,路易威登就曾对 Supreme 提起过诉讼,要求 Supreme 停止在滑板和其他商品上使用"LV"商标图案,因此这次合作一直备受人们关注。Supreme 由詹姆斯·杰比亚(James Jebbia)于 1994 年创立,率先采用炒作营销策略,利用供货短缺来激发消费者的兴趣,每周发布"限量"产品,这种销售方式导致街上都排起了长队,并营造出有钱也买不到的宣传效果。

伦敦滑板品牌 Palace 在 2022 年以同样的方式,通过与 Y-3(阿迪达斯和山本耀司合作的街头服饰品牌)和意大利奢侈品牌古驰的合作吸引了新的狂热追随者(hypebeast)。Palace 的设计师兼创始人莱夫·坦茹(Lev Tanju)和加雷思·斯科维斯(Gareth Skewis)回溯了品牌的英国根源,设计推出了印有品牌标志的衬衫,其灵感来自足球服上衣和朋克风格。他们还推出了令人垂涎的滑板服饰必备品,如印有品牌标志、长度至小腿(总是被拉高)的袜子。

源自人行道上的滑板运动对街头和运动休闲风格(60 页)服饰的发展也产生了重要的影响。

图 7 1
>
金·琼斯(Kim Jones)为路易威登设计的 2017—2018 秋冬男装系列,巴黎时装周,2017 年 1 月 19 日。

色彩与图案	黑色、白色、几何形印花
面料	牛仔布、帆布、棉布、卫衣针织面料
服装与配饰	滑板鞋(如匡威和范斯)、T 恤、小腿长度袜、棒球帽、连帽衫、无檐针织帽、沙滩短裤 / 男士泳裤、钥匙链、背包、休闲马甲、格子衬衫、戒指、肥大的裤子、两侧设有大口袋的工装裤、手链 / 项链
细节	标识图案、短袖 T 恤内搭长袖上衣、破洞、束带 / 抽绳、内附护膝、标语、分层混搭的银首饰、将袜子拉高

THE STYLE THESAURUS: A definitive, gender-neutral guide to the meaning of style and for all fashion lovers   232

风格词库：时尚指南与穿搭手册

冲浪 SURF 风格

6.8

≈	冲浪者（Surfer） 狂人（Kook）
→	运动休闲风格（Athleisure） 狩猎风格（Safari） 摇滚风格（Rock） 嬉皮士风格（Hippy）
+	游轮度假风格（Cruise） 波西米亚风格（Bohemian）

如同兴奋至极的冲浪者追逐着清爽海浪一般，冲浪造型涌向了设计师品牌的夏季系列时装秀场，为大众带来了另一种<u>运动休闲风格</u>（60页）的夏装选择。冲浪运动不仅仅是一种亚文化，也是一种生活方式，对于发明了冲浪运动的波利尼西亚人民来说，它具有神圣的意义。12世纪的洞穴壁画清楚地描绘了古代波利尼西亚人在木板上冲浪的情景。1778年，詹姆斯·库克（James Cook）船长第三次航行（也是他结局悲惨的最后一次航行）至波利尼西亚，其在航海日记中描述了冲浪运动，这也是冲浪运动首次被白人记录下来。当"发现号"和"决心号"两艘船首次停泊在夏威夷时，查尔斯·克莱克（Charles Clerke）船长曾评论说，当地人似乎在水上如鱼得水。

到了19世纪，传教士几乎根除了这些岛屿上的冲浪文化，但仍被一些当地人保留了下来。这项运动在20世纪引起了全球关注，这主要归功于两位实力非凡的冲浪男士：一位是乔治·弗里斯（George Freeth），他于1907年在加利福尼亚进行了一次冲浪表演，作为太平洋电气铁路公司海岸线路宣传噱头的一部分；另一位是杜克·卡哈纳莫库（Duke Kahanamoku），他是一个身材高挑的夏威夷人，曾五次获得奥运会游泳金牌，他因在1914年悉尼举行的一场冲浪表演中将这项运动带到澳大利亚而受到赞誉。他们都身着无袖背心和紧身短裤，搭配手工制作的珠串项链，展现出运动员所具备的体格，激发了公众的想象力。

1959年，夏威夷成为美国的一个州。随着前往这些新开放岛屿的航空旅行线路的开通，游客们将冲浪运动带到了美国的加利福尼亚州。由少女偶像桑德拉·狄主演的电影《怀春玉女》（*Gidget*，1959）将冲浪文化永久地记录在了银幕上。随后，由猫王埃尔维斯·普雷斯利出演的电影《蓝色夏威夷》

图72 › 保罗·史密斯（Paul Smith）2018春夏男装系列，巴黎时装周，2017年6月25日。

（Blue Hawaii，1961）和美国冲浪纪录片《无尽的夏天》（The Endless Summer，1965）更是推动了夏威夷衬衫、撞色泳装和沙滩短裤的流行。沙滩短裤比传统的泳裤更长，更像休闲短裤，设计有口袋，没有网布衬里。

经典的夏威夷衬衫，或称"阿罗哈"（Aloha）衬衫，最初由夏威夷岛上的日本工匠于20世纪30年代用和服面料制成，后被推广为一种旅游商品而大受欢迎。这款衬衫通常以超大印花图案为特色，是短袖款，有较宽的古巴领，便于身体散热降温（另见狩猎风格，105页），胸前饰有贴袋以放置太阳镜，前开襟上缝有（传统）椰壳制纽扣。1941年日本袭击珍珠港后，衬衫制造商开始为战争提供生产物资，当恢复和平时，他们不再推出以日本风格的樱花和寺庙等为主题图案印花的夏威夷衫，而是将图案替换成当地花卉主题的印花，如木槿花。

冲浪摇滚以连绵起伏的吉他即兴重复乐段和模仿海浪声的高混响为特征，在1958年至1964年期间达到鼎盛，并将摇滚风格（110页）的青春性感魅力融入冲浪造型中。海滩男孩摇滚乐队（The Beach Boys）于1963年凭借首支单曲《美国冲浪》（Surfin' U.S.A.）一举成名，乐队成员穿着宽松的斜纹棉布裤搭配条纹衬衫，在其造型中又增添了美国常春藤联盟高校风格的元素（见名校校服风格，191页）。

通过电影《惊爆点》（Point Break，1991）和Quiksilver、Rip Curl和Billabong等冲浪品牌取得的突破性进展，新式的冲浪风格在20世纪90年代和21世纪初成了主流的时尚风格。世界各地的青少年将休闲针织连帽衫套穿在绕颈领比基尼上衣外，搭配及膝牛仔短裤或宽松作战裤，脚上穿着人字拖或随处可见的羊皮Ugg鞋，作为海滩之外的造型装扮。2002年由凯特·博斯沃思（Kate Bosworth）、米歇尔·罗德里格兹（Michelle Rodriguez）和萨诺埃·莱克（Sanoe Lake）主演的电影《蓝色激情》（Blue Crush）上映之后，这种风格造型处于流行文化的顶峰，当时恰逢香奈儿于同年推出了以冲浪为主题的时装系列。

氯丁橡胶（neoprene）是时装秀场上冲浪美学风格的代表性面料，由杜邦化学工业公司的科学家于1930年发明。加州大学物理学家休·布拉德纳（Hugh Bradne）于1951年用氯丁橡胶设计制成了第一款潜水服，用于潜水和军事用途。与此同时，在圣克鲁斯的一个车库里，传奇冲浪者杰克·奥尼尔（Jack O'Neill）正在开发一款供冲浪者在冷水海域中冲浪使用的潜水服，由此突破了数英里早先因寒冷而无法冲浪的海岸线。

在 2018 春夏系列时装秀场上，冲浪主题再次成为时尚话题，时装品牌保罗·史密斯和巴黎世家男装都推出了夕阳色调的夏威夷衬衫，迈克高仕、古驰和 No. 21 的女装系列则展示了热带印花图案。冲浪风格在 2019 春夏女装系列中逐步趋于成熟：艾绰推出了冲浪打蜡板和热带主题印花图案，卡尔文·克雷恩以 1975 年的惊悚电影《大白鲨》（Jaws）为灵感推出了潜水服式的设计细节，斯特拉·麦卡特尼（Stella McCartney）推出了蓝白相间的扎染图案，让人联想到海浪泡沫。之后，冲浪风格继续出现在 2022 春夏时装系列中：奥图扎拉（Altuzarra）推出了更多迷幻扎染图案（另见嬉皮士风格，223 页），Coperni 推出了霓虹色系防晒紧身上衣（rash vest，防晒紧身上衣分长袖或短袖款），搭配饰有扇贝和贝壳形亮片的半裙，营造出运动型美人鱼的感觉，莲娜丽姿（Nina Ricci）则推出了氯丁橡胶潜水头套（scuba hood），展示了渔网式设计细节。

色彩与图案	海蓝色、天蓝色、沙黄色、白色、荧光粉、扎染图案、夏威夷印花
面料	氯丁橡胶、网眼织物、涤纶、尼龙、棉针织
服装与配饰	沙滩裤/男士泳裤、人字拖、T 恤、连帽衫、防晒紧身上衣、比基尼、两侧设计有大口袋的工装裤、渔夫帽
细节	拉链、抽绳、软壳面料类、短袖、高领

光头族 SKINHEAD 风格

≈	平头党（Skin） 短发且穿着厚重靴子的凶暴小青年（Boot Boy） 花生党（Peanut） 柠檬头党（Lemonhead）
→	传承/传统风格（Heritage） 飞行家风格（Aviator） 名校校服风格（Preppy） 定制西装风格（Tailoring） 嬉皮士风格（Hippy） 摩德风格（Mod）
+	朋克风格（Punk） 马球服饰风格（Polo） 兼有两性特征风格（Androgynous）

20世纪60年代末，英国的摩德风格（228页）亚文化分裂为两派，一派是追求上流社会的精致优雅、穿着昂贵新款定制西装（见定制西装风格，195页）的光滑摩德 [smooth mods，又称孔雀摩德（peacock mods）]，另一派是以自豪的工人阶级男性为代表的硬派摩德（hard mods）。后者因从事工厂工作，长发成了一种负担，所以他们剃成光头或寸头（buzz cut），他们剪成寸头也明显是为了拒绝接受留着长发、追求爱与和平的中产阶级嬉皮士（见嬉皮士风格，223页）的反主流文化。对于某些硬派摩德来说，他们的短发也是向当时新闻中美国宇航员干净利落的形象致敬，自此，光头族诞生。

  在本书描述的所有风格美学中，光头族亚文化可能是最容易被误解和丑化的，因为它被暴力的白人至上主义者所利用。光头族亚文化初期，一些对自己外表感到自豪的年轻人以追求时尚穿搭为核心，他们喜欢穿着净色或格纹短袖衬衫、熨烫平整的裤子，搭配男士背带（吊裤带），并融入硬朗的实用主义元素，如饰有钢制鞋头的靴子或擦得锃亮的马丁靴。光头族的工装制服造型包括：直筒牛仔裤，通常是李维斯推出的501牛仔裤，他们会将牛仔裤脚卷起以显露出脚上的鞋子；日常休闲的牛仔卡车司机夹克及英国版的卡车司机夹克，即哈灵顿夹克，该夹克内附有独特的弗雷泽格子呢衬里（Fraser tartan，传统苏格兰格纹花呢）；几乎人手必备的马球衫（见马球服饰风格，76页），其受到了美国常春藤联盟高校风格，后来被称为名校校服风格（191页）的影响。

  出于英国多变的天气，光头族们所需要的厚重冬装外套有三种选择：克龙比大衣（Crombie coat）、剪毛羊皮大衣和驴夹克（donkey jacket）。最初的克龙比大衣是一款单排扣、七分长度的大衣，采用精纺麦尔登毛呢（Melton wool）制成，由来自苏格兰传统羊毛纺织工厂转型为服装制造商的克龙比（Crombie）品牌设计出品（见传承 / 传统风格，23页）。英国的各类形形色色的人物都曾穿过克龙比大衣，包括首相温斯顿·丘吉尔（Winston Churchill）和黑帮头目双胞胎兄弟罗尼·克雷（Ronnie Kray）和雷吉·克雷（Reggie Kray），后者在伦敦东区展现出一种令人敬畏的时尚英雄形象，而光头族亚文化就是在这里兴起的。剪毛羊皮大衣由皮毛一体的羔羊皮或绵羊皮制成，通常是棕褐色鞣制皮面，反面（内里）则是羊毛，并饰有滚边。驴夹克于1888年问世，是专为曼彻斯特运河修复工人（被称为"navvies"，指从事"运河航道修建的劳动者"）设计的适应各种气候的工装夹克，得名于工人们在清理河道时使用的蒸汽驴发动机。这款宽大的羊毛夹克通常为黑色，设计有皮制过肩 / 育克（后来用PVC替代皮革）和常规款夹克翻领，可以将前衣襟扣至领口以抵御恶劣的天气。

来自西印度群岛文化，特别是牙买加金斯顿的粗鲁男孩（Rude Boy）亚文化街头时尚风格传到伦敦影响了摩德族和光头族，他们会佩戴时髦的猪肉派帽和特里比帽，穿着九分裤、长款大衣和剪裁得体的套装。黑人和白人工人阶级青年会在舞厅里社交，舞厅内的斯卡（ska）曲风乐队会演奏与光头族亚文化有关的曲目。

光头族亚文化的发展从对黑人文化的接纳与欣赏逐渐走到了令人出乎意料的阶段。朋克风格（125页）的音乐浪潮在20世纪70年代末期达到顶峰后，光头族文化迎来复兴。朋克风格的原创性（DIY）与拼凑哲学（bricolage philosophy，在文化研究中，拼凑被用来指人们从不同社会阶层获取物品以创造新的文化身份的过程，是朋克等亚文化运动的一个特征）会令追随者们从以前的亚文化中挖掘风格灵感。他们会佩戴纳粹标志，但仅仅是为了制造轰动效应，但这一行为却引起了一股右翼势力的注意，右翼势力趁机将就业机会的缺乏归咎于移民。国民阵线（The National Front）是英国的一个极右翼新法西斯主义团体，他们积极招募光头族成员，通过足球场上的流氓行为（电视转播了这种行为）传播仇恨信息，一直持续到20世纪80年代，并通过白人至上摇滚音乐在国际上传播。光头族亚文化正在逐渐走向分裂。

尽管光头族亚文化带有明显的男性化特征，但也会有女性光头族成员，她们被称为"featherwoods"或"skinbyrds"。她们留有羽毛发型 [feathercuts，

图73

光头族青少年珍妮特·阿斯卡姆（Janet Askham）与朋友们的合影，在位于哈德斯菲尔德的家中，英国西约克郡，1970年6月6日。

THE STYLE THESAURUS: A definitive, gender-neutral guide to the meaning of style and for all fashion lovers

或切尔西发型（chelsea haircut）]，有精致的分层，头顶及后脑勺的头发剪得较短，留有鬓角和齐刘海，这种发型成为该风格美学中的又一个亮点。她们会穿摩德风格的迷你裙搭配擦得光亮的布洛克皮鞋，也会穿粗线编织羊毛开衫内搭T恤或马球衫，这种反正统规则的形象穿搭与男性光头族造型不分高下。

  对于那些想要模仿光头族和朋克风格的造型师来说，关于靴子上的系带，这里有一个警告：系白色鞋带（通常配牛血色皮靴）表示穿着者是白人至上主义的信徒；系红色鞋带表示为这场运动流过血，或穿着者是社会主义者；系黄色鞋带表示穿着者是反种族主义者，是S.H.A.R.P.（反对种族偏见的光头党团体）的成员；系紫色鞋带表示穿着者是同性恋者；系绿色或格纹鞋带代表中立；系黑色鞋带代表穿着者支持传统光头族或朋克文化；系黑白相间鞋带表示穿着者喜欢斯卡或二元斯卡（two-tone，又称斯卡摇滚）音乐。尽管现在大众对这些鞋带颜色所隐藏的含义缺乏认知，但在错误的地方系错鞋带仍会让人觉得受到冒犯而感到不适（另见政治风格，260页）。

色彩与图案	黑色、白色、红色、暗红色、海军蓝、黑白小格纹、蓝色格纹
面料	羊毛、牛仔布、皮革、绵羊毛皮、尼龙
服装与配饰	牛仔裤、衬衫、哈灵顿夹克、男士背带（吊裤带）、平顶卷边帽、猪肉派帽、克龙比大衣、马丁靴、布洛克皮鞋、飞行夹克、中长度工装夹克 / 驴夹克、马球衫、开衫、牛仔款卡车司机夹克、羊毛皮 / 翻毛大衣、风衣
细节	褪色牛仔、扣领衬衫（buttondown shirt，衬衫领角有固定纽扣）、裤脚卷边牛仔裤
发型	留有鬓角、齐刘海、剃光头

风格词库：时尚指南与穿搭手册　　　　　　　　　　　　　　　　　　　　　**239**

萨普协会 LA SAPE 风格

6.10

| ≈ | 格调营造者和优雅人士协会
（Société des Ambianceurs et des Personnes Élégantes; Society of Ambianceurs and Elegant Persons）
刚果花花公子（Congolese Dandies）　萨普协会风格装扮者（The Sapeurs） |

| → | 前卫／先锋派风格（Avant-Garde）　政治风格（Political） |

| + | 定制西装风格（Tailoring）　花花公子风格（Dandy）　极繁主义风格（Maximalist） |

图 74

‹

萨普协会的狂热分子，加蓬首都利伯维尔，2014 年 4 月 23 日。

位于刚果河两岸，在北岸的刚果共和国（Republic of the Congo）首都布拉柴维尔（Brazzaville）和南岸的刚果民主共和国（Democratic Republic of the Congo，DRC）首都金沙萨（Kinshasa）之间，流行着一种亚文化风格，该风格的浮夸造型程度远远超出任何参加时装周的时尚达人。格调营造者和优雅人士协会（La Société des Ambianceurs et des Personnes Élégantes），又称萨普协会，是一个追求时尚精致生活的活跃群体。萨普协会风格的男性和女性装扮者们以身着奢华的设计师品牌时装而闻名，这种风格穿搭往往与他们所生活的贫民窟环境形成鲜明的对比。他们中的一些人是街头表演者，通过表演哑剧和舞蹈

6.10

养家糊口,而其他人则从事极为"平常"的工作,如公务员、园丁或出租车司机等。

关于这种亚文化的起源有多种说法。有人说它起源于殖民时代,而另一些人则认为它起源于"第二次世界大战"后从法国归来的刚果士兵,他们的行李箱里装满了优雅时髦的巴黎西装。大多数人认为,这种风格在20世纪70年代的复兴是由刚果歌手帕帕·温巴(Papa Wemba)发起的,他将这种风格作为一种政治声明(见政治风格,260页),反对总统蒙博托·塞塞·塞科(Mobutu Sese Seko)的镇压行为,后者曾试图(但未能)禁止刚果民主共和国的人们穿西式西装。

萨普协会风格的装扮造型在创意方向上存在着明显的分歧,来自布拉柴维尔的萨普协会人群偏爱法式的定制西装风格(195页),而金沙萨的萨普协会则更倾向于前卫/先锋派风格(244页)的服装,如山本耀司等设计师的作品,或者穿着传承/传统风格(23页)的苏格兰短裙搭配传统的毛皮袋(sporrans)。这种偏前卫的萨普协会风格美学曾出现在渡边淳弥2015秋冬男装系列的时装秀场造型中,如青果领、西装外套、领结、俏皮的特里比帽、圆形框架眼镜、整洁的衬衫和无可挑剔的领带。这两个群体都偏爱极繁主义风格(254页)造型,都很重视装饰配饰,如帽子、领带、时髦的袜子、男士背带(吊裤带)、个性太阳镜和抛光乌木手杖。

萨普协会风格装扮者是真正意义上的花花公子(见花花公子风格,247页),查尔斯·波德莱尔(Charles Baudelaire)将他们定义为活生生地将美学提升为一种宗教信仰的群体。贵族般的优雅,而不是物质财富,才是他们最终的目标。

色彩与图案	红色、绿色、黄色、橙色、方格纹、豹纹印花、金色
面料	真丝、天鹅绒、鳄鱼皮、真丝缎、格纹花呢
服装与配饰	两件或三件式西装套装、衬衫、领结、领带、西装马甲、牛津鞋、布洛克皮鞋、乐福鞋、太阳镜、牛仔靴、手杖(cane)、口袋巾、腕表、男士背带(吊袜带)、格纹褶裥短裙/苏格兰裙、佩戴在苏格兰裙前的毛皮袋、平顶卷边帽/猪肉派帽、腰带
细节	服饰装饰、莱茵石/水钻、雪茄、烟斗

7

声明

Statement

7.1 前卫／先锋派风格 Avant-Garde / 7.2 花花公子风格 Dandy / 7.3 多层穿搭风格 Lagenlook / 7.4 极简主义风格 Minimalist / 7.5 极繁主义风格 Maximalist / 7.5.1 洛可可风格 Rococo / 7.6 政治风格 Political / 7.7 浪漫主义风格 Romantic / 7.7.1 新浪漫主义风格 New Romantic

从某种程度上来说，所有的服饰穿搭风格确实能够传达出穿着者的个性，甚至有些风格远比其他风格更能彰显个性。本章节中的声明类风格多种多样，从低调的极简主义到街道上远远就能望见的、咄咄逼人的极繁主义狂野印花及装饰图案。

历史表盘上的指针在极简主义和极繁主义之间摇摆不定。例如，洛可可风格始于快要爆发的法国大革命之前，这场血腥的大革命是西方时尚的转折点，贵族们的过度炫耀行为突出了极其严重的社会不平等问题。法国大革命之后，伟大的"男性大弃绝"（The Great Male Renunciation）时代开启，人们对男装进行了彻底改革，放弃了过度美丽的装饰性。以乔治·博·布鲁梅尔等最初的花花公子为代表，男性精简了男装的廓形，更加专注于奢华的面料和剪裁的细微差别。

前卫/先锋派是一种概念性风格，无论在设计思路或技术构建上都是一种超前的理念。多层穿搭造型风格同样采用了反时尚的表达方式，将易于穿着的单品层层叠加在一起，这些单品通常由手工面料制成，展现出"我不追随潮流"的态度。

政治风格服装是为了让大众能够听到个人的声明，可以通过各种方式展现其带有政治色彩的设计，无论是通过使用明确的口号、表现某些服装的象征意义，还是使用特殊的颜色标志。有些服装在不经意间便被赋予了政治色彩，比如朴素庄重款式的服装，第8章"性征与性别"对其进行了无偏向性的描述。

人们传达关于价值观与哲学态度的声明要比表达纯粹的亚文化来得更为强烈深刻，这就是为什么浪漫主义风格的思维倾向开始转向唯美主义和对美的颂扬。因此，浪漫主义风格会出现在本章中，而不属于第6章"亚文化与反主流文化"的范畴。并且，本章提到的新浪漫主义风格盛行于20世纪的80年代，是基于一种音乐流派的亚文化类别，该风格被归类在此，以给出更为清晰的描述。尽管浪漫主义风格同新浪漫主义风格流行的时间间隔约有180年，但人们对褶饰诗人衬衫、浮华的阔领巾、装饰花哨的西装及偶尔绘有眼线妆容的喜爱将这两种风格联系在了一起。

我们理所当然地认为今日的信仰根源于浪漫主义观念，这要归功于带有浪漫主义情感的艺术和文学作品，这些作品描绘了人们所不敢想象的、闻所未闻的为爱而结婚的观念。早前人们结婚仅仅是出于改变社会阶层或金钱交易的目的，而现在为爱结婚已经成为了普遍观念。

前卫/先锋派 AVANT-GARDE 风格

≈	科学实验性（Experimental）
→	未来主义风格（Futurism） 华丽摇滚风格（Glam Rock） 朋克风格（Punk） 资产阶级风格（Bourgeoisie） 经典风格（Classic） 摩德风格（Mod）
+	多层穿搭风格（Lagenlook） 兼有两性特征风格（Androgynous）

"前卫/先锋派"（avant-garde）源于法语"vanguard"一词，意为前进的陆军或海军的先头部队。在艺术、时尚和创意方面，前卫/先锋派指的是在内容和形式上具有实验性且突破各种规范界限的作品。该词作为文化术语在艺术领域的运用要归功于法国政治、经济和社会思想家亨利·德·圣西门（Henri de Saint-Simon）。他曾高度赞扬艺术与艺术家的价值，并在其1825年的著作中阐明了艺术的"伟大使命"是对社会发挥积极的作用，推动人类智慧的发展[注：1825年，法国的亨利·德·圣西门在他的著作《文学、哲学和工业观点》（Literary, Philosophical and Industrial Opinions）中首次使用了"先锋派"一词。圣西门认为艺术家、科学家和工业家可以带领人类摆脱我们周围无处不在的疏离和压迫]。

普通款式的服装需遵循人体身形，但前卫/先锋派风格的服装不受任何惯例的约束。前卫/先锋派时装设计师创造的是艺术作品，其前卫的概念是作品的灵魂，通常以牺牲所谓的可穿性为代价。1981年，日本设计师川久保玲和山本耀司在巴黎展示了他们首批独创的时装系列，为当时保守的时尚界创造出一种新的变革感观。在经历时尚历史中几个以华丽、富有魅力及过度装饰为特征的奢华年代的背景下，川久保玲为她的品牌Comme des Garçons推出了"Destroy"时装系列，以大量的黑色多层叠穿（另见多层穿搭风格，250页）和巧妙的破损编织服饰为特色，唤起了一种朋克风格（125页）的美学。她的设计消除了对女性身形的物化，赋予了时装一种兼有两性特征风格（270页）的自由穿搭形式，尽管这种设计并不符合资产阶级（见资产阶级风格，202页）的品味，被一些麻木不仁的时尚作家蔑视为"广岛时尚"（Hiroshima Chic）或"后原子时尚"（post-atomic）。

同样，山本耀司也为每一件黑色款式的设计都赋予了独特的感情色彩，他认为黑色既谦逊又傲慢，既懒惰又随和，而且总是充满神秘感。色彩的单一性会迫使设计师尝试从时装的轮廓及面料纹理的变化去体现其中的细微差别，以展现设计特点。山本耀司将日本的侘寂哲学［侘（wabi）：简朴和反物质主义，寂（sabi）：在磨损和腐朽的物体中寻找美］融入他的时装中，他用一种与快时尚大规模生产截然相反的美学态度来操纵和扭曲着手中的面料。

日本前卫/先锋派运动通过山本宽斋的设计系列得以延续，他曾在1973年为华丽摇滚风格（122页）时代的大卫·鲍伊创作的服装中将这种美学风格带入流行文化。与此同时，三宅一生（Issey Miyake）开创了在织物上创造永久褶裥的新技术，其灵感来自折纸艺术。

在西方，比利时设计师马丁·马吉拉（Martin Margiela）的品牌设计风格展现了解构主义时装，将服饰内部结构显露无遗，衣服边缘看似未经过收口处理，服装样板和别针痕迹仍然清晰可见（另见极简主义风格，252页）。其他前卫/先锋派时尚人士包括：法国设计师蒂埃里·穆格勒，其因创造了银河系"glamazon"时装造型而广受赞誉；英国设计师亚历山大·麦昆，其在20世纪头十年的异想天开的时装系列中触及了浪漫主义风格（263页）和赛博朋克风格（38页）的主题；设计师加勒斯·普在伦敦的时装周上展示的一季又一季的如雕塑般的时装作品让媒体欣喜若狂，却以牺牲其商业性为代价。当下，前卫时尚正向着健康未来的方向发展，如巴黎高级时装公会新晋荷兰设计师艾里斯·范·荷本（Iris van Herpen），她是首批使用3D打印技术制作服装的设计师之一，并在其设计中参考了自然与科学元素。

未来主义风格（33页）和20世纪60年代的太空时代主题都是具有实验性的前卫设计，其代表设计师包括皮尔·卡丹、安德烈·库雷热和帕高·拉巴纳，他们应用了新的纺织材料，如塑料、橡胶、金属片及锁子甲。在他们之前还有以艺术为主导意识的前卫创作，如意大利设计师艾尔莎·夏帕瑞丽与西班牙超现实主义艺术家萨尔瓦多·达利（Salvador Dalí）于1937年合作推出了独特的以龙虾印花为特色的真丝"龙虾连衣裙"，延续了艺术家达利对这种甲壳类动物的迷恋。20世纪60年代中期，设计师伊夫·圣罗兰在他设计的连衣裙中重新诠释了荷兰画家皮特·蒙德里安的现代主义几何线条（另见摩德风格，228页），从而获得评论界的一致好评。

打破传统思维模式的创新风格无须穿着者去改变其常规的着装习惯，前卫/先锋派时尚风格也可以表现为低调的极简主义，采用宽松、黑色、多层穿搭的日装造型，但这种风格的服装需要由一位将时装设计视为艺术的设计师进行精心剪裁方可成形。

图 75

‹加勒斯·普 2007 春夏，伦敦时装周，2006 年 9 月 19 日。

色彩与图案	黑色、白色、灰白色、红色
面料	棉布、亚麻、尼龙、羊毛、有机玻璃、锁子甲 / 链甲
服装与配饰	裙裤、阔腿裤、和服风格裹身 / 缠绕式上衣、茧形大衣、衬衫、厚底靴、夹克、长裤、西装、衬衫、休闲马甲、紧身连体服 / 练功服
细节	3D 打印、不对称式、褶裥、超大号、中式立领、解构主义风格、撕裂 / 破洞、面料 / 服装毛边

THE STYLE THESAURUS: A definitive, gender-neutral guide to the meaning of style and for all fashion lovers

花花公子 DANDY 风格

7.2

≈	绅士风度（Gentlemanly） 女性花花公子（Quaintrelle）
→	摩登女郎风格（Flapper） 马术服饰风格（Equestrian） 军装风格（Military） 摩德风格（Mod） 极简主义风格（Minimalist） 洛可可风格（Rococo） 兼有两性特征风格（Androgynous）
+	蒸汽朋克风格（Steampunk） 泰迪男孩和泰迪女孩风格（Teddy Boys & Teddy Girls） 定制西装风格（Tailoring） 萨普协会风格（La Sape） 浪漫主义风格（Romantic） 坎普风格（Camp）

花花公子以华丽的形象著称，但事实上，乔治·博·布鲁梅尔是公认的花花公子鼻祖，他在英国摄政时期声名鹊起，他拒绝从前浮夸的洛可可风格（257 页）服饰，转而选择完美低调的着装风格。布鲁梅尔出生于一个中产阶级家庭，他的父亲是首相诺斯勋爵（Lord North）的私人秘书，因此他很幸运地进入神圣的伊顿公学接受教育，随后在牛津大学学习了一年。虽然他不是贵族出身，但他在他父亲去世后继承了一大笔钱。他拥有财富、迷人的魅力与智慧，很快便立足于上流社会。

布鲁梅尔加入了英国第十皇家骠骑兵团，因在军队中的职务变动而得以结识摄政王，即威尔士亲王（后来的英国国王乔治四世），并成为他的好友。退役后，布鲁梅尔从专为骑马等体育活动而设计的实用性军装（见军装风格，91 页）中汲取灵感（见马术服饰风格，70 页），开创了简洁合体的定制夹克搭配直裁长裤的时尚着装风格。到了维多利亚时代，这种着装风格演变为如今的西装夹克配长裤的套装着装理念（见定制西装风格，195 页）。

布鲁梅尔的妙语"时尚是循环往复的，但坏的品味却一直都在"广为人知，他在男性大弃绝运动中扮演了重要的角色。在法国大革命的背景下，男性放弃了华丽浮夸的装饰性服饰、真丝及膝裤、假发和高跟鞋，选择了更为朴素的着装风格。他推动了人们梳起自然散落的头发和定期洗澡的潮流。虽然他是一位经久不衰的男装时尚偶像，但他的一生却发人深省。他是首批具有时尚影响力的名人之一，仅凭个人名气而成名，但却因对摄政王体重的刻薄评论而失宠，之后的生活入不敷出，最终欠下了巨额债务，被关进债务人监狱。1840 年，他身无分文，在法国北部的一家精神病院内，因受梅毒引发的精神困扰去世。

19 世纪法国诗人查尔斯·波德莱尔乐于接纳清教徒式的全黑色花花公子主

义（dandyism）风格穿搭。对他来说，花花公子主义是人们思想意识中贵族优越感的象征，是在自身上培养出的一种情感、美丽意识及个人强烈的美学追求。因此，他喜欢以一种浪漫主义风格（263页）的形式来呈现自己。伟大的浪漫主义作家拜伦勋爵（Lord Byron）也为后来的花花公子们留下了一款设计有灯笼袖的褶饰诗人衬衫。

在殖民历史中，还曾有过一段千丝万缕的黑人花花公子主义历史。在维多利亚时代，在显赫家庭中被奴役的非洲人必须穿着体面，许多人也加入了自己的特色，将衣服作为一种罕见的自我表达方式。这种风格作为一种流行亚文化在非洲大陆延续发展，如刚果的萨普协会风格（240页）美学，其颂扬了一种绅士着装的艺术，还有一群被称为"Swenkas"的祖鲁工人会身着华丽西装，争夺最"时髦"着装者的桂冠。穿着体面考究的服装会给人一种威严的力量感。就20世纪60年代的民权运动而言，美国的非裔民权运动领袖马丁·路德·金（Martin Luther King）身着整洁清爽的衬衫，系着整齐的领带，外穿剪裁完美的西装，以强调他作为领导者的形象，他希望得到从人民到总统的每个人的尊重，并且让所有人都能愿意倾听他的发声。

20世纪20年代，随着女性解放运动的发展，出现了摩登女郎风格（30页）以及被称为"quaintrelle"（出自中世纪晚期英语"queintrelle/queyntrelle"，意为时尚人士，其词根源自中古法语"cointerelle"，意为虚荣）的女性花花公子造型，她们将个人风格和享乐提升为一种艺术形式。到了20世纪30年代，受到颇具影响力的设计师可可·香奈儿和她开创性的男装风格时装，以及玛琳·黛德丽身着无尾晚宴礼服的造型的影响，女性花花公子们经常会尝试兼有两性特征风格（270页）的西装造型。

花花公子主义造型始终与定制西装联系在一起，尽管西装外套和长裤等单品互搭也是可以被接受的，但配饰细节决定了完美造型的成败，如领带、袖扣、围巾、口袋方巾，以及一双漂亮的袜子。

当代对花花公子主义的诠释范围从完美的极简主义风格（252页）到浮华及坎普风格（275页）。它可以是现代而鲜明的（见摩德风格，228页），也可以是参考历史的、正统的服装，如新维多利亚风格（26页）的高顶礼帽、燕尾服、翼领（wing collar）、领巾和手杖。如果贴近复古未来主义风格（36页），身着粗花呢三件套西装，佩戴镂空机芯怀表和博勒帽，就变成了蒸汽朋克风格（42页）造型。

图 76

‹约书亚·凯恩（Joshua Kan）身着自己的设计，由巴特·帕亚克（Bart Pajak）拍摄于伦敦 Home House（私人会员俱乐部），2022 年。

英国的萨维尔街是花花公子们的精神家园，是位于伦敦的被称为"黄金地段"的男装定制一条街。这条街上有老牌的亨利·普尔时装店（于 1846 年搬迁至萨维尔街）、1906 年创立的安德森与谢泼德男装店，以及 1803 年创立的街上最古老的独立裁缝店——戴维斯父子时装店（Davies & Son）。另外，在萨维尔街向北走一小段路的马里波恩（Marylebone）街区，有专为明星量身定制套装的新兴设计师品牌约书亚·凯恩，该品牌推出的套装充分体现出了鼎盛时期的布鲁梅尔和波德莱尔对服饰细节和奢华面料的极致追求与执着理念。

色彩与图案	宝蓝色、午夜蓝、米色、黑色、蓝绿色、犬牙纹 / 千鸟格、窗格纹、威尔士亲王格、碎点印花
面料	羊毛、天鹅绒、棉布、真丝、漆皮
服装与配饰	三件式西装套装、衬衫、V 领套头衫、西服马甲、单件式西装外套、斜纹棉休闲裤、短款披风（cape）、大衣、乐福鞋、牛津鞋、领带、领结、雨伞、口袋方巾、怀表、精纺正装袜（luxury socks）、领带针（tiepin）、特里比帽、高顶礼帽、鸭舌帽、手杖、男士背带（吊裤带）、腕表、公文包 / 公事包（attaché case）
细节	熨烫平整挺括的衬衫、熨压平整的裤子、单排扣、双排扣

风格词库：时尚指南与穿搭手册

多层穿搭 LAGENLOOK
风格

| ≈ | 分层（Layered） |

| → | 新维多利亚风格（Neo-Victoriana）　　蒸汽朋克风格（Steampunk）　　乡村田园风格（Cottagecore）
嬉皮士风格（Hippy）　　前卫/先锋派风格（Avant-Garde） |

| + | 舒适惬意风格（Hygge）　　波西米亚风格（Bohemian）　　极繁主义风格（Maximalist） |

　　这种不太为人所知的风格源自德国的"多层混搭造型"：波西米亚风格（217 页）的群体和优先考虑舒适度的消费者以一种反时尚的穿搭方式将宽松的服装穿着组合在一起。多层穿搭风格的服装通常是无结构式的中长或超长款式。超女性化的多层褶饰荷叶边服饰会给人一种新维多利亚风格（26 页）的感觉，如果这种款式被解构或做旧，就变成了蒸汽朋克风格（42 页）。多层穿搭造型风格在艺术老师类的群体中较为流行，这类穿着者喜欢将不同颜色、纹理和长度的服装组合在一起，打造出自己独特的极繁主义风格（254 页）造型，并享受着创造的过程。

　　多层穿搭风格的服饰多为应用天然植物染料手工染色的面料，并刻意留下褶皱，这种提倡纯天然的美学观念与嬉皮士风格（223 页）在环境保护方面的态度以及日本森林系的"森系"（Mori Kei）美学风格不谋而合，后者于千禧年初在东京原宿区兴起（参见其他原宿区风格，如卡哇伊风格，170 页）。森系风格与乡村田园风格（161 页）有一些相似之处，这些群体重新找回了烘焙、园艺及手工制作的简单乐趣，也会像舒适惬意风格（183 页）群体那样注重舒适和满足的感觉。

　　前卫/先锋派风格（244 页）群体中也有支持多层穿搭美学风格的人，其中包括日本设计师川久保玲，她在大学期间主修美术和文学专业，获得美学史学位，而非时尚学位，她的品牌 Comme des Garçons（创立于 1969 年）所推出的时装，特别是女装，被公众普遍认为是重塑的艺术品。川久保玲是激进的反时尚人士，她的设计消除了男性凝视下的女性特征，使她成为女性主义英雄，尽管她拒绝了这一称号。她的许多设计都没有尺码，曾有一段时间，她还尝试移除商店更衣室里的镜子，让顾客专注于自身的感受，而不是自己的外表。她因将黑色作为城市创意人士的统一颜色而备受赞誉。其他具有前瞻性的日本设计师，如三宅一

7.3　生和山本耀司，以及比利时设计师安·迪穆拉米斯特，都开发出了自己的多层次、超大比例和解构主义的概念性视觉造型。无论是根植于质朴的土味风格，还是狂野的都市风格，多层穿搭风格都能够符合所有年龄与不同身形的创意人士的美学观念。

图 77

〉

山本耀司 2020—2021 秋冬男装系列，巴黎时装周，2020 年 1 月 16 日。

色彩与图案	黑色、白色、灰粉色、灰色、芥末黄色
面料	亚麻、棉布、羊毛、毛毡
服装与配饰	短上衣、阔腿裤、大衣、灯笼裤（bloomers）、钟形帽、茧形大衣、哈伦裤、A 字裙、卡夫坦长袍、长款披风（cloak）、短款披风
细节	分层穿搭、不对称式、可持续性材料、超大号、简约无结构式剪裁、解构主义、丝网印、手绘、瀑布纹、垂褶、贴花、荡领（cowl neck）、蝙蝠袖（batwing sleeve）、垂褶式裤裆（dropped crotch）

风格词库：时尚指南与穿搭手册　　　　　　　　　　　　　　　　251

极简主义 MINIMALIST 风格

7.4

≈	极简（Minimalistic）
→	垃圾摇滚风格（Grunge） 前卫/先锋派风格（Avant-Garde） 极繁主义风格（Maximalist）
+	未来主义风格（Futurism） 经典风格（Classic） 摩德风格（Mod）

极简主义时尚与20世纪60年代和70年代的弗兰克·斯特拉（Frank Stella）、理查德·塞拉（Richard Serra）、卡尔·安德烈（Carl Andre）和索尔·勒维特（Sol LeWitt）等艺术家在作品中所展现的极简主义艺术风格有着一些相似之处。极简主义艺术是在20世纪50年代的抽象表现主义之后出现的（在60年代早期发展起来，是抽象表现主义运动的直系后裔），当时的抽象主义艺术家们会全身心地将自己的感情投入到作品中，其中最著名的是杰克逊·波洛克（Jackson Pollock），他在运用自己的"行动绘画"方法泼洒颜料作画时甚至会在画布上留下脚印。而极简主义艺术家们则是希望自己的作品比抽象表现主义更进一步，要消除个人的所有痕迹，创作出没有感情、无个人特色的作品，要除去任何隐藏的含义，简化至最简单的元素，以突破艺术的界限。

极简主义时尚摒弃了服饰上缤纷夺目的印花，而是在柔和的灰色系服饰上偶尔点缀素色的点状或块状装饰。与本书中的其他风格服饰不同，极简主义能给予我们一个中立的视角去审视这种风格服饰的穿着者，从他们身着的服饰上看不出明显的制造者标签，整体廓形干净朴素，反而会将我们的视线聚焦于穿着者本人，用弗兰克·斯特拉的话来说就是"一目了然/所见即所得"（What you see is what you see）。

川久保玲和山本耀司等日本前卫/先锋派风格（244页）的设计师摒弃了20世纪70年代和80年代的极繁主义风格（254页），采用简化的线条和全黑色调，创造出一种新的造型风格。之后，极简主义风格在20世纪90年代成为

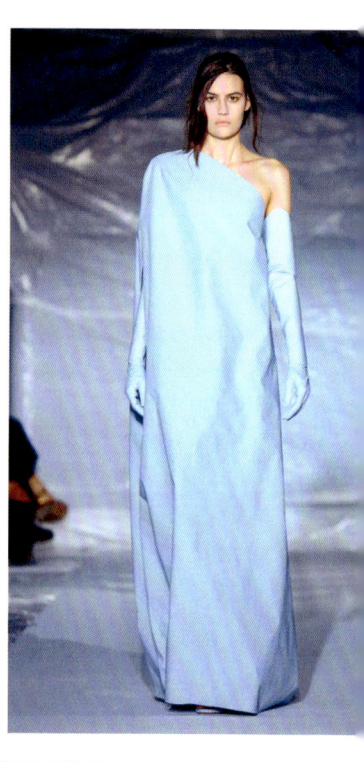

7.4

时代主流,与垃圾摇滚风格(134页)并驾齐驱。比利时设计师马丁·马吉拉在其早期作品中,使用白色色调、纯粹的设计以及去除品牌商标的构思(甚至连服装内部商标都是可以被轻松剪掉的设计),完美地呈现了极简主义风格。他将品牌中的自我和个性去除,将自己的时装公司称为"我们",并回避采访。极简主义风格开始在时尚界蔓延,出现在海尔姆特·朗(Helmut Lang)和吉尔·桑达(Jil Sander)以及卡尔文·克雷恩的时装系列中,并成了这些品牌的标志性特征。后来,英国设计师菲比·费洛(Phoebe Philo)在思琳任职期间(2008—2018年),以设计精致的、可穿戴的极简主义美学风格时装而备受欢迎。2023年,费洛的忠实追随者(被媒体称为"Philophiles")很高兴听到这位设计师准备以自己名字命名的品牌重新面向公众,并获得了法国奢侈品巨头 LVMH 作为少数股东的支持。

极简主义风格衣橱通常被解读为一个"胶囊"衣橱,因为其中的每件或多件单品都可以任意搭配组成完美造型。这种风格的衣服如同统一的制服,简化了每日选择穿搭的问题。极简主义者是循环利用的大师,他们会投资购买可以年复一年穿着的高品质和永恒的设计款式。从这个层面来看,极简风格也可以被视作经典风格(209页),并且,去除个性特征的极简主义风格也属于个人的着装声明。

图 78

‹

马吉拉

2013春夏,

巴黎时装周,

2012 年

9 月 28 日。

色彩与图案	白色、奶油色、浅灰色、木炭色、黑色、银色
面料	绉布、皮革、棉布、羊毛
服装与配饰	长裤、单排扣西装、单件式单排扣西装外套、长款大衣、茧形大衣、连衣裤、半裙、牛津鞋、白色运动鞋、吊带裙、紧贴颈部的圆翻领套头衫、净色T恤、裙裤、迷笛裙(midi skirt,中长款半裙)
细节	无标识、几乎没有或无配饰

风格词库:时尚指南与穿搭手册　　253

极繁主义 MAXIMALIST 风格

7.5

≈	过于鲜艳／花哨（Loud） 兼收并蓄（Eclectic）
→	华丽摇滚风格（Glam Rock） 迪斯科风格（Disco） 洛丽塔风格（Lolita） 极简主义风格（Minimalist）
+	卡哇伊风格（Kawaii） 缤纷装扮可爱风格（Decora） 波西米亚风格（Bohemian） 洛可可风格（Rococo） 浪漫主义风格（Romantic） 坎普风格（Camp）

相对于消除个性的极简主义风格（252 页），极繁主义彰显了个性的张扬。极繁主义风格的造型外观看似凌乱，实则是一种巧妙的组合穿搭，事实上，什么都可以组合装饰在一起。华丽的装饰元素，如亮片、金属丝织物、绒、真丝缎、荧光色织物和色彩鲜艳的大面积印花，在极繁主义风格服饰造型中都可以找到它们的位置。

　　随着时间的推移，时尚的钟摆在极简和极繁主义之间持续摇摆不定。从第一次世界大战和 1918 年流感大流行中解放出来的摩登女郎风格（30 页）在 20 世纪 20 年代风靡一时，当时的女性身着以流苏、鸵羽毛和亮片为装饰特色的服饰。在 1929 年华尔街股灾和全球大萧条来临之前，人们开始流行穿款式更精简、更保守的服装。第二次世界大战期间，英国通过"凑合和修补"（make do and mend）的指令推行极简主义运动。战时配给制结束后，迪奥的新风貌造型和宽裙摆的推行预示着 20 世纪 50 年代服饰魅力的开始。果然，到了 20 世纪 60 年代，服饰风格开始转向受太空旅行启发的流线型轮廓（见未来主义风格，33 页）和简洁的现代主义线条（见摩德风格，228 页），之后流行风向又转变为嬉皮士风格（223 页）狂野的迷幻之旅、华丽摇滚风格（122 页）的短暂浮华和迪斯科风格（139 页）的闪耀。

　　20 世纪 80 年代的时尚风格以夸张著称，人们梳着蓬松的发型，穿着附有高大挺括垫肩的服装，搭配硕大的珠宝，这种造型随处可见。意大利人是推行极繁主义时尚的行家，尤其是范思哲品牌以标志性的美杜莎形象商标和华丽的金色"巴洛克"印花引领着服饰潮流。该品牌的莨苕叶印花是介于巴洛克风格和洛可可风格（257 页）之间的极具代表性的图案。20 世纪 90 年代，时尚潮流大体上回归到极简主义风格（范思哲除外），但到了 2000 年，炫耀性消费、镶满水钻

图 79

›

理查德·奎因

2018 秋冬，

伦敦时装周，

2018 年

2 月 20 日。

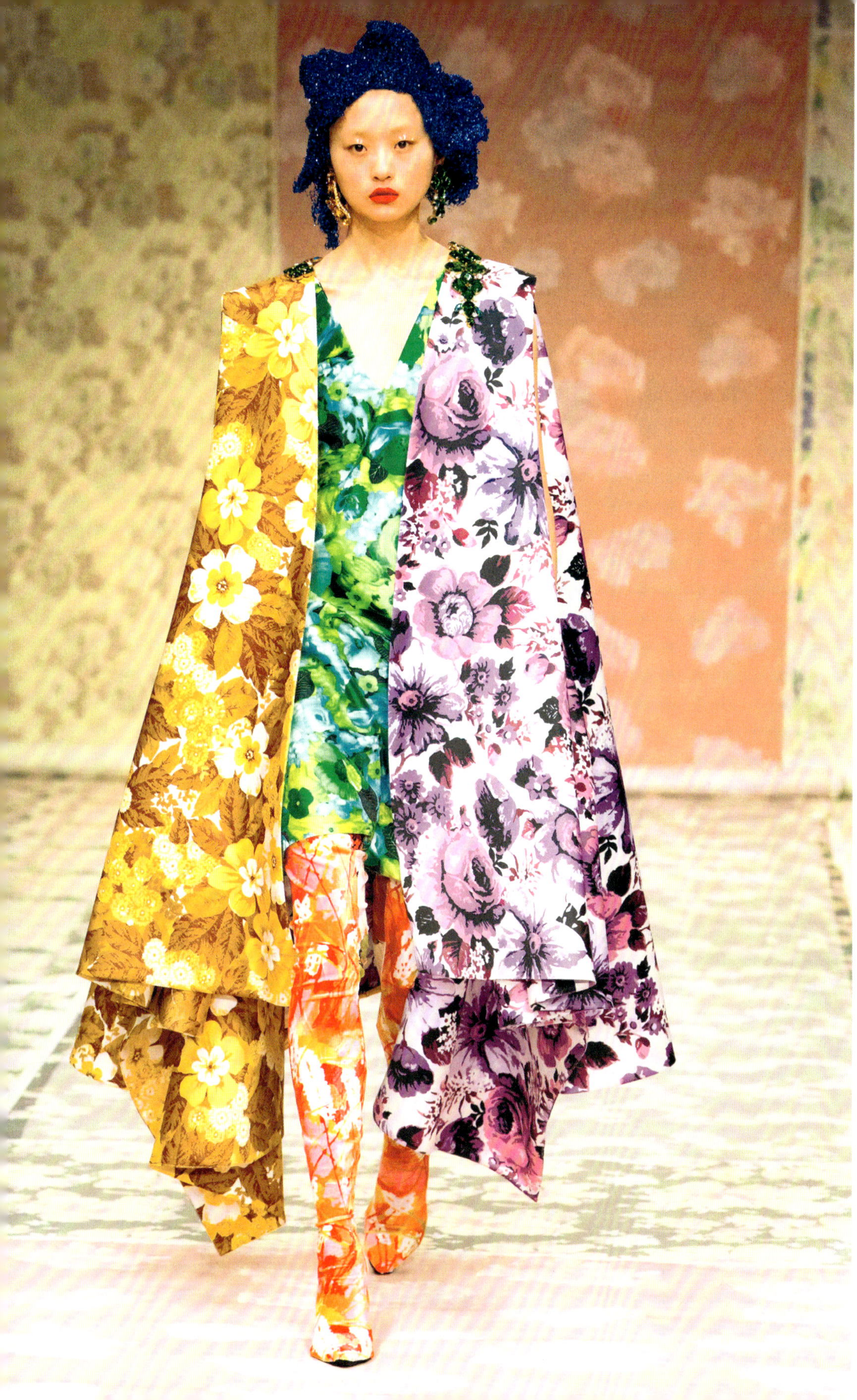

的闪亮、时尚品牌商标和"名牌包"（It Bags）都开始流行起来。在东京的原宿区，各种极繁主义子流派正在形成，如卡哇伊风格（170页）、缤纷装扮可爱风格（173页）和洛丽塔风格（177页），而"原宿风格"（Harajuku style）则是指20世纪90年代至2000年左右当地独立杂志拍摄发表的超乎寻常的日本街头造型风格。

21世纪初，清心寡淡的极简主义曾一度回归，但平衡再次被打破，这种情况在一定程度上归因于2015年亚历山德罗·米歇尔被任命为古驰的创意总监，他在上任之后缓解了品牌衰落的态势。在米歇尔的领导下，古驰品牌的风格变得非常不拘一格，印花、纹理和设计概念混杂在一起，并带有一种潜在的浪漫主义风格（263页）的情怀。在他任职期间，该品牌收入呈指数性增长，部分原因在于近年来社交活动逐渐走向活跃。七年来，古驰的极繁主义风格被各大快时尚品牌争相快速模仿抄袭，为此他被要求彻底改变品牌原有的设计理念，据报道称米歇尔于2022年底宣布离开古驰与这一要求有关。

极繁主义风格看似与可持续性消费的理念转变背道而驰，然而，造型师们都会通过在古着店、旧货店以及Depop、eBay、Vestiaire Collective和Poshmark等电商应用程序中选购二手商品，从而创造出全新的极繁主义风格造型。

色彩与图案	豹纹印花、荧光粉、金色、斑马纹印花、大花形印花
面料	亮片、真丝、金属丝织物、橡胶、PVC、人造毛皮、粗编毛织（heavy knits）、平绒、天鹅绒、织锦缎
服装与配饰	服饰穿搭许多额外的配饰——帽子、手提包、靴子、太阳镜、发带、个性化珠宝首饰（statement jewellery）、框架眼镜、装饰身体的首饰、手镯、发夹、半指针织袖套、手套、戒指、厚底运动鞋、卡洛驰及其他品牌出品的"丑"鞋
细节	刺绣、贴花、胸花、闪亮装饰、丝带、莱茵石/水钻、流苏、马拉布羽毛（marabou feathers）

7.5.1

洛可可 ROCOCO 风格

≈ 玛丽·安托瓦内特（Marie Antoinette）

→ 朋克风格（Punk） 洛可可风格（Rococo） 坎普风格（Camp）

+ 海盗风格（Pirate） 洛丽塔风格（Lolita） 极繁主义风格（Maximalist）
浪漫主义风格（Romantic）

在18世纪30年代的法国兴起了一种名为"洛可可"的装饰风格，其对于近300年后的时装设计系列影响深远。玛丽·安托瓦内特是法国最后一位王后，在嫁给国王路易十六之后，她因其挥霍无度的行为在流行文化中留下奢侈王后的恶名，安托瓦内特与路易十六于1793年被推上断头台。就关于她的真实描述而言，凡尔赛宫中的小特里亚农宫作为安托瓦内特的私人行宫，几乎一直在进行内部翻修。还有部分错误的谣传，如那句广为流传的陈词滥调"让他们吃蛋糕吧"，据说是玛丽·安托瓦内特在孩童时期说过的一句话，实际上这句话出自法国哲学家让·雅克·卢梭（Jean Jacques Rousseau）于1782年出版的自传《忏悔录》（*Les Confessions*）第六卷中提到的"一位伟大公主"的话，可能是出于宣传意图，未被提及名字的公主是卢梭杜撰的。

18世纪的时尚礼服确实是史上最为华丽壮观的服饰，礼服内附有气势磅礴的半裙式侧裙撑（pannier），其用金属、鲸鱼骨或藤条撑起质地较轻的淡雅色系织物，上面印有卷曲的花卉形和玫瑰花束图案。这种礼服被称为"法国长袍"（sack-back dresses，这种款式的礼服后面设计有箱型叠褶，从肩部垂至地面，有时也称华托褶）或"法式长袍"（robes à la française），实际上起源于17世纪的西班牙宫廷服饰。到了19世纪后期，法国长袍又被称为"华托"礼服，是以法国洛可可风格画家让-安托万·华托（Jean-Antoine Watteau）的名字命名的，以纪念华托在其绘制的肖像画中大量展示的身穿这种礼服的女性。浪漫主义风格（263页）的装饰性蝴蝶结被称为 eschelle 或 échelle，常用于装饰在礼服的胸襟片上 [stomacher，一种装饰性三角形贴片，覆盖在胸甲（stay）上以装饰法式长袍前襟]。在当时，普遍流行在肘部长度的袖口处装饰固定一种用蕾丝、棉或亚麻制成的名为"engageante"的可拆卸褶饰假袖。女性还会戴上高高耸起、撒有粉末的假发（powdered wig，假发佩戴者会在假发上撒粉以消除难闻的气味和有害的寄生虫，这种粉末通常由细磨的淀粉制成，带有薰衣草香味），在白皙的脸颊上涂上红润的腮红，脖颈上系着装饰性的丝带，以此来完成整套洛可可风格的造型。

洛可可风格中的嬉戏俏皮、女性化的美学观念是时尚奢侈品牌范思哲的设计特色之一，还有茛苕叶形的巴洛克图案是该品牌的标志性印花图案（另见极繁主义风格，254 页）。顾名思义，这种印花图案融入了巴洛克风格元素，带有一种黑暗、幽怨、神秘的宗教色彩，早在洛可可艺术运动之前就已出现，也是意大利奢华设计师品牌杜嘉班纳最喜欢的参考元素。

时装秀场上有太多美不胜收的洛可可风格造型非常引人注目，如在莫斯奇诺 2020 秋冬时装秀上，杰瑞米·斯科特设计的略带坎普风格（275 页）的美味蛋糕系列造型，克里斯汀·迪奥 2000 秋冬高级定制系列和约翰·加利亚诺 2007 秋冬高级定制系列中所展示的一种更具有高雅文化内涵的、旨在强调时装设计巧思的造型；法国设计师克里斯蒂安·拉克鲁瓦是公认的华丽礼服的缔造

色彩与图案	白色、金色、淡粉色、淡蓝色、淡紫色、暗玫瑰红色、奶油色、鸽子灰
面料	真丝塔夫绸、真丝欧根纱、真丝缎、毛皮、天鹅绒、织锦缎、蕾丝、真丝网纱、雪尼尔
服装与配饰	束身衣、分层塔裙、裙撑、短款披风、旧时女帽（bonnet，帽带系于下巴处）、长手套、项圈 / 颈链、衬裙、路易十五风格高跟鞋
细节	珍珠、钻石、假发、褶饰 / 荷叶边、羽毛、蝴蝶结、玫瑰图案、贝壳图案、叶形装饰图案、小天使形象、错视效果、不对称式、露肩 / 一字肩、荷叶袖上衣（ruffled sleeve tops）、肘部长度袖子、拖尾式（train，下摆拖尾）

图 80

‹

约翰·加利亚诺

为迪奥设计的

2007—2008 秋冬

高级定制系列，

凡尔赛宫，

2007 年

7 月 2 日。

者，在他的多个系列中都曾推出过洛可可风格的作品，如 1999 春夏高级定制系列和 2008 春夏高级定制系列。朋克（见朋克风格，125 页）教母薇薇安·韦斯特伍德在她的 1996 秋冬系列中展示了不对称式旋状褶饰真丝塔夫绸和束身礼服的设计特色，证明了她已经远离了 20 世纪 70 年代的无政府主义破洞 T 恤的设计理念。日本设计师川久保玲在 Comme des Garçons 2016 秋冬系列中用雕塑般的粉色系褶饰荷叶边诠释了前卫 / 先锋派风格（244 页）的洛可可造型。

即使在法国大革命之后，这种装饰过度夸张的洛可可风格也没有完全过时。在法国恐怖统治时期（Reign of Terror，1793—1794 年）和大规模处决结束时，一个名为"Incroyables"（不可思议的人）的贵族亚文化群体和与之对应的"Merveilleuses"（了不起的女人）女性群体组织举办了数百场奢华的舞会，他们身着华丽的服饰，戴着彩色假发，举止文弱。女性的着装开始转向新古典主义风格的象征着新自由含义的轻薄简洁的长礼服。

风格词库：时尚指南与穿搭手册　　259

政治 POLITICAL
风格

≈	声明（Statement）
→	摩登女郎风格（Flapper） 锐舞文化风格（Rave） 坎普风格（camp） 适度时尚风格（modest）
+	军装风格（Military） 作战服风格（Combat） 朋克风格（Punk） 嬉皮士风格（Hippy）

以时尚作为媒介表达政治观点的方式有很多，最显而易见的做法是将口号潦草地书写或印制在素色的 T 恤上。在朋克运动（见朋克风格，125 页）的早期，薇薇安·韦斯特伍德和她的搭档马尔科姆·麦克拉伦试图用印有纳粹标志的 T 恤来震撼大众。虽说这一招奏效了，但后来朋克青年们却断绝了与新纳粹极右翼的联系。

20 世纪 80 年代，英国设计师凯瑟琳·哈姆内特（Katharine Hamnett）重新将简朴的 T 恤用作政治宣言的载体，她设计了无衬线（sans-serif）粗体字体的标语，并将其直白地印制在 T 恤上，主题包括"选择生命"（反对毒品和反对自杀）、"教育，而不是导弹"、"请停止捕杀鲸鱼"和"立即实施全球核禁令"。这些设计让她赢得了首届英国时尚大奖，成为英国时装协会评选的第一位年度设计师。1984 年 3 月，她应邀前往唐宁街与首相玛格丽特·撒切尔（Margaret Thatcher）会面，她身着印有抗议美国部署核导弹不民主行为的标语 T 恤，令这位政治家大吃一惊。虽然印有标语的 T 恤有助于传播信息，但哈姆内特也警告说，这些 T 恤容易带给穿着者一种自己在做某事的错觉，而实际上他们什么都没做。

符号与标语一样易于理解，核裁军运动（The Campaign for Nuclear Disarmament，CND）符号在国际上成为通用的"和平标志"，在 20 世纪 60 年代被广泛用于嬉皮士风格（223 页）的运动服饰，以抗议越南战争。这个符号由英国平面艺术家、和平主义者格拉德·霍尔顿（Gerald Holtom）于 1958 年设计，由"N"（"核"）和"D"（"裁军"）的字母旗语信号组成。一个轻松的题外话是，国际公认的标志性笑脸符号出自美国插画家哈维·鲍尔（Harvey Ball）之手，他在 1963 年为一位广告客户设计了这个笑脸符号，并赚了 45 美元。后来，该符号的流行程度不断提升，直到 1971 年被精明的《法国晚报》记

7.6

者兼营销人员富兰克林·卢弗拉尼注册为商标，因为他看到了笑脸符号的潜力，并毫不留情地拿到了笑脸的商标授权，同时利用了法国反主流文化嬉皮士青年中"酷"的要素。当丹尼·兰普林等英国DJ将笑脸符号用于锐舞文化风格（146页）的海报时，它就成了酸性浩室的非官方象征，也间接成了毒品摇头丸的象征符号。

在特定的背景下，服装也可以具有政治性。20世纪60年代末，随着民权运动的强劲势头，黑豹党成为黑人力量中最强硬的组织之一。党派追随者们造型彪悍，身着黑色皮夹克，上面别有标语徽章，头戴具有革命象征性和军事根源之意的黑色贝雷帽，还配有隐匿双眼的深色太阳镜，展现出统一阵线的着装风格。这种高度组织化的制服式穿搭是对其使命的承诺以及外观的呈现。该组织战略的一部分是监控警察巡逻，以直接挑战警察的过度武力执法行为。2014年，因警察的锁喉行为导致埃里克·加纳（Eric Garner）窒息死亡，警察对黑人公民的过度行为仍在继续，加纳的临终遗言"我无法呼吸"成了具有强烈对抗性质的信息，篮球明星科比·布莱恩特（Kobe Bryant）就安排了湖人队员在热身和坐在替补板凳上时穿着印有这句话的T恤。

在某些情况下，某种特定的服饰穿戴会引发政治争议。2022年，22岁的库尔德女性马赫萨·阿米尼（Mahsa Amini）因违反佩戴头巾的规定在伊朗被捕后在警方拘留期间死亡。她的死亡被国际媒体报道后在社交媒体上引发了公众的愤怒以及关于妇女服饰穿着选择权利的政治辩论（见适度时尚风格，284页）。

颜色也可以被用作象征。在古代，泰尔紫（Tyrian purple）被视为最奢华的颜色，因其提取工艺极其困难，且耗资巨大：仅制作一克染料就需要8000多个地中海骨螺科海螺。几个世纪以来，泰尔紫一直被视为皇室和皇帝的专属颜色，特别是亚历山大大帝对泰尔紫的喜爱使得人们将这种颜色与皇家专属色联系在一起（注：亚历山大大帝在征服波斯后继承了波斯人对紫色的渴望和野心。亚历山大大帝身穿带有白色条纹的紫色束腰外衣、紫色斗篷、紫色长袍，戴有白色斑点的紫色王冠。此外，亚历山大大帝遵循了早期波斯的传统，只允许特定人士穿紫色衣服）。紫色被赋予如此深刻的含义，以至于到公元4世纪，罗马颁布的禁奢法规定只有皇帝才能穿这种颜色的服饰。到9世纪，王朝的继承人被称为"born in the purple"（生于帝王之家）——这句话至今仍被用于指代出身于名门望族的人（注：这句话在希腊语

图 81

英国首相撒切尔夫人在唐宁街10号接见凯瑟琳·哈姆内特，1984年3月17日。

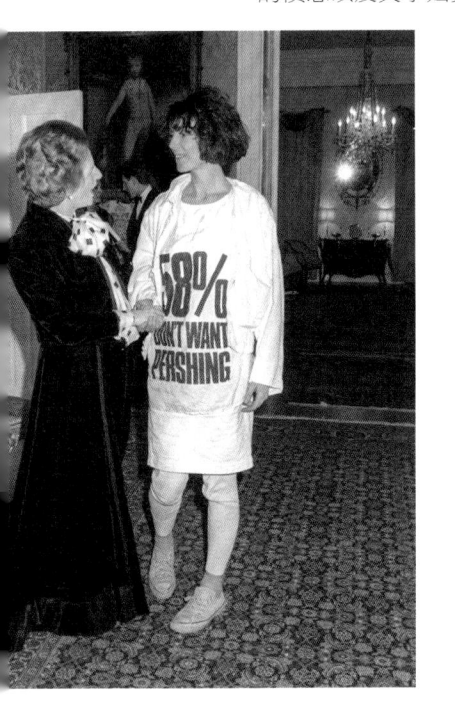

中的字面意思是"生于紫色房间",这个称号是授予在父亲成为皇帝后在位期间出生的孩子的,孩子会被裹在紫色的布里,出生的房间会被装饰成紫色,包括墙壁。这个传统象征着统治者的孩子生来就拥有帝国、财富、权力、贵族地位和统治权,并将终生享有这种特权,被称为"生于紫色"或"生于紫色房间")。妇女参政运动的成员也曾选用紫色,同白色和绿色一起作为参政运动的象征色,紫色代表忠诚和尊严,白色代表纯洁,绿色代表希望。

彩虹旗作为性少数群体骄傲的象征,其色彩能代表他们对外的宣言。英国设计师克里斯托弗·贝利(Christopher Bailey)在他为博柏利设计的2018秋冬时装系列中大量使用了彩虹色,秀场笔记阐明,该系列庆祝了酷儿群体权利的进步,以及贝利从局外人转变为时尚偶像的个人历程。

21世纪20年代,品牌激进主义成为一种趋势,这是企业社会责任的延伸,传统中立的奢侈品牌开始涉足政治风格的设计领域。玛莉亚·嘉西亚·基乌里(Maria Grazia Chiuri)于2016年被任命为迪奥的创意总监,成了该品牌70年历史中第一位女性创意总监,她在为迪奥设计的首场2017春夏系列时装秀上,让一位模特穿着印有"我们都应该成为女性主义者"标语的T恤走上秀场,这句标语选自2014年出版的尼日利亚女性主义作家奇玛曼达·恩戈兹·阿迪契(Chimamanda Ngozi Adichie)的作品书名。

当时尚品牌发布的政治声明不真实、纯粹出于商业利益时,就会被视作一种"唤醒洗白"(woke washing,或称唤醒式洗礼,指将道德和进步价值观作为一种广告形式,以提高公司的声誉,而不表现出对所传达的价值观的真正践行)的营销套路。因此,造型师必须认真考虑整套造型所蕴含的信息。

色彩与图案	红色、黑色、白色、紫色、绿色、彩虹旗条纹
面料	棉布、羊毛、皮革
服装与配饰	贝雷帽、T恤、军装夹克内搭衬衫
细节	口号标语、和平象征符号

浪漫主义 ROMANTIC 风格

7.7

=	浪漫主义精神（Romanticism） 诗人（Poet）
→	马术服饰风格（Equestrian） 定制西装风格（Tailoring） 花花公子风格（Dandy） 极简主义风格（Minimalist） 洛可可风格（Rococo） 兼有两性特征风格（Androgynous）
+	新维多利亚风格（Neo-Victoriana） 草原风格（Prairie） 乡村田园风格（Cottagecore） 洛丽塔风格（Lolita） 波西米亚风格（Bohemian） 极繁主义风格（Maximalist） 洛可可风格（Rococo）

工业革命期间（1750—1840年），人类的思想发生了翻天覆地的变化，人们开始陆陆续续从乡村迁往城市。那时正处于"启蒙时代"（Age of Enlightenment），城市被煤烟染得漆黑一片，到处都是发动机嘈杂的轰鸣声，科学正逐步揭开宇宙的神秘面纱，人们对上帝的信仰开始逐渐动摇。作为对启蒙时代的回应，体现在艺术与文学领域的浪漫主义运动充满了对过去的回顾与怀旧之情，画作中描绘的中世纪城堡坐落在梦幻般的原始风景中。欧洲、北美和南美的浪漫主义文学与诗歌的主流趋势以歌颂爱情为主题，主角们为爱而生，并愿意为爱而付出生命。早期的浪漫主义代表作品有德国作家约翰·沃尔夫冈·冯·歌德（Johann Wolfgang von Goethe）的小说《少年维特的烦恼》（*The Sorrows of Young Werther*，1774）、英国诗人威廉·华兹华斯（William Wordsworth）和塞缪尔·泰勒·柯尔律治（Samuel Taylor Coleridge）的《抒情歌谣集》（*Lyrical Ballads*，1798）。

到了19世纪20年代，浪漫主义美学观念逐渐渗透到时尚服饰中，女士们开始试图模仿她们最喜爱的小说中的女主造型。女装服饰潮流开始从极简（见极简主义风格，252页）新古典主义风格的经典单色系、简洁柱状廓形、胸部下方有帝政高腰线（Empireline）的款式，让位于强调身形曲线的极繁（见极繁主义风格，254页）浪漫主义风格。浪漫主义风格女装应用束身衣和腰部饰带以突显腰部曲线，肩部两侧的羊腿袖几乎与裙身同宽，这种袖子因其形状与羊腿相似而被称为"羊腿袖"（leg-o'-mutton），这种风格的服饰以轻松愉悦的色彩、自然主义的印花为特色，常采用丝带和蝴蝶结作为装饰。

为了保持端庄，女士们会在日装连衣裙内穿一件无袖装饰胸衣（chemisette，一种装饰性的女士小衬衣或假前襟）以遮挡深V领口（或在通风良好的房间穿着），这种装饰内衣会给人一种内搭衬衫或内衣的错觉。女士晚装则流行低胸露肩（décolletage）和一字肩款式。还有一种名为"pelerine"的女士小披肩，可能源于 15 世纪穿在盔甲下面的衬垫，这种披肩被用于装饰以覆盖住后颈和肩膀，采用真丝等奢华面料制成，做工精致（常装饰搭配在羊腿袖上）。与此同时，沃尔特·司各特爵士（Sir Walter Scott）的畅销小说掀起了一股格子呢服饰风潮，男式哥萨克长裤（Cossack trousers）在沙皇亚历山大一世于 1814 年到访英国后开始流行起来。

花花公子风格（247 页）的发展将男装转向了定制西装风格（195 页）的潮流趋势：海军蓝色、黑色、棕色和绿色燕尾礼服搭配浅色长裤。男士们会穿着晚礼服，内搭褶饰棉质衬衫出席正式场合，在休闲场合则穿着晨礼服，搭配马裤和马靴（另见马术服饰风格，70 页）。西服马甲是男士套装中的必备单品，有助于突出胸部，给人一种肌肉发达的印象。出于同样的原因，一些男士会在夹克内附加衬垫。精致的领饰是花花公子风格的装饰特色，男士们会将硬挺的领巾或领带高高地围绕在脖颈之上，这有助于保持头部直立，从马上摔下时也可以对脖颈起到支撑保护作用，再佩戴一顶高顶礼帽，整套造型就更加完美了。

浪漫主义风格在当今的时装系列中仍具有较强的影响力，浪漫主义设计细节随处可见，如飘逸透明的面料、动植物印花、宽大的裙摆和荷叶边褶饰衬衫等。在伦敦，设计师品牌西蒙娜·罗莎（Simone Rocha）的灯笼袖、艾尔丹姆（Erdem）的精致花朵印花以及莫莉·戈达德的云雾状网纱连衣裙都体现了浪漫主义风格。在米兰，华伦天奴将浪漫主义作为品牌的鲜明特色，包括标志性的红色色调，根据品牌创始人瓦伦蒂诺·加拉瓦尼的说法，红色象征着活力、生命、激情和爱情。

图 82，莫莉·戈达德 2019—20 秋冬成衣系列，伦敦时装周，2019 年 2 月 16 日。

色彩与图案	淡粉色、暗红色、洋红色、奶油色、鸽子灰、丁香紫/淡紫色、小碎花印花（ditzy floral prints）、花呢格纹/苏格兰格纹
面料	真丝缎、雪纺、蕾丝、巴里纱（voile）、真丝网纱、软/优级羊毛（soft wool）、天鹅绒、羊绒、薄纱（gauze）
服装与配饰	女士衬衫、连衣裙、吊带裙、围巾、吊带背心、裹身款、郁金香形裙（tulip skirt）、项圈/颈链、多彩宝石浮雕式胸针（cameo brooches）、女士小披肩、荷叶边袖、领口装饰领巾/阔领带、系于领子内的宽领巾（stock/stock tie）、女士无袖装饰胸衣、哥萨克长裤、晚礼服、晨礼服、男士长款礼服、系腰带款
细节	荷叶边、甜心领、深 V 领、无肩带式、心形符号、宽松款、玫瑰、珍珠、吊坠耳环、精美的珠宝首饰、腰部装饰褶（peplums）、扇形下摆（scalloped hems）、蝴蝶结、方形领口、巴斯克腰线式紧身胸衣（basque waist）

THE STYLE THESAURUS: A definitive, gender-neutral guide to the meaning of style and for all fashion lovers

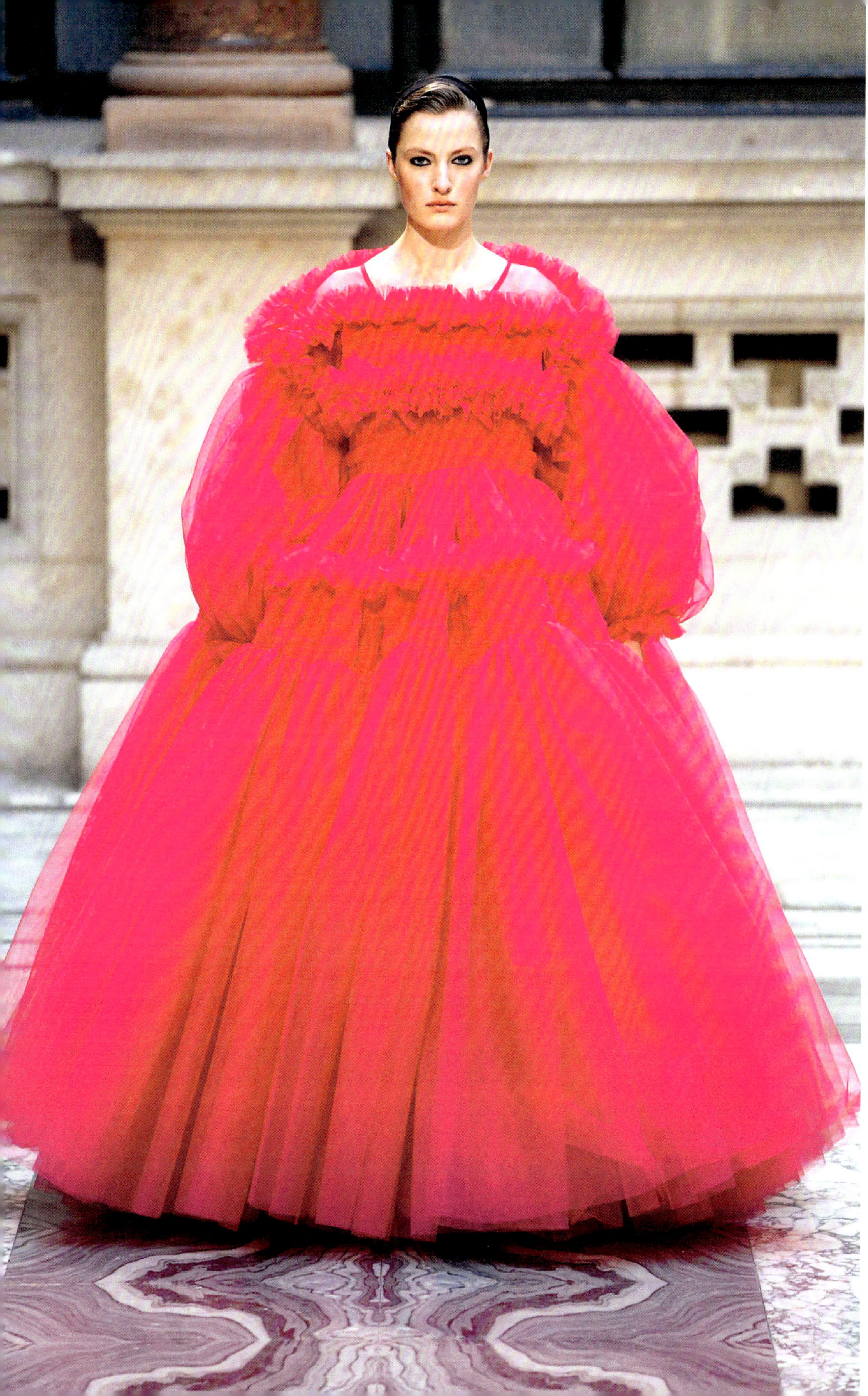

新浪漫主义 NEW ROMANTIC 风格

7.7.1

≈ 闪电小子（Blitz Kids） 新晋花花公子（New Dandies） 浪漫主义反叛者（Romantic Rebels） 孔雀朋克（Peacock Punk）

→ 华丽摇滚风格（Glam Rock） 朋克风格（Punk） 浪漫主义风格（Romantic） 兼有两性特征风格（Androgynous）

+ 海盗风格（Pirate） 花花公子风格（Dandy） 极繁主义风格（Maximalist） 洛可可风格（Rococo）

1979 年，每周二的晚上，位于伦敦科文特花园（Covent Garden）的 Blitz 夜店门口都会排起环绕街区的长队，艺术学院的学生和心怀梦想的新浪潮音乐人才汇聚于此。他们对朋克风格（125 页）的穿搭方式感到不满足，想要尽情地释放他们的魅力。门口站着 Blitz 夜店的创始人史蒂夫·斯特兰奇（Steve Strange，他后来加入了 Visage 乐队），他兼任门卫的工作，如果他认为你的着装不够有创意或极具颠覆性，就不允许你进入，米克·贾格尔曾因其穿搭过于摇滚（见摇滚风格，110 页）被他拒之门外，这成了夜店最出名的宣传噱头。

Blitz 夜店造型的灵感来自大卫·鲍伊、马克·波伦和罗西音乐乐队等华丽摇滚风格（122 页）巨星的魅力形象、18 世纪末和 19 世纪初浮夸的浪漫主义风格（263 页）、法国的"Incroyables"亚文化风格（见洛可可风格，257 页）以及 20 世纪 30 年代的歌舞表演和戏剧的表现力。这场在 Blitz 夜店兴起的新浪漫主义运动与薇薇安·韦斯特伍德的海盗风格（102 页）时装系列不谋而合，她的搭档马尔科姆·麦克拉伦为亚当·安特打造了全新的骠骑兵夹克（见军装风格，91 页）配双角帽和马裤的海盗风格造型。在朦胧的合成器和电子节拍的渲染下，这种造型给人一种超前的、兼有两性特征风格（270 页）和非二元性别的形象观感。这种风格趋势还受到文化俱乐部乐队（Culture Club）和乔治男孩（Boy George）等艺术家造型形象的影响，乔治男孩以高级时尚感的精致妆容而闻名，面部涂有厚重的粉底，点有美人痣，梳着蓬帕杜般的蓬松发型。

安特和许多乐队都被媒体贴上了"新浪漫主义"的标签，尽管他们都曾公开否认过。然而，对于音乐和时尚媒体（独立杂志 The Face 和 iD 于同一年创刊）

图 83，史蒂夫·斯特兰奇与朱莉娅（Julia）在 Blitz 夜店，伦敦，1980 年 2 月 13 日。

7.7.1

来说，这却是宣传这种独特且短暂的美学风格的最佳方式。杜兰杜兰（Duran Duran）和 Spandau Ballet 等乐队都采用新浪漫主义风格来诠释他们的形象，创作动人心弦的歌曲。

色彩与图案	黑色、白色、红色、花呢格纹、小丑服彩色格纹（harlequin）
面料	真丝缎、天鹅绒、皮革、蕾丝、亮片
服装与配饰	领口装饰领巾、阔领带、诗人衬衫、西装马甲、机车夹克、马裤、丑角裤（pantaloons）搭配长袜、双角帽、胸针、发夹、皮裤、发带、个性化耳环、平顶卷边帽、猪肉派帽、特里比帽、印花头巾、项圈 / 颈链、短款披风、拉夫领、轮状皱领、哥萨克长裤、褶皱短靴（slouchy ankle boots）、长手套
细节	褶饰 / 荷叶边、不对称式、羽毛、刺绣、闪亮装饰、羊腿袖（gigot sleeve）、珍珠、莱茵石 / 水钻
妆发	不对称式发型、侧分发型（side-swept）、长刘海、画眼线、涂眼影

风格词库：时尚指南与穿搭手册

8

性征与性别

Sex &

Gender

8.1 兼有两性特征风格 Androgynous / 8.1.1 男孩风格 Garçonne / 8.2 坎普风格 Camp / 8.3 变装风格 Drag / 8.4 淑女风格 Ladylike / 8.5 适度时尚风格 Modest / 8.6 紧贴身形风格 Body-Conscious / 8.6.1 海报女郎风格 Pin-Up / 8.6.2 恋物癖风格 Fetish

这场风格美学之旅的最后一站是探讨人们的性别表现以及对性与性征的态度。人们对于性别的模式化观念是在几个关键时期内建构与解构的。在 1789 年法国大革命后发生的男性大弃绝运动中，男性很快就抛弃了高跟鞋和时髦的蕾丝。在此之后，男性花了两个多世纪的时间，才再度穿上"女性化"的服装（外来文化习俗除外，如苏格兰传统男式褶裥裙）；女性则希望有更多可供穿着的定制西装风格（195 页）的款式。20 世纪初，可可·香奈儿在她的系列中借鉴了男装的设计细节，一些摩登女郎（见摩登女郎风格，30 页）更喜欢顽皮可爱的男孩气质装扮。还有魏玛共和国时期的演员玛琳·黛德丽在电影中穿着无尾晚宴礼服和经典男士西装的造型就曾惊艳众人，进一步推动了男性化装扮潮流。

然而，中性装扮的女性属于超出性别规范标准的特例，在战时钉在营房墙上的卡片上，年轻女演员们摆出带有暗示性的姿态，令孤独的士兵们垂涎三尺。在美国国内，从城外的家庭主妇到第一夫人，她们的衣橱中都以优雅和女性化的服饰为主。

坎普的概念同极富个性的爱尔兰诗人奥斯卡·王尔德一样受到了公众的关注。之后，被社会边缘化的酷儿文化在阴影中悄然发展，直到 2001 年，英国的《刑事司法和公共秩序法案》（Criminal Justice and Public Order Act）才将男同性恋的法定年龄修正为与异性恋相同。2003 年，美国的劳伦斯诉得克萨斯州一案最终推翻了最高法院关于"鸡奸"刑事定罪维持了 17 年的判决。始于 19 世纪末的变装，从 2009 年开始通过电视真人秀从边缘走向主流，但在世界上许多地方，变装仍然是禁忌。

严格来说，所有的衣服都可以以一种适度的风格呈现，但信奉伊斯兰教、基督教和犹太教的人们则需要遵循教义的规则来展示其衣着。作为个人行为的表达方式，适度穿着风格也是在世俗消费者中新兴的一种趋势。相反，有些人会刻意地去展示自己的身体，会穿着面料少得可怜的服装。用乳胶和皮革制成的、以恋物癖和束缚为灵感的服装，在最容易被接受的环境中是可以穿着的。

无论是谁要表现何种欲望，性征与性别类风格都有助于描绘出自我身份认同的色彩。

兼有两性特征 ANDROGYNOUS 风格

8.1

≈	不分性别（Unisex） 性别流动性（Gender-Fluid） 非二元性别（Non-Binary）
→	传承/传统风格（Heritage） 华丽摇滚风格（Glam Rock） 坎普风格（Camp） 变装风格（Drag） 淑女风格（Ladylike）
+	运动休闲风格（Athleisure） 定制西装风格（Tailoring） 滑板文化风格（Skate） 浪漫主义风格（Romantic）

"androgyny"一词源自希腊语的"andros"（男人）和"gyne"（女人），意为同时兼有男性和女性特征的元素。在时尚行业的背景下，兼有两性特征在本质上可归结为以下三种情况：一个人呈现非二元性别；女性表现男性特质；男性表现女性特质。

当然，在着装方面，"男性化"或"女性化"外观是由社会环境所决定的。在世界上的许多地方，男性穿着"裙子"或"连衣裙"式服装是一种常态，也是<u>传承/传统风格</u>（23页）文化的一部分，如印度的腰布（dhoti, 印度男性用以裹住下半身的腰布）、苏格兰裙和非洲部分地区的康祖长袍（kanzu）。兼有两性特征风格不同于<u>变装风格</u>（278页），变装是短暂地展现出另一种性别的造型装扮，通常出于表演原因而需要较为夸张，而穿着异性服装是指穿着另一种性别的常规服饰。

<u>定制西装风格</u>（195页）是一种早已超越了性别的风格，而连衣裙、绕颈领露背上衣、抹胸上衣、高跟鞋和蕾丝衬衫则是主要面向女性销售的服装款式。尽管如此，人们越来越倾向于选购店内出售的打破常规的款式，即穿上自己喜欢的任何款式。零售商们正在试图迎头赶上这一趋势，有些零售商开始推出"中性"时装系列。不过，这类中性服装往往采用宽松、方正的剪裁设计，以适应各种体型。<u>运动休闲风格</u>（60页）服饰可被视为无性别的风格款式，尤其是宽松运动裤、棒球帽、超大T恤和运动鞋。同样，<u>滑板文化风格</u>（231页）的沙滩短裤和连帽衫也属于休闲中性风格服饰。

对于女性来说，兼有两性特征风格的中性服装都采用的是掠过胸部、腰部和臀部的直裁廓形，大都是修长精练的廓形，还有受传统"男装风格"影响的服饰，如城市细条纹西服套装、衬衫、领带和布洛克皮鞋。这些服装常采用厚重的面料，

图 84

›

让-保罗·高缇耶高级定制系列，巴黎时装周，2021年7月7日。

THE STYLE THESAURUS: A definitive, gender-neutral guide to the meaning of style and for all fashion lovers

8.1

如羊毛、粗花呢和皮革，以展现更加硬朗的外观。此外，露出皮肤也可以彰显性别特征，穿着宽松的无袖背心时露出手臂可以令整套造型看起来更具有男子气概。

相反，兼有两性特征风格的男性则用束身衣和腰带强调腰部线条，层叠穿着由蕾丝、丝缎和透明欧根纱等较轻的面料以及印花棉布制成的传统女装。露腹上衣、露肩上衣、镂空细节及**浪漫主义风格（263页）**衬衫有助于塑造偏离经典男装风格的外观，可以是偏向精致优雅的淑女风格（281页），或者是转向更为戏剧化的坎普风格（275页）。

在这种无性别美学风格造型中，除了穿着者的穿搭选择外，适配的发型和妆容也是完美造型的关键。对男性化的女性来说，男孩气质的短发、面部妆容、浓眉和素淡的嘴唇都可以塑造出更具创意的时尚造型；对女性化的男性来说，留有长发或浪漫的卷发、化着创意彩妆且涂有指甲油，都会给人带来感官上的模糊感。

让-保罗·高缇耶等设计师早就开创了时装秀场上兼有两性特征风格造型的先例，他于1983年首次在时装秀上展示了"男式半裙"（实际上是苏格兰褶裥短裙），引起了人们的关注。川久保玲等设计师的前卫/先锋派风格（244页）的创意作品完全消除了性别概念。此后，许多设计师在时装秀上探索了性别规范（gender codes），其中包括爱尔兰天才设计师乔纳森·安德森（Jonathan Anderson），他在2013秋冬男装系列中展示了饰有荷叶边的短裤和抹胸上衣，其中还穿插了更多符合性别标准的服饰单品。

8.1

色彩与图案	**男性表现**：黑色、灰色、细条纹、粉笔条纹；**女性表现**：淡粉色、桃红色、丁香紫色
面料	**男性表现**：羊毛、皮革、粗花呢；**女性表现**：蕾丝、真丝绸、欧根纱、真丝、金属丝织物、马拉布羽毛
服装与配饰	**男性表现**：西装套装、西装马甲、单件式西装外套、斜纹棉休闲裤、长裤、牛津鞋、布洛克皮鞋、男士背带（吊裤带）、衬衫、高顶礼帽、平顶卷边帽/猪肉派帽、报童帽/贝克男孩帽（baker boy hat，贝克男孩帽通常被认为是报童帽的代名词，大多用纽扣连接帽檐，由八块布片组成，贝克男孩帽的帽檐和背部稍短，会形成与报童帽略有不同的轮廓）、卡车司机帽、圆领棉织背心、军靴、匡威鞋 **女性表现**：连衣裙、半裙、露脐装、挂颈/绕颈领款露背式上衣（halter-neck top）、高腰紧腿长裤、束身衣
细节	**男性表现**：直裁、超大号、定制西装；**女性表现**：沙漏形曲线、珍珠、褶饰/荷叶边、女士衬衫领口蝴蝶结
妆发	**男性表现**：短发、素雅淡妆、浓眉；**女性表现**：长发、卷发、涂甲油

THE STYLE THESAURUS: A definitive, gender-neutral guide to the meaning of style and for all fashion lovers   **272**

8.1.1

男孩 GARÇONNE 风格

≈ 假小子（Tomboy）

→ 飞行家风格（Aviator） 定制西装风格（Tailoring）

+ 摩登女郎风格（Flapper） 运动休闲风格（Athleisure）

图 85
〉
玛琳·黛德丽
在电影《摩洛哥》
中的剧照，
1930 年。

"garçonne"一词源于法语"garçon"，意为男孩，后面再加上阴性后缀，该词常被译为英文的"tomboy"（假小子）。尽管这个古怪的词会让人联想到打闹玩耍和爬树，却不能充分体现其复杂的词源。

女性在经过几个世纪钢制和鲸鱼骨制束身衣的束缚后，20 世纪 20 年代的新服饰风格解放了女性的身体。男孩风格是摩登女郎风格（30 页）的延伸，由可可·香奈儿等设计师推出的裙摆在膝盖处的直裁低腰连衣裙成为男孩风格的标志性象征。时尚杂志开始推崇身材苗条、具有男孩气质的形象，因此摩登女郎们剪短了头发，梳成"伊顿式短发"（Eton crop），就像美国舞蹈家约瑟芬·贝克（Josephine Baker）那样，梳着光滑发亮的短发，佩戴着曲线优美的钟形帽。

在媒体聚光灯下，女性首次被允许穿着实用的裤装和夹克，以展现超出她们性别的另一种可能性。例如，飞行员阿梅莉亚·埃尔哈特（Amelia Earhart；另见飞行家风格，63 页），于 1928 年成为首位乘坐飞机横跨大西洋的女性。埃尔哈特于 1932 年独自完成了飞跃大西洋的任务，但于 1937 年在环球飞行尝试过程中失踪。早在埃尔哈特之前的另一位女性飞行员露丝·埃尔德

（Ruth Elder）曾在 1927 年尝试横跨大西洋，但以失败告终，不过在返航后受到了英雄般的欢迎，之后她还出演了热门电影《海军陆战队的莫兰》（*Moran of the Marines*，1928）和《飞翼骑士》（*The Winged Horseman*，1929）。

德国魏玛共和国时期的一本进步的女同性恋杂志曾以"Garçonne"作为刊物的名称，总体而言，当时的德国经历了重大的文化转变。演员玛琳·黛德丽身着衬衫、西装配领带的装扮塑造了典型的男孩风格造型，她在电影《摩洛哥》（*Morocco*，1930；参见定制西装风格，195 页）中以身着无尾晚宴礼服、头戴高顶礼帽的形象而声名鹊起。她是那个时代经久不衰的时尚偶像，在成为好莱坞明星之前，她就已经涉足柏林的歌舞表演和享乐主义的夜生活。

色彩与图案	黑色、银色、桃花心木色/红棕色、白色、几何形图案
面料	棉布、羊毛、针织、人造丝织物
服装与配饰	领带、领巾、高腰长裤、帽子、连衣裙、珍珠珠串、直裁连衣裙、钟形帽、长筒女袜（stockings）、西装套装
细节	褶裥、低腰款
妆发	侧分波波头、伊顿式短发、马塞尔大波浪（Marcel wave）、梅子红唇色

8.2

坎普 CAMP
风格

≈	无适用近义词
→	新维多利亚风格（Neo-Victoriana）　航海风格（Nautical）　资产阶级风格（Bourgeoisie） 兼有两性特征风格（Androgynous）
+	童趣可爱风格（Kidcore）　花花公子风格（Dandy）　极繁主义风格（Maximalist） 洛可可风格（Rococo）　浪漫主义风格（Romantic）　新浪漫主义风格（New Romantic） 变装风格（Drag）　海报女郎风格（Pin-Up）

坎普是一个极其抽象的概念，许多人都曾试图定义它，特别是在美国作家兼哲学家苏珊·桑塔格（Susan Sontag）的一篇文章《坎普笔记》（Notes on "Camp"，1964）中，其强调了坎普艺术的关键元素是轻浮、过度和矫揉造作。这篇文章启发了纽约大都会艺术博物馆服装学院在2019年举办的"坎普：时尚笔记"主题展览，并引发了时尚界对坎普风格的广泛讨论。

　　根据桑塔格的说法，"坎普"是一种失败的严肃性，一种兼有两性特征风格（270页）的审美品味，一种不自然且夸张的天赋，以及过度的勃勃野心。她区分了刻意的坎普（有意识的）和天真的坎普（无意识的）。为了进一步补充这个定义，变装（见变装风格，278页）皇后鲁·保罗（Ru Paul）在一次采访中清楚地表示，坎普指的是看清生活的表象，并参与其中。坎普一词最早在法国作家莫里哀的戏剧《司卡班的诡计》（The Deceits of Scapin，1671）中被用作动词，用来描述夸张的动作和手势："单腿站立（Camp）。把手放在臀部上。脸上带着愤怒的表情。像戏剧之王一样昂首阔步。"

　　到19世纪中叶，坎普一词在同性恋群体中被用作形容词。1870年，两名维多利亚时代的男子欧内斯特·博尔顿（Ernest Boulton）和弗雷德里克·帕克 [Frederick Park；他们的朋友更熟悉他们的别名，斯特拉（Stella）和范妮（Fanny）]穿着女性服装被捕，并被指控犯有"可恶的鸡奸罪"。范妮在给一位朋友的信中哀叹，他们"'装模作样'（campish）的行为目前并没有取得应有的成功"。然而，经过最终审判，除"冒充女性"这项较轻的罪行之外，控方很难证实对两人的其他指控，因此他们被判无罪。

　　桑塔格用她的文章向奥斯卡·王尔德致敬，正是经由这位爱尔兰诗人，坎普一词才与人们的行为和着装风格联系在一起。王尔德是唯美主义运动的领袖

（见新维多利亚风格，26 页），桑塔格认为，坎普本质上是一种唯美主义。它超越了通常的艺术、美感和物质美学观念，涵盖了"造作和风格化的程度"。王尔德在他的《供年轻人使用的哲学》（*Philosophies for the Use of the Young*，1894）中以他一贯的机智打趣道："人生的首要职责是尽可能地造作。第二个职责是什么，至今无人发现。"唯美主义运动的追随者们将艳丽的向日葵作为该运动的象征。

这种视觉风格不可避免地会与同性恋文化有所关联，但并非总是如此。坎普风格可以是让 - 保罗·高缇耶时装秀上放浪的水手造型（见航海风格，98 页）；它奢华且浮夸，与洛可可风格（257 页）相得益彰；它华丽且感性，会借鉴浪漫主义风格（263 页）的象征意义。桑塔格将坎普风格描述为中产阶级的矫揉造作，从这一层面来讲，其又等同于资产阶级风格（202 页）。面料上仅一个标识图案还不够夸张，排满设计师品牌的标识图案才够坎普。这种风格拒绝成熟，因此与童趣可爱风格（175 页）有些相似。坎普风格极其戏剧化的特征又与化妆舞会和角色扮演风格（158 页）存在共性。

图 86 › Lady Gaga 和布兰登·麦斯威尔（Brandon Maxwell）出席纽约大都会艺术博物馆慈善晚宴——主题为"坎普：时尚笔记（Camp: Notes on Fashion）"展览开幕庆典。

色彩与图案	洋红色、橙色、淡绿色、丁香紫、金色、斑马纹印花、彩虹旗条纹、重复排列的标识印花
面料	真丝网纱、真丝缎、涤纶、人造毛皮、PVC、金属丝织物、天鹅绒、亮片、塑料涂层（plastic-coated）、漆皮
服装与配饰	高顶礼帽、长礼服、连衣裙、厚底鞋、长披风、喇叭裤、头饰 / 英式帽子、垫肩款、个性化耳环、冠状头饰（tiara）、手镯 / 手链
细节	羽毛、莱茵石 / 水钻、褶饰 / 荷叶边、流苏装饰、贴花、标语、下摆拖尾、彼得潘领

THE STYLE THESAURUS: A definitive, gender-neutral guide to the meaning of style and for all fashion lovers

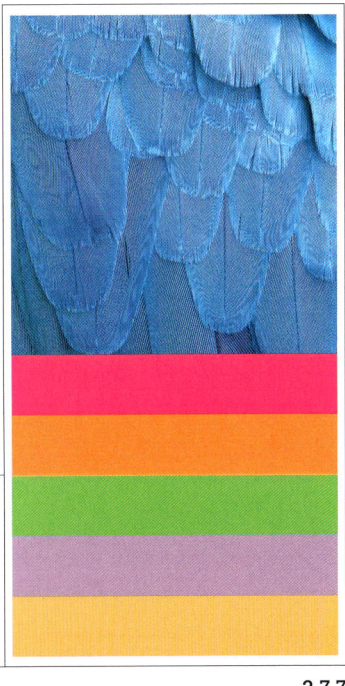

风格词库：时尚指南与穿搭手册　　　　　　　　　　　　　　　　　　　　　　　　　　　　277

变装 DRAG
风格

8.3

≈	变装皇后（Drag Queen） 变装国王（Drag King）
→	狂欢节风格（Carnival） 角色扮演风格（Cosplay） 兼有两性特征风格（Androgynous）
°	极繁主义风格（Maximalist） 浪漫主义风格（Romantic） 坎普风格（Camp）

"drag"一词的来源众说纷纭，有人说它是"装扮成女孩"（dressed as a girl）的首字母缩写，也有人认为它源于19世纪的戏剧俚语，指长裙拖在地上的感觉，还有一些人认为这个词可能源于历史上用来指盛装蒙面舞会的"grand rag"一词（见狂欢节风格，152页）。

变装通常是指男性以模仿女性为目的的表演形式[称"变装皇后"（drag queen）]，女性也可以模仿男性[称"变装国王"（drag king）]，偶尔还会有女性在变装时夸大自己的女性特征[即所谓的女性变装皇后（bio queen）]。变装并非质疑性别认同，而是一种适用于所有性别的自我表达方式。话虽如此，历史上大多数的变装皇后都是顺性别的男同性恋，而变装在同性恋文化中是不可或缺的一部分。

变装在早期是一种非常危险的行为，第一位有记录的变装皇后是威廉·多西·斯万（William Dorsey Swann），他出生于美国的奴隶家庭，成年后被朋友们称为"女王"。1896年，他因举办变装舞会而被捕入狱，据说他是第一位采取法律行动捍卫酷儿群体集会权利的美国人。20世纪20年代和30年代，在纽约哈莱姆区的一个名叫汉密尔顿小屋（Hamilton Lodge）的聚会场所兴起了舞会文化（ballroom culture，一种起源于纽约市的非裔和拉丁裔的地下LGBTQ+亚文化），引起了媒体的好奇与关注。1926年，《纽约时报》的一篇文章报道称，男性"身着华丽的晚礼服，戴着假发，脸上涂着粉，很难与众多女性区分开来"。该报道还提到，这是一个具有包容性的多元群体。

对女性特征的夸张展现被提炼成一些兼有两性特征风格（270页）的装扮技巧，如扮演女性的男性穿着束身衣以收紧腰部，强调沙漏形身材，可能还需要

图87

›

Sugar出席了在纽约举行的音乐电视频道（MTV）播出的《鲁保罗变装皇后秀》第15季首映式活动，2023年1月5日。

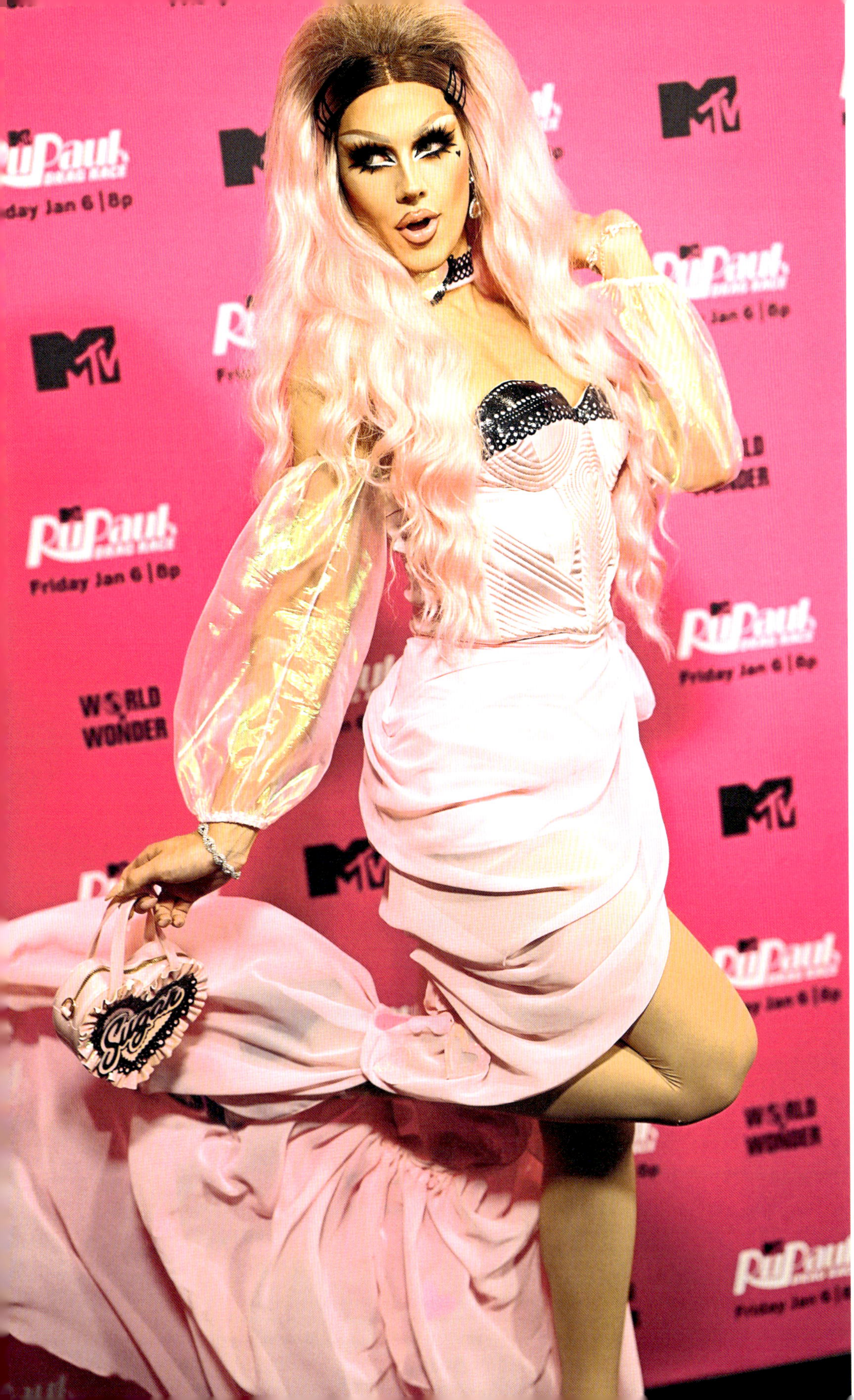
RuPaul
Friday Jan 6 | 8p
MTV
WORLD WONDER
Sugar

在胸部、臀侧和臀部垫上额外的衬垫，且总是戴着假发，贴着夸张的假睫毛。变装风格都是非常女性化的服装，特别是设计有长拖尾和束腰的礼服，还有高跟鞋和浪漫主义风格（263页）的束身衣及系带装饰，这些都是非常受欢迎的款式。

鉴于变装的表演性质，其服饰面料也遵循了舞台服装的设计方向：亮片和闪亮的面料（如PVC）会反射光线；涤纶面料的价格合理，更适合家庭自制缝纫；多层网纱则可以增加礼服的体积和柔美的效果。

变装风格还包含不同的子类别，"高级变装"（high drag）是极端的极繁主义风格（254页），"喜剧皇后"（comedy queens）则融合了坎普风格（275页）元素。兼具两性特征的变装风格同时强调了男性和女性的特征，如裸露男性胸部，搭配长裙和束身衣，或呈现出迷人的非二元性别外观。还有一些变装表演者会模仿著名的音乐艺术家，如麦当娜、雪儿和蒂娜·特纳（Tina Turner），这种模仿名人的风格又与角色扮演风格（158页）有些相似。

随着真人秀节目《鲁·保罗变装皇后秀》（*Ru Paul's Drag Race*）的成功，变装文化开始被西方的大众接受。该节目于2009年在美国首次播出，将亮片、闪光、喧闹作乐，甚至超高的高跟鞋一并呈现在世界各地观众的眼前。

色彩与图案	粉色、豹纹印花、金色、红色、紫色、银色、黑色
面料	涤纶、亮片、金属丝织物、真丝网纱、氨纶
服装与配饰	连衣裙、连衣裤、厚底鞋、胸部假体、束身衣、胸部和臀部衬垫、紧身连体服/舞蹈/体操服、和服风格裹身款、打底裤、手镯/手链、项圈/颈链、项链、耳环
细节	沙漏形曲线、突显乳沟
妆发	假发、假睫毛和变装国王的假胡子、夸张厚重的妆容（如粉底、定妆闪粉、腮红、睫毛膏、亮彩眼线和闪粉）

8.4

淑女 LADYLIKE
风格

≈	优雅（Polished）
→	航海风格（Nautical） 披头族风格（Beatnik） 适度时尚风格（Modest）
+	上流社会风格（Sloane） BCBG 风格 经典风格（Classic） 浪漫主义风格（Romantic）

图 88

〉

杰奎琳·肯尼迪，

1955 年 6 月。

淑女应该是什么样子的呢？就风格而言，淑女意味着优雅、精致和柔美的女性气质。淑女风格盛行于 20 世纪 50 年代和 60 年代，第一夫人杰奎琳·肯尼迪就是这种形象的典型代表，她曾穿过无数时髦优雅的直裁连衣裙和剪裁宽松的两件式裙款套装，搭配白手套和端庄的药盒帽 [药盒帽出自美国时装设计师候斯顿之手，但出乎意料的是，后来他却因迪斯科风格（139 页）的设计而闻名]。

　　淑女风格的关键在于，整套服装造型是经过精心设计和深思熟虑的，能够让人在接下来的一天时间里悠然自得地穿着。淑女风格与经典风格（209 页）

风格词库：时尚指南与穿搭手册　　　　　　　　　　　　　　　　　　　　281

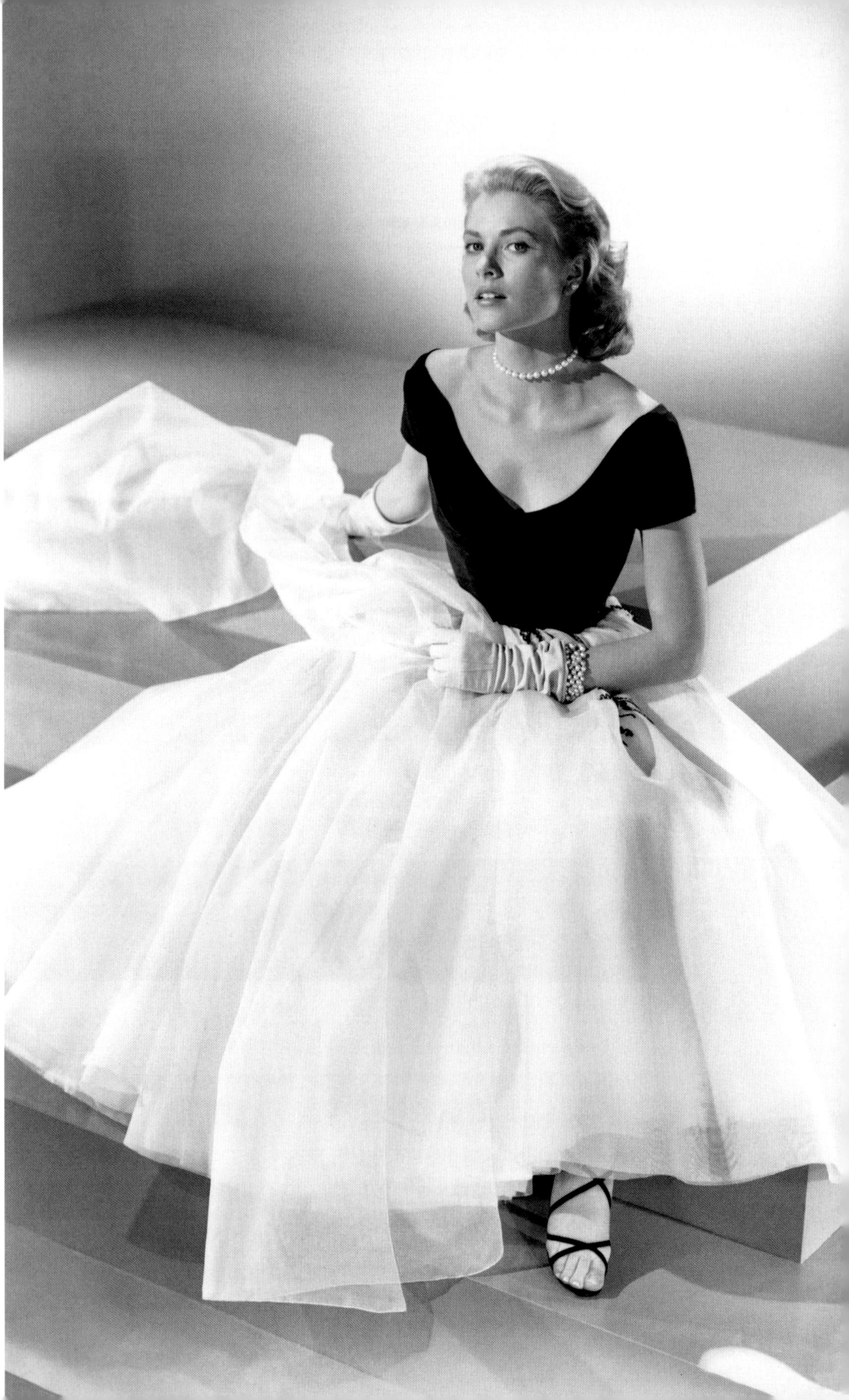

图 89

格蕾丝·凯利，
20 世纪 50 年代。

有一些相似之处，属于一种永恒的风格，其造型和外观永远不会过时，并且对于出入高级场合来说也是最稳妥的选择。其服饰色调淡雅柔和，包括温暖的中性色，如驼色、海军蓝和裸色系、奶油色，还有浪漫主义风格（263 页）中暗淡的玫瑰色系和不饱和的粉彩色系。与服装搭配的手提包、帽子和尖头猫跟鞋上还会装饰有豹纹印花。

淑女风格服饰中常会出现露出迷人锁骨的船形（一字形）领。这种领形在 1858 年曾被法国海军应用在水手条纹衫的设计中（见航海风格，98 页）。到了 20 世纪 20 年代，船形领被普遍应用在日装连衣裙上。20 世纪 30 年代，可可·香奈儿让船形领成为流行的领形。20 世纪 50 年代和 60 年代，当人们从另一个角度看待这种领形时，它还与披头族风格（214 页）有所关联。

淑女的日常着装绝不会流于庸俗，也不会露出过多的肌肤，因此盖肩袖（cap sleeve，或称帽袖）或肘部长度的袖子，以及裙长至膝盖或膝盖以下都是较为合适的选择。不过，对于晚间场合，选择露肩礼服搭配钻石或其他精美珠宝则是女士们的秘密武器。在谈论淑女风格装扮时很难不提及阶级，这与穿着开襟羊毛衫、搭配珍珠和舒适的鞋子，手上总是拿着昂贵却低调的名牌手提包，意图装扮出贵族气质的上流社会风格（205 页）和 BCBG 风格（207 页）造型有些相似。

淑女风格对应的男性版本是"绅士风度"（gentlemanly），这与对细节一丝不苟的花花公子风格（247 页）是一致的。

色彩与图案	米色、海军蓝色、鸭蛋蓝色、暗粉色、驼色
面料	蕾丝、真丝、羊绒、棉布、羊毛
服装与配饰	两件式女款针织毛衣套装（twinset）、铅笔裙、圆裁裙、芭蕾款平底鞋、肘部长度的手套、猫眼太阳镜、超大框架款太阳镜、无檐平顶圆帽/药盒帽、长礼服、蝴蝶结领口衬衫、白色棉衬衫、直裁连衣裙、大衣、风衣
细节	及膝长度、中长款、圆领、尖头鞋、珍珠、丝带、长袖、船领/一字领

风格词库：时尚指南与穿搭手册　　　　　　　　　　　　　　　　　　283

适度时尚 MODEST
风格

≈	无适用近义词

→	紧贴身形风格（Body-Conscious） 海报女郎风格（Pin-Up） 恋物癖风格（Fetish）

+	传承/传统风格（Heritage） 新维多利亚风格（Neo-Victoriana） 运动休闲风格（Athleisure） 多层穿搭风格（Lagenlook） 淑女风格（Ladylike）

从适度着装风格的视角来审视本书中列出的大多数风格，除了那些完全相悖且强调性欲的风格，如海报女郎风格（290 页）和恋物癖风格（293 页），无论是出于宗教信仰、精神需求还是自我表达，适度时尚都不是一个普遍性的概念，它因国家、宗教和文化而异。

亚伯拉罕诸教，如基督教、犹太教和伊斯兰教，都规定服装应遮盖身体的某些部位。例如，女性的头发被认为具有性吸引力，所以需要盖住，并且遮盖膝盖、肘部、颈部和胸部也被认为是有必要的，应避免穿着任何过于紧贴身形风格（287 页）的服饰。

穆斯林女性可能会佩戴头巾（hijab，阿拉伯语，意为屏障或隔断），这是一种围住头部的围巾或披巾，以遮住头、颈和肩部，其长度有时也会盖住胸部。她们还流行穿着阿巴亚长罩袍（abaya），这是一种长袍式外衣，通常是黑色的，款式类似于卡夫坦长袍。同时，她们还会佩戴一种被称为尼卡布（niqab）的面纱遮住脸部，仅露出眼睛。人们常将尼卡布与布尔卡（burqa）混淆，布尔卡是一种从头顶开始遮住整个身体一直到地面的连身式罩袍，连眼睛也会被盖住，盖住眼睛的部分用网纱代替，使穿着者可以看到前方。穿着布尔卡的女性在阿富汗很常见。《古兰经》中提到的吉尔巴布（jilbab）是穆斯林女性穿着的一种及地长外衣，里面可以穿着贴身内衣和任何适度时尚的服装。

虔诚的穆斯林男性也很注重适度的着装。例如，thawb（在中东不同地区也被称为 thobe、dishdasha 或 jalabiyyah）是一种长及脚踝的长袍，设计有宽松的长袖，通常内搭类似于纱笼的 izaar（男士纱笼）或 ungi（男士下半身裙装），可能还会搭配一顶 kufi 祈祷帽。此外，thobe 一词在巴勒斯坦被用来指代传承/传统风格（23 页）中绣有精美图案的传统女性服饰。

8.5

图 90

时尚品牌 DASKA，2022 系列。

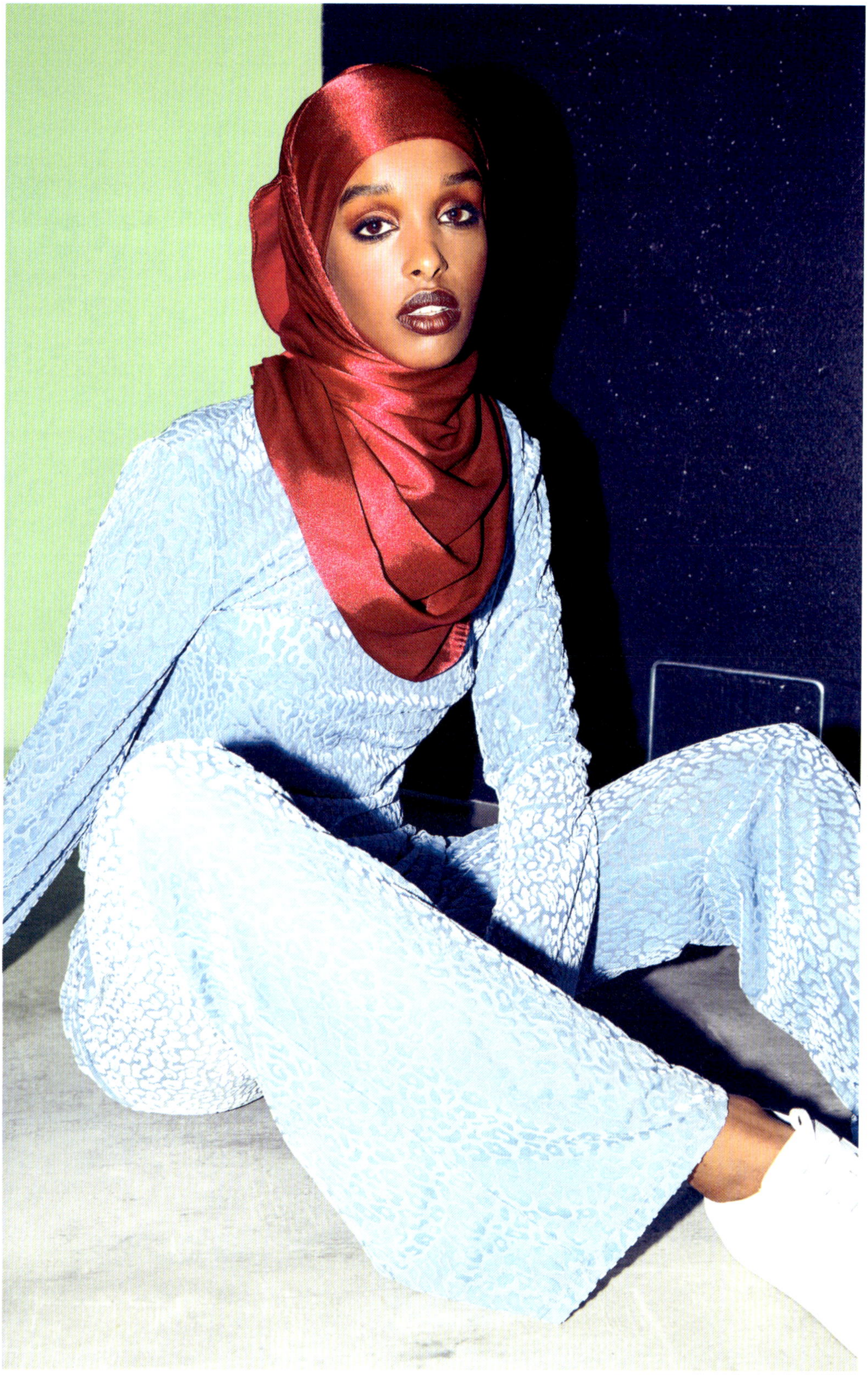

从21世纪10年代中期开始，越来越多的穆斯林模特出现在全球时装周的秀场上，其中索马里裔美国模特哈利玛·阿登（Halima Aden）脱颖而出成为"超模"。阿登于2017年首次在纽约时装周亮相，两年后成为第一位登上《体育画报》（Sports Illustrated）杂志封面的戴头巾的模特。在她实现了自己的目标，即作为戴头巾的模特得到了关注并提高了知名度后，她于2020年退出时尚界，并公开控诉了业内人士对其头巾造型的过多干涉，以及她职业生涯最后两年所经历的"内心冲突"。

在伊斯兰教国家，不仅穿着要适度，行为举止也要端庄得体，需要谨言慎行，这也是犹太文化中的传统，在《托拉》（Torah，犹太律法）中被称为"tzniut"。正统的已婚女性在外出时会用头巾遮住头发，并用宽松的衣服遮住手臂和腿。对于男性来说，他们可以穿着同样宽松的裤子搭配衬衫，并佩戴传统的犹太圆顶小帽，如基帕帽（kippah）或亚莫可帽（yarmulke）。

在西方更为虔诚的时代，如维多利亚时代（见新维多利亚风格，26页），适度风格的服饰仅保留了褶饰立领和主教袖。当时，露出脚踝的穿着被认为是不合适的，但穿着小腿长度的靴子且露出在长裙外是被允许的。

2000年左右，适度时尚进入全球市场的营销意识，从那时起，成衣设计师便根据自己的需求和经验，创造了适度风格的高级时装，用奢华的真丝和丝缎制出宽松的长款廓形。适度时尚也已成为社交媒体上大众消费的一种新趋势，以对抗快时尚品牌日益性感化的设计。

适度风格着装仍然是一个充满政治色彩的讨论领域（另见政治风格，260页）。反对者认为适度的着装是对女性的压迫，而支持者（包括许多女性）则认为这是赋予她们的权利，而争论的重点应在于选择的自由。

色彩与图案	任何色彩
面料	真丝、真丝缎、棉针织、涤纶
服装与配饰	连衣裙、阿巴亚、穆斯林女性头巾、吉尔巴布、圆领、长裤、穆斯林女性布基尼游泳衣（burkini，指的是一种只露出脸、手和脚的女性泳衣）、短款披风、长款披风、手套、连裤袜、卡夫坦长袍、女士披巾（shawl）、女士宽松上衣
细节	长袖、长度至脚踝

紧贴身形 BODY-CONSCIOUS 风格

8.6

=	紧身（Bodycon）
→	飞行家风格（Aviator）　经典摇滚风格（Classic Rock）　兼有两性特征风格（Androgynous）
+	运动休闲风格（Athleisure）　锐舞风格（Rave）　音乐节风格（Festival）　极简主义风格（Minimalist）　海报女郎风格（Romantic）

合身服装的应用源自自行车的兴起，19世纪末支持解放的女性将裙子换成了时髦的灯笼裤，这样她们就可以更容易地骑自行车。20世纪20年代，随着摩登女郎风格（30页）的出现，更多暴露身体多于遮掩身体的服装款式词汇被纳入风格词库，她们对裙长的巧妙处理使更短的裙摆成为女性解放的外在象征。

到了20世纪40年代和50年代，随着海报女郎风格（290页）的兴起和好莱坞黄金时代的影响，这种诱惑形象使女性连衣裙被剪裁得更紧身且更短，而艾娃·加德纳和玛丽莲·梦露等名人在银幕上塑造的完美身形风格已成为永恒经典。所谓的紧身窄摆连衣裙 [wiggle dress，也称铅笔裙（pencil dress）或修身连衣裙（heath dress）]，其下摆围度比臀部窄，因穿着者只能迈小步行走导致臀部摆动而得名。1962年5月19日在麦迪逊广场花园，梦露身着一件镶满水晶的及地长度的肉色紧身长礼服，为约翰·肯尼迪总统演唱了生日快乐歌，当梦露现身，脱下白色毛皮大衣，露出了这件被戏称为"裸色连衣裙"的礼服时，引起了观众们的惊呼声。这件闪闪发光、如第二层皮肤般的礼服是由法国服装设计师吉恩·路易斯（Jean Louis）根据美国设计师鲍伯·麦基（Bob Mackie）的手绘草图创作的。对于那些敢于穿着"裸色连衣裙"的人来说，它仍然是红毯上的热门选择。这种礼服要么是透明的，可以透出下面的身体（为了得体，必须穿内裤，内衣则可穿或不穿），要么是采用错视效果的设计来欺骗观众，让他们误以为礼服下面是裸露的身体，而实际上礼服已经遮住了全身。

纺织品逐渐发展，出现了紧身罗纹针织、机织或高弹性纤维（如莱卡或氨纶）的织物，这些织物可以很好地贴合身形轮廓。这些合成纤维在服装使用寿命结束时很难回收利用，但却因其空气动力学性能和压缩身体的效果，常被应用于制作运动装。运动休闲风格（60页）的服装中有紧身风格的款式，如骑行短裤和紧身打底裤；还有适用于舞蹈练功的，允许身体自由活动的紧身连体服（leotard，或称连体练功服，无裤腿款）和紧身连衣裤（unitard，有袖、有裤腿的全身连体款），这类紧身款式同样也适用于俱乐部场景（见锐舞文化风格，146页）和音乐节（见音乐节风格，149页）。"catsuit"是一种超级贴身式的紧身连衣裤（另见飞行家风格，63页）。20世纪60年代，美国女歌手厄莎·凯特在60年代的《蝙蝠侠》（Batman）系列中扮演猫女的紧身连衣裤造型，以及英国演员戴安娜·瑞格（Diana Rigg）在间谍系列《复仇者联盟》（The Avengers）中扮演女间谍兼特工约翰·斯蒂德（John Steed）的搭档艾玛·皮尔（Emma Peel）的造型，让她们一跃成为时尚偶像，使这种紧身连衣裤通过电视媒介开始流行起来。

法国设计师品牌荷芙妮格（Hervé Léger）以其标志性的绷带连衣裙（bandage dress，一种用超弹性针织面料制成的超紧身连衣裙）而闻名，这种裙装可以很好地把身体包裹起来，将身体各部位压缩收紧，营造出凸凹有致的身形曲线。这种外观定义了一个时代的造型风格，在20世纪90年代，这种超紧身连衣裙造型在红毯上随处可见。

亚历山大·麦昆曾在"虚无主义"（Nihilism）1994春夏系列中推出超低腰"露臀"（bumsters）裤的设计，而1995年秋冬的"高原强暴"（Highland Rape）系列也再次展示了同样的设计，这款低腰裤从后面看，臀部股沟清晰可见。这位设计师后来澄清说，他所描绘的其实是脊柱以下的区域。无论如何，他的低腰裤设计为21世纪头十年中期的裤腰设定了新的高度趋势。千禧一代受时尚偶像帕丽斯·希尔顿（Paris Hilton）、克里斯蒂娜·阿奎莱拉（Christina Aguilera）、格温·史蒂芬妮（Gwen Stefani）以及天命真女（Destiny's Child）组合穿着短款背心配低腰牛仔裤的造型影响，但若要穿上这些超低腰款式，应先做好比基尼脱毛处理。

男性的紧身风格造型包括紧身牛仔裤（有或无破洞）、能展示体格"肌肉"的贴身T恤，或者像经典摇滚风格（118页）的明星一样搭配一件解开扣子袒露

图 91

‹

大卫·科玛
(David Koma),
2022 春夏。

胸部的衬衫。随着性别流动性在时尚营销中逐渐趋于常规化，<u>兼有两性特征风格</u>（270 页）的镂空紧身上衣和露脐装在 Z 世代男性中越来越受欢迎。

不论是高端还是低端时装品牌，它们都会推出紧身风格的连衣裙。已故突尼斯设计师阿瑟丁·阿拉亚的设计已成为紧身连衣裙的巅峰之作，他被时尚媒体称为"紧身连衣裙之王"（King of Cling），因其作品对女性身形如雕塑般的呈现而受到了格蕾丝·琼斯和米歇尔·奥巴马（Michelle Obama）等有影响力的女性的赞美。现在 Maison Alaïa 品牌延续了阿拉亚的紧身设计，并沿着身形曲线添加了蜿蜒垂顺的褶饰设计，将原有的女性身形提升为美好的女神形象。各大时尚杂志为了确保走在高端时尚的前沿，在紧贴身形风格的造型片中，造型师通常会选择一件织纹较厚、弹性较好、由针织面料制成的线条优美的紧身连衣裙，搭配按 20 世纪 90 年代极简主义风格（252 页）设计的简约的珠宝及配饰，而化妆师则需要确保任何露出的皮肤都经过润饰和保湿处理，为上镜做好准备。

色彩与图案	任何色彩
面料	弹性绉布、针织、机织织物、弹性纤维织物、平绒、雪纺、透明面料
服装与配饰	吊带背心、紧身连衣裤、绷带连衣裙、铅笔裙、背心、高跟鞋、大腿长度长靴、束身衣、吊带裙、紧腿短裤、超短迷你裙、打底裤、超短裤
细节	拉链、吊带紧身款、裁短款、不对称式、露脐款、挂颈/绕颈露背款、前胸深开式领口（plunge neckline）、大腿处开叉式、撕裂、激光切割、超低腰/刻意露臀款、低裆裤、低后背款、鱼尾裙摆

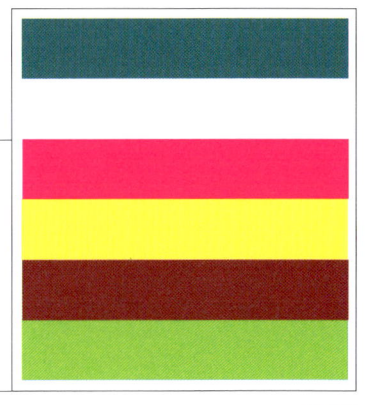

风格词库：时尚指南与穿搭手册

海报女郎 PIN-UP 风格

=	金发美女（Bombshell） 性感迷人的年轻女性（Cheesecake）
→	家居服饰风格（Lounge）
+	怀旧/复古风格（Retro） 牛仔风格（Cowboy） 航海风格（Nautical） 乡村摇滚风格（Rockabilly）

千百年来，理想化的女性形象一直是男性关注的焦点。在艺术领域，这种现象可以追溯到桑德罗·波提切利（Sandro Botticelli）和他的《维纳斯的诞生》（*The Birth of Venus*，1485—1486），在这幅画中，爱神犹如一颗罕见的珍珠从海洋中升起，站在巨大的扇贝壳上。在以主流保守的基督教题材绘画为主的时期，这幅画作代表了一种不可原谅的叛离。

虽然我们通常会将海报女郎与"二战"期间士兵们贴在军营墙上用于鼓舞士气的插图卡片联系起来，但同样妖娆的身形形象也出现在第一次世界大战的征兵海报上。这些海报女郎形象的前身是查尔斯·达纳·吉布森（Charles Dana Gibson）钢笔画中的女性形象，他笔下拥有美丽沙漏身形的女性被称为"吉布森女孩"（Gibson Girls），从1895年起，吉布森女孩连续20年出现在《生活》（*Life*）杂志的版面上。

出生于波兰、现居洛杉矶的动画师兼导演马克斯·弗莱舍（Max Fleischer）于1930年创作了第一个性感的银幕动画角色——"贝蒂娃娃"（Betty Boop）。贝蒂娃娃身着黑色露肩礼服，是流行文化中"小黑裙"的早期化身（见经典风格，209页）。在1934年电影制作守则，即"海斯法典"（Hays Code）颁布后，该角色挑逗性的眨眼、跳舞和有伤风化的服装都被进行修饰，其外在的性感形象被弱化，以此安抚那些拘谨的审查者，该守则一直施行至1968年。鲜为人知的是，该角色是弗莱舍以非裔美国爵士歌手埃斯特·琼斯（Esther Jones）为原型创作的。

20世纪40年代的经典海报展示了女性在进行做饭、打扫卫生、粉刷栅栏和遛狗等日常家务时因各种意外状况暴露了盖在衣服下的身体，通常是齐膝的圆

裁裙摆被门夹住，被微风吹开，或被顽皮的小狗扯住而露出衬裙及裙下穿着丝袜、配有吊袜带和高跟鞋的修长美腿。这些海报由厄尔·莫兰（Earl Moran）、吉尔·埃尔夫伦（Gil Elvgren）和阿尔贝托·巴尔加斯（Alberto Vargas）等艺术家根据真人模特绘制，充满浓郁的美国风情。在海报中，迷人的女性经常打扮成性感的女牛仔（见牛仔风格，79 页）或水手（见航海风格，98 页），她们也会穿着村姑衫、娃娃裙、睡袍等，且她们身上的衣服会不经意地从肩膀滑落。

到了 20 世纪 50 年代，色情元素的描绘被夸大，海报上出现穿着睡衣（déshabillé）的女性形象，她们身着一件透明的睡衣，即一种薄纱晨衣（另见家居服饰风格，179 页），隐约透出里面的胸罩和内裤。之后，摄影作为一种新媒介取代了插画，一些有抱负的明星因拍摄半裸照而成名。杰恩·曼斯菲尔德（Jayne Mansfield）是玛丽莲梦露的竞争对手，也是典型的金发美女。1954 年，她因穿着鲜红色比基尼在新推出的《花花公子》（Playboy）杂志封面上摆出挑逗性姿势而成名。虽然高腰短裤款的两件套泳衣相对常见，但更暴露的比基尼则被认为是一种极为不雅的着装，违反了海斯法典。法典认为，露出肋骨是可以接受的，但露出肚脐却不行（顺带一提，曼斯菲尔德本人与她经常饰演的那个"金发傻妞"形象相去甚远，她会说五种语言，智商高达 162）。

比基尼泳衣出自法国设计师路易斯·雷尔德（Louis Réard）的设计，以太平洋上进行核武器试验的比基尼环礁命名。1946 年 7 月 1 日，第一颗原子弹引爆试验在和平美丽的环礁沙滩上进行，随后又引爆了 22 次。正如公众对核爆

图 9 2
∧
艾娃·加德纳，
1946 年。

的反应一样，雷尔德所命名的比基尼泳衣也引起了轰动与争议。雷尔德聘请歌舞女郎米歇尔·贝尔纳迪尼（Micheline Bernardini，当时不那么"体面"的时装模特会接受这份工作）作为模特在同年的比基尼发布会上进行穿着展示，她手里还拿着火柴盒般大小的盒子，展示这身比基尼泳衣可以被折叠装进盒中。1951年，比基尼泳衣在英国举行的首届世界小姐大赛上声名鹊起，这是一场身着泳装的比赛，目的就是宣传比基尼，来自瑞典的琪琪·哈坎森（Kiki Håkansson）赢得了冠军（唯一一位穿着比基尼加冕的获胜者）。

8.6.1

色彩与图案	红色、白色、蓝色、黑色、波尔卡圆点、豹纹印花、星形和条纹
面料	羊毛、人造丝织物、棉布、牛仔布
服装与配饰	挂颈/绕颈领款露背上衣、铅笔裙、猫跟鞋、开衫、紧身连衣裙、圆裁裙、腰带、猫眼框架眼镜、细高跟鞋、阔腿裤、比基尼、高腰短裤、连体式泳衣、卡普里裤、收腰大下摆连衣裙（swing dress）、渔网袜、头巾、手套、褶裥迷你裙、睡裙（negligee）、衬裙、锥形胸罩（cone bra）、无肩带式胸罩、村姑衫、抹胸连衣裙、高腰短裤、前襟系结款衬衫（tied-front shirt）
细节	甜心形领口、挂颈/绕颈领、鱼尾下摆、裙摆、蝴蝶结、高腰款

8.6.2

恋物癖 FETISH
风格

| ≈ | BDSM　绑缚（Bondage）　扭结（Kink） |

| → | 航海风格（Nautical）　经典风格（Classic）　新浪漫主义风格（New Romantic）　海报女郎风格（Pin-Up） |

| + | 赛博朋克风格（Cyberpunk）　金属摇滚风格（Metal）　朋克风格（Punk）　前卫/先锋派风格（Avant-Garde）　紧贴身形风格（Body-Conscious） |

在风格谱系中最具颠覆性的是受人类"怪癖"影响的服饰风格。恋物癖所涉及的恋物种类繁多，束缚属于 BDSM，包括捆绑和调教、支配和服从以及施虐和受虐。束缚意味着克制，在时装设计中被诠释为挤压和突显肉体的带子和绑带，如詹尼·范思哲设计的 Miss S&M 1992 秋冬系列中的奢华连衣裙，这一多次出现在系列中、带有束缚象征意义的设计被视为品牌的标志特征，之后他的妹妹多纳泰拉·范思哲在 2022 春夏系列中重新演绎了这种风格。

　　恋物癖对乳胶这种材料有着执拗的迷恋，乳胶是表面光滑、能与皮肤紧密贴合的材料，属于一种天然橡胶，有 2 万多种植物会分泌乳胶汁液。乳胶常与 PVC 混淆，PVC 是聚氯乙烯，也称乙烯基，是人造合成材料。乳胶价格昂贵，且为可持续性材料，而 PVC 价格低廉，但在使用过后不容易被分解，两者都属于纯素主义材料。阿兹特克人曾使用天然橡胶制作防水面料，而苏格兰发明家查尔斯·麦金托什于 1824 年发明了著名的防水橡胶雨衣，自此防水橡胶材料进入了主流时尚领域（另见航海风格，98 页）。不久之后，一群橡胶爱好者如雨后春笋般涌现，并赞美这种材料的情色魅力，称其为"macking"（恋物癖俚语，指穿着橡胶带来的刺激）。乳胶时装的可穿性出人意料，而乳胶时装品牌工藤敦子（Atsuko Kudo）和威廉·王尔德（William Wilde）设计的具有现代感的海报女郎风格（290 页）连衣裙和半裙则是可与其他面料质地服装搭配的实用造型单品。

　　朋克风格（125 页）亚文化首次涉足恋物癖风格服饰始于薇薇安·韦斯特伍德和马尔科姆·麦克拉伦于 1974 年在伦敦开设的 SEX 精品店，店内出售乳胶服装和饰有铆钉的皮制服装，如皮护腿套裤、拉链裤、束缚风格外套和束身衣，其中，束身衣被重新诠释为女性的力量，而非压迫的象征。

乳胶、连体式紧身衣和/或束缚面罩（gimp mask）常出现在<u>前卫/先锋派风格</u>（244页）设计师的时装秀上。乳胶时装在蒂埃里·穆格勒的未来主义创作中崭露头角，特别是在其1995秋冬高级定制时装秀上。神秘的设计师马丁·马吉拉在2013高级定制系列中重新诠释了<u>经典风格</u>（见209页）的乳胶制蓝色牛仔裤配白色T恤的造型，并配有面罩。在杰瑞米·斯科特为莫斯奇诺设计的2018早秋系列、奥利维尔·鲁斯汀为巴尔曼设计的2019秋冬系列、安东尼·瓦卡雷洛（Anthony Vaccarello）为圣罗兰2020设计的秋冬系列及约翰·加利亚诺为迪奥设计的2003秋冬成衣系列中，都推出过黑色浮油般的乳胶制晚礼服。

挑衅者德姆纳·格瓦萨里亚是连体式紧身衣和束缚面罩的长期传播者，根据秀场笔记的描述，2019春夏系列（在他离开唯特萌之前）是对他在1993年饱受战争蹂躏的格鲁吉亚惊险逃亡经历的诠释。2022年，他在巴黎世家重新推出了包裹住全身的连体紧身衣，并配有手套，但这次去掉了面罩，采用了更易于穿着的弹力面料，放在舞者的衣柜里也不会显得格格不入（见<u>紧贴身形风格</u>，287页）。2023年春天，他在纽约华尔街的一场时装秀上再次推出了连体紧身衣的设计。在大西洋彼岸，英国设计师理查德·奎因以连体紧身衣、全脸面罩、印花棉布花裙和亮眼的外套组合造型而闻名，在他的2022秋冬系列时装秀接近尾声时，变装（见<u>变装风格</u>，278页）明星比奥莱特·查彻基（Violet Chachki）牵着身着同款乳胶连体紧身衣、戴着束缚面罩、拴着皮带的宠物走上了秀场。

极富创造力的<u>新浪漫主义风格</u>（266页）夜店小子雷夫·波维瑞（Leigh Bowery）是20世纪80年代的行为艺术家，对恋物癖风格的服饰造型有着重要影响。他出生于墨尔本市郊，在伦敦成名，文化俱乐部乐队的乔治男孩将波维瑞描述为"腿上的现代艺术"（modern art on legs）。波维瑞因成为艺术家卢西安·弗洛伊德（Lucian Freud）的缪斯而名声远扬，他经常戴着令人不安的面罩、身穿西装出入伦敦市中心最受欢迎的夜店，如Heaven和Taboo等。

虽然大多数消费者会把恋物癖风格服饰留在卧室（或地牢）里，但在有些高端时尚场合，穿戴这种风格的服饰是被允许的，如红毯、时装周、万圣节，或者特定的时尚鸡尾酒吧和夜总会。但不要忘记安全词（safe word，安全词是立即结束BDSM的词语或信号）。

图 93

〉
理查德·奎因
2020 秋冬，
伦敦时装周。

色彩与图案	黑色、银色
面料	皮革、乳胶、尼龙、PVC、漆皮
服装与配饰	连衣裙、超短裙、打底裤、手套、装饰领、项圈/颈链、身体绑带、连体式紧身衣（bodysuit）、巴拉克拉瓦头套（balaclava）、面具、紧身连衣裤、风衣、束身衣、大腿长度长靴、厚底鞋、细高跟鞋、皮制护腿套裤、兜帽
细节	链条、带子、束带/绑带、鞭子、绳索、堵嘴、系带、挂锁、金属五金件、耳鼻/身体部位穿孔

风格词库：时尚指南与穿搭手册

专业 Glossary
词汇

- **Adire:** 一种扎染布，用靛蓝染料扎染成引人注目的蓝白色相间的图案，由约鲁巴兰的约鲁巴妇女制作，西非的约鲁巴兰横跨尼日利亚、贝宁和多哥的部分地区。
- **Alpargatas:** 西班牙语，指帆布鞋面、编绳鞋底的轻便布鞋。在法语中，同样的鞋子被称为"espadrilles"。
- **Aso-oke:** 由约鲁巴人专业手工织造的优质面料（另见 Adire）。通常带有色彩明亮的条纹，被用作特殊场合穿着的服装，以识别家庭群体。
- **Basque waist:** 巴斯克腰线式紧身胸衣，胸衣长度延伸至腰部以下，并在前身形成 V 字形。这种收腰廓形起源于西班牙北部巴斯克地区的服饰，在维多利亚时代盛行。
- **Bicorne hat:** 双角帽，因拿破仑佩戴而成为广为人知的款式，英国皇家海军于 1827 年将此款帽子作为军装制服的一部分。
- **Bishop sleeve:** 主教袖，是一款全长袖，袖长上部较为合身，从肘至手腕变得宽松，聚拢收紧于袖口处。
- **Blazer:** 西装外套，是独立的西装款式单品（而不属于西装套装的一部分），最初被设计成明亮的颜色，以区分大学赛艇队。
- **Blockchain:** 区块链，是数字加密货币(cryptocurrency,如比特币)的背后技术，是使用强大的计算机网络管理的一种公共账本，其中已确定的验证交易是不可以篡改的。
- **Boater:** 一种用稻草制成的圆形平顶草帽，最初由威尼斯船夫佩戴。常见于夏季的户外活动中，如赛艇比赛和网球锦标赛。
- **Bogolan:** 泥染布，一种土色调的手工织布（也称"mud-cloth"），是马里文化的重要象征。这种布是用树叶和富含铁的发酵黏土染色的，黏土在发酵反应后会呈黑色。
- **Boina hat:** 圆形平顶帽，是西班牙巴斯克地区的一种软帽，用羊毛或羊毛毡制成，最初为牧羊人常佩戴的帽子，其形状与贝雷帽相似，但区别在于此款帽顶中心有个小帽揪。
- **Bolero hat:** 波蕾若帽，阿根廷和乌拉圭的南美牧人佩戴的宽檐平顶帽。
- **Bolo tie:** 波洛领带，一种用皮革编织成的线绳，在线绳末端饰有金属装饰扣，中间配有金属或宝石扣夹的领部挂件。自 20 世纪中期以来，美洲原住民霍皮人、纳瓦霍人、普韦布洛人和祖尼人一直在使用银制的装饰扣件。
- **Bombachas:** 宽松舒适的长裤，裤脚逐渐收窄，便于南美牧人在骑马时把裤腿塞进靴子里，或搭配轻便布鞋步行。
- **Borsalino hat:** 博尔萨利诺毛毡帽，由意大利最古老的豪华帽子制造商 Borsalino（于 1857 年成立）制造。
- **Boston:** 波士顿发型，一种 20 世纪 50 年代的男士发型，脑后头发剪至颈背呈直线，无锥形层次。
- **Bouclé:** 粗纺花呢，在法语中意为线环（loops）。它是一种外观柔软、表面有突出线环质地的粗纺花呢，由羊毛织造。
- **Bustle:** 巴斯尔裙撑，一种填充在裙子内部的裙撑，大约在 1870 年开始流行，用来撑起女士裙子的结构以增加丰满度。也被称为"托裙腰垫"（dress improver），或在法语中被称为"tournure"。
- **Camp collar:** 古巴领，一种展开较大的、露出颈部的衣领，可以让穿着者在炎热的气候下保持凉爽。
- **Chalk stripe:** 粉笔条纹，在素色底布上均匀分布的条纹，看起来像是用粉笔画出的线条，比细条纹要宽。
- **Chelsea boot:** 切尔西短靴，一种侧面带有松紧带的皮制短靴，长至脚踝高度，是一款基于短款马靴的设计。20 世纪 60 年代，这款短靴因在聚集于伦敦切尔西的时尚潮人和摩德族中非常流行而得名。
- **Chemisette:** 女式无袖装饰胸衣，用精纺棉和蕾丝制成，搭配在袒胸露颈式剪裁的连衣裙内起到内搭衬衫的效果，以保持端庄的优雅气质，是摄政时期女性必备的服饰单品。
- **Chukka boots:** 查卡靴，一款耐磨的低帮靴，通常用棕褐色或棕色皮革或麂皮制成，圆状鞋头，薄鞋底，有两对或三对鞋带孔眼。此款鞋子被认为源于印度，其命名源自马球比赛中所谓的七分钟为一局（chukka），称查卡。
- **Circle skirt:** 圆裁裙，一种圆形裁片半裙，将圆心裁掉可以得到腰围。裙片可以是一个整圆、半圆或四分之一圆，以得到不同程度的裙摆效果。
- **Circular economy:** 循环经济，是一种生产和消费模式，旨在消除废物和污染，通过回收、修理、翻新和共享以最大限度地利用原材料。
- **Cossack trousers:** 哥萨克长裤，大腿宽松，至脚踝逐渐变窄并设计有脚蹬带系于脚底。1814 年，沙皇亚历山大一世在哥萨克士兵的陪同下访问伦敦后，这款长裤开始在英国流行。
- **Cryptocurrency:** 数字加密货币，一种非银行系统操作的去中心化数字货币，通过使用密码技术进行加密交易。
- **Dashiki:** 一种色彩鲜艳且宽松的套头上衣，通常在领围处有 V 形图案印花。它最初源自西非，通过 20 世纪 60 年代的民权运动和黑人权利运动传播到美国，得到非裔美国人认可，以颂扬非洲特色。
- **Deerstalker:** 猎鹿帽，一种前后有帽舌、带护耳的用花呢面料制成的帽子，因虚构侦探小说中著名的侦探夏洛克·福尔摩斯佩戴此

THE STYLE THESAURUS: A definitive, gender-neutral guide to the meaning of style and for all fashion lovers

款帽子的形象而受到大众青睐。

- **Duster coat**：防尘长外套，一种长而宽松、轻便的外套，最初为骑行设计，便于在尘土飞扬的小路上骑行时保护里面的衣服。
- **Faja**：南美宽腰带，一种系于腰部的织物腰带，最初由西班牙和拉丁美洲的男性和女性佩戴。中美洲和南美洲的宽腰带通常编织有当地独有的设计图案。
- **Fedora**：费多拉帽，一种软的、帽檐呈中等宽度的帽子，帽冠呈中等高度，通常用毛毡制成，帽冠前端和帽顶有向内的凹痕。
- **Frogging**：绳编装饰或绳编盘扣，常饰于军装外套上。
- **Fungible token**：同质化代币，就像现实世界中的货币一样，被认为与货币相同，是可分割找零的，比特币是一种同质化的数字加密货币。它与非同质化代币（non-fungible token）是相对的概念。
- **Gen-X**：X 世代的缩写，指出生于 1965 年至 1980 年的人。
- **Gen-Z**：Z 世代的缩写，也被称为 "zoomers"，指大约出生于 1997 年至 2012 年的、千禧一代之后的人。
- **Go-go boot**：这款靴子最初由安德烈·库雷热于 1964 年设计，其特点是方形鞋头，块状鞋跟，至小腿高度，通常用富有光泽的乙烯基或漆皮制成。
- **Gyaru**：辣妹，是一种日本时尚亚文化，以炫耀性消费来定义时尚女孩，女孩们装扮得像年轻的高中生。"Gyaru" 在日语中是辣妹（gal）的意思。
- **Harrington jacket**：哈灵顿夹克，附有格纹衬里的轻质防水夹克。以 20 世纪 60 年代美国肥皂剧《冷暖人间》(Peyton Place) 中虚构的角色罗德尼·哈灵顿 [Rodney Harrington，由瑞安·奥尼尔（Ryan O'Neal）饰演] 的名字命名。
- **Hepcat**：最初是摩登女郎时代爵士乐中的术语，指装扮时髦的人。这个词在 20 世纪 40 年代和 50 年代被普及，用来指代标新立异的垮掉的一代。
- **Herringbone**：人字纹，粗花呢织物中的一种几何形图案，也被称为 "断斜纹组织"（broken twill weave），形似鱼骨架，是一种斜向紧密排列且相扣的 V 形图案。
- **Hypebeast**：最新街头服饰潮流的狂热追随者，尤其是对运动鞋类潮流极为追捧。
- **Ikat**：伊卡特扎染图案，一种在编织前染色的织物，出自马来印尼语的 "mengikat" 一词，指将纱线 "捆绑" 的意思。
- **Isicholo**：祖鲁帽，南非祖鲁族已婚妇女佩戴的一种非洲传统的冠帽，该款式源于早期传统的发型。
- **Jodhpurs**：焦特布尔马裤，紧身长裤，膝盖处有麂皮补丁，适合骑马穿着。以历史上的马尔瓦尔王国的首都命名，现在位于印度北部的拉贾斯坦邦。
- **K-pop**：韩国流行音乐，源于 20 世纪中期，与 20 世纪 90 年代偶像文化的发展相关。随着 BTS 和 Blackpink 等韩国偶像团体在国际上崭露头角，偶像文化在 2018 年前后重新成为全球潮流。韩国流行乐包含多种音乐流派曲风。
- **Kente cloth**：肯特布，一种由布条编织而成的图案明亮的面料，源自今加纳的阿肯族系的阿桑特人。许多图案具有象征意义，与当地的谚语或家庭有关。肯特布最初是专属于皇室着装的专用面料，现在用于族群领导人及特殊场合的服装。
- **Kepi hat**：平顶军帽，一款设计有平直遮阳帽檐的平顶帽，最初由法国的军队和警察所佩戴，取代了较笨重的圆筒形军帽（shako）。美国南北战争时期的双方军队也曾佩戴此款军帽。
- **Kitenge**：一种通过蜡染获得错综复杂的图案的多用途非洲布料。
- **Kogal**：由日语 "kogyaru" 一词改编成英语发音的单词，是 "kōkōsei gyaru"（女高中生辣妹）的缩写，是从卡哇伊风格中衍生出的一种服饰风格。
- **Kutte jacket**：机车帮派夹克（战斗背心），一种用牛仔或皮革制成的夹克，其袖子被剪掉，上面装饰并覆盖着自己动手制作的补丁和标语、铆钉、链条和尖钉，其在传统上是宣誓效忠乐队或机车帮派的象征性服装。
- **Letterman jacket**：棒球夹克，一款大学校队风格夹克，最初是用于美国大学运动队的队员服。
- **Louis XV heel**：路易十五风格高跟鞋，是一款中跟鞋，鞋跟呈向内凹陷的曲线形，鞋底略微外展。
- **Madras check**：马德拉斯格纹，一种用于轻质棉布的色彩鲜艳的格纹印花，以印度东南部的城市（现在叫金奈）的名字命名。
- **Mandarin collar**：中式立领，一款硬挺的立领。领口呈直角或圆角状，可留有缝隙或重叠。中国自明朝（1368—1644 年）起就有这款领形，但其西方名称 "中式"（mandarin）的由来是由后来的葡萄牙人在中国的普通话 "顾问/外交官"（counsellor）一词中提取出来的，欧洲人最初用该词描述穿着中式领的中国官员。中式领常用中式盘扣（pankou）固定，盘扣是绳结装饰的特定中文术语。
- **Mary Jane shoe**：玛丽珍鞋/娃娃鞋，一种款式简单的低跟鞋，鞋头呈圆形，设计有一条脚背带。该鞋子的款式及名称源自一部连环漫画中的人物形象巴斯特·布朗（Buster Brown）和他的妹妹玛丽·珍（Mary Jane），该漫画于 1902 年首次发于《纽约先驱报》(New York Herald)。
- **Metaverse**：元宇宙，被设想为互联网的一次迭代，是一个普遍的沉浸式虚拟世界。它是虚拟的，但并非虚拟时空，除非使用沉浸式技术，如通过使用虚拟现实（VR）和增强现实（AR）设备进入。
- **Millennial**：千禧一代，生于 1981 年至 1996 年的人。
- **Newmarket stripe**：纽马克特条纹，一种印有红黑色相间条纹的金黄色面料，最初被用作赛马保暖的毯子，以位于英国东部萨福克郡的著名赛马场的名字命名。
- **Newsboy cap**：报童帽 [又称贝克男孩帽（baker boy cap）] 是一种宽松的软帽，通常由多片布片组成，设计有硬帽檐，通过帽子前端与帽檐上有纽扣连接的设计区别于其他款式的同类型帽子。
- **Non-fungible token**：非同质化代币，一种无法被复制的独特的数字资产，它与同质化代币是相对的概念。
- **Oxford shirt**：牛津衬衫，一款衣领上设计有固定纽扣的衬衫，灵感来自马球运动员的穿着习惯，固定衣领是为了防止因运动造成的衣领翻动。此款衬衫用牛津布制成，牛津布是由苏格兰工厂织造的一种厚重、耐用、透气性较好的天然纤维面料。相较于正装衬衫，它更适于多用途穿搭，可以作为正装搭配领带和西装夹克，也可以作为休闲服饰搭配T恤或套头衫。
- **Oxford shoe:** 牛津鞋 [巴尔莫勒尔鞋（Balmoral choo）]，一双真正的牛津鞋采用的是系带闭合式襟片（closed lacing）的设计，即带有孔眼的襟片与鞋面（鞋面中间的位置）拼接缝合在一起。牛津鞋可以采用单色皮制成，也可以采用双色皮拼接制成，原产于爱尔兰和苏格兰，后来被牛津大学的学生所青睐，他们将其作为短途步行或骑自行车去上课的实用选择。
- **Pannier:** 侧裙撑，一种穿在内部的环状结构裙撑，早先这类裙撑由金属、鲸鱼骨或藤条制成，穿在裙子下面撑起臀围的侧面宽度。这款裙撑流行于18世纪的欧洲，具体可参见洛可可风格。
- **Peter Pan collar:** 彼得潘衣领，一种较宽的扁平圆角衣领，其名字来源于演员莫德·亚当斯（Maude Adams）在1905年的百老汇舞台剧《彼得与温蒂》（Peter and Wendy）中出演彼得一角时所穿服装的衣领。
- **Pie-crust collar:** 褶饰立领，一种缝有装饰褶边的立领，类似于馅饼边缘的捏褶，是流行于维多利亚时代和爱德华时代的一款衬衫领。此款衣领又在20世纪80年代重新流行起来。
- **Pinstripe:** 细条纹，一种如针一样非常细的条纹，比粉笔条纹还要细。
- **Poet shirt:** 诗人衬衫，一款宽松的衬衫，设计有主教袖，通常在领口和袖口处饰有褶皱。
- **Pompadour:** 蓬帕杜发型，一种将头发向上、向后梳，在头顶形成一定体积的发量，且光滑平整的发型。相比之下，飞机头是向前梳的，这在20世纪50年代很受男性欢迎。
- **Prince of Wales check:** 威尔士亲王格纹，以格伦格纹为基础，后来威尔士亲王（爱德华八世）对格纹间的配色进行了大胆的改进（见Windowpane check），引领了上流社会的穿着趋势。
- **Scene:** 场景亚文化，是情绪硬核摇滚亚文化的分支，是只关注时尚风格而非音乐的亚文化。
- **Shako hat:** 圆筒形军帽，一种设计有遮阳硬帽檐、烟囱形高帽冠的军装帽，通常帽子正面配有金属徽章，帽顶常饰有一缕被称为"hackle"的鸟类颈部羽毛或绒球。
- **Shawl collar:** 青果领（披肩翻领），一种领边呈弧线形的翻领，是常会出现在羊毛衫上的一款领形，而出现在燕尾服及男士吸烟夹克上的青果领则配有真丝缎面。
- **Sombrero:** 墨西哥宽檐帽，一种宽帽檐、高帽冠的遮阳帽，配有帽带系于下颌固定，用毛毡或稻草制成。这款帽子起源于15世纪，以西班牙语"阴影"（sombra）一词命名，在牛仔帽之前，在北美和南美的放牛人中流行起来。
- **Stetson:** 美国传统帽子品牌，由约翰·B.斯特森（John B. Stetson）于1865年创立，据说他是牛仔帽的创造者。
- **Tilley hat:** 蒂利户外帽，由蒂利出品的帽子，蒂利是一家加拿大公司（于1980年创立），以设计生产户外探险帽而闻名。
- **Transhumanism:** 超人类主义，是一个关于人类可以超越死亡和意识形态、利用科技技术进行种族进化的哲学概念。
- **Trilby hat:** 特里比帽，一种软帽，与费多拉帽款式相似，但帽檐较窄。20世纪60年代，由于帽冠较高的帽子不便于驾驶而不再受欢迎，特里比帽才始流行。
- **Tweed:** 粗花呢，一种源自苏格兰的斜纹羊毛织物，被用以保暖和对抗气候变化。粗花呢可以是净色的，或织有条纹、格纹（小格纹）大方块形（窗格纹）千鸟格纹（一种较小的犬牙纹）以及方格纹。射击俱乐部格纹与犬牙纹相同，但格纹颜色更自然，可作为猎装的保护色。还有一些织有大格套小格或大方格套小方格的复杂格纹粗花呢，其可能被称为"庄园专属"（estate）格纹或"猎场看守人"（gamekeepers）格纹。
- **Twill:** 斜纹，一种耐用的织物，其特点是斜向的织纹外观，通常面料表面颜色较深，背面颜色较浅，还可以使用不同颜色的纱线织造出图案。
- **Twinset:** 开衫内搭套头衫的两件式女款针织毛衣套装。
- **Ukara:** 出自尼日利亚和喀麦隆部分地区的一种蓝白色相间的染色图案的棉布，此布在染色前先用拉菲草线将白棉布缝合，再浸入靛蓝色染料中进行防染处理。
- **Windowpane check:** 窗格纹，是由垂直细条纹形成的超大方形格纹。在窗格纹之上还织有另一种格纹或图案的织纹，被称为套格纹（overcheck，见Tweed）。
- **Winklepicker:** 尖头皮鞋，鞋头长且呈尖头状，因形似将螺肉从壳里撬出来的尖状物而得名（一种在英国海边流行的小吃）。鞋子和靴子都有尖头款。

图片 Picture Credits
版权

t = top; b = bottom; l = left; r = right; c = centre

agrus/Adobe Stock 81, 151c; Alain Gil-Gonzalez/Abaca Press/Alamy Stock Photo 77, 86; Alessandro Garofalo/Reuters/Alamy Stock Photo 106; Allstar Picture Library Ltd/Alamy Stock Photo 281; Antonio Calanni/AP/Shutterstock 150; Anya D/Adobe Stock 192; arayabandit/Adobe Stock 230t, 239; arucom_/Adobe Stock 172; Atmosphere/Adobe Stock 160c; Aurore Marechal/Abaca Press/Alamy Stock Photo 162; Birmingham Museums Trust ('Honeysuckle', 1876, by William Morris/Morris & Co.)/Unsplash 29; Bukajlo Frederic/Sipa/Shutterstock 252; Columbia Pictures/Album/Alamy Stock Photo 68; Courtesy of DASKA 285; Dave Kotinsky/Getty Images for Paramount+ 279; David Fisher/Shutterstock 246; Courtesy of David Koma Ltd 288; Dian Husaeni/Adobe Stock 236; Divazus Fabric Store/Unsplash 32; dpa picture alliance/Alamy Stock Photo 191, 255; Duncan Stevens/Unsplash 145; dwph/Adobe Stock 107; Earl Leaf/Michael Ochs Archives/Getty Images 216; Elena Rostunova/Alamy Stock Photo 173; Etienne Laurent/EPA/Shutterstock 130, 233t; Evan Agostini/Invision/AP/Shutterstock 277t; Courtesy Everett Collection Inc./Alamy Stock Photo 274; FashionStock.com/Shutterstock 21, 27, 93, 96, 153; fizke7/Adobe Stock 211, 283; Francis Bouffard/Unsplash 185; Hardik/Adobe Stock 118b, 219l, 227c; Henry Nicholls/Reuters/Alamy Stock Photo 24; IHOR/Adobe Stock 84; Ilpo Musto/Shutterstock 121t; Independent Photo Agency Srl/Alamy Stock Photo 203; Institute of Digital Fashion (IoDF) 55; James Veysey/Shutterstock 295; Jamie Soon/Adobe Stock 136R; Jasin Boland/Warner Bros. Pictures/Courtesy Everett Collection Inc/Alamy Stock Photo 46-7; Jeff Moore/Alamy Stock Photo 64; Jerome Domine/Abaca Press/Alamy Stock Photo 132, 271; Jocelyn Abila/AfrikImages Agency/Universal Images Group North America LLC/Alamy Stock Photo 240; John Phillips/BFC/Getty Images for BFC 138; Jonas Gustavsson/Sipa US/Alamy Stock Photo 34, 147, 189, 200, 208t, 251, 265; Joshua Kane by Bart Pajak, 2022 248; Jung Suk hyun/Adobe Stock 151l, 167b; K. Ching Ching/Adobe Stock 114, 163r; Karolina Madej/Adobe Stock 124; kastanka/Adobe Stock 198l; Kevin Mazur/WireImage 135; Kirsty Pargeter/Adobe Stock 249; KPPWC/Adobe Stock 267b; KyleYoon/Adobe Stock 190, 204, 208b, 230b; kyrychukvitaliy/Adobe Stock 75b, 117; L. Kramer/Adobe Stock 87, 227r; La Cassette Bleue/Adobe Stock 233br; lin/Adobe Stock 259; Linett/Adobe Stock 163l; Lintao Zhang/Getty Images 43; Luca Bruno/AP/Shutterstock 194; Lucia Fox/Adobe Stock 148, 151r; Maksym/Adobe Stock 141; Mary Altaffer/AP/Shutterstock 176; Maryna/Adobe Stock 118c, 176, 256, 280; Matteo Bazzi/EPA/Shutterstock 180; MGM/Photo 12/Alamy Stock Photo 291; Michael Ciranni/Shutterstock 41b, 69b; Michael Ochs Archives/Getty Images 61; Mike Marsland/WireImage/Getty Images 197; mimosa12/Adobe Stock 128, 136l, 201; Mr Music/Adobe Stock 241; Muhammad Faiz Zulkeflee/Unsplash 159; Mumemories/Adobe Stock 160l; NaphakStudio/Adobe Stock 219r; Nataliia/Adobe Stock 233bl; Nebinger-Orban-Taamallah/Abaca Press/Alamy Stock Photo 258; Ovidiu Hrubaru/Shutterstock 221, 224; PA Images /Alamy Stock Photo 261; pandaclub23/Adobe Stock 160r; parkerphotography/Alamy Stock Photo 75t; Pascal Rossignol/Reuters/Alamy Stock Photo 83; Peter White/Getty Images 99; Phanthit Malisuwan/Adobe Stock 47; Pictorial Press Ltd/Alamy Stock Photo 37, 39, 49, 114, 140, 282; PictureLux/The Hollywood Archive/Alamy Stock Photo 31, 169; Pixelformula/Sipa/Shutterstock 103, 165, 184, 235; Prince Williams/Getty Images 53; Psychobeard/Adobe Stock 90; recyap/Adobe Stock 277b; Rijksmuseum, Amsterdam 91; RossHelen editorial/Alamy Stock Photo 226; Sally and Richard Greenhill/Alamy Stock Photo 127; sbw19/Adobe Stock 198r, 272; SG1/Adobe Stock 101; Shutterstock 11, 80, 218; Suzan Moore/Alamy Stock Photo 118t; tabosan/Adobe Stock 97, 121b; tawanlubfah/Adobe Stock 69t; Tayisiya/Adobe Stock 167t; The Who Films/Allstar Picture Library Ltd/Alamy Stock Photo 229; Thierry Orban/Abaca Press/Alamy Stock Photo 71; Threecorint/Adobe Stock 225, 227l; Tim Graham Photo Library via Getty Images 205; Trinity Mirror/Mirrorpix/Alamy Stock Photo 111, 116, 238, 267t; Tsuni/USA/Alamy Stock Photo 143; Unsplash 50; Valentin Beauvais/Unsplash 41t; Victor Virgile/Gamma-Rapho via Getty Images 210; Vinicius Amano/Unsplash 35; Wang Ying/Xinhua/Alamy Stock Photo 171; WENN Rights Ltd/Alamy Stock Photo 89, 123; Yona/Adobe Stock 292; Yuriko Nakao/Reuters/Alamy Stock Photo 178.

The publisher has made every attempt to trace and contact the copyright holders of images reproduced in this book. It will be happy to correct in subsequent editions any errors or omissions that are brought to its attention.